DESENVOLVIMENTO DE APLICAÇÕES WEB COM ANGULAR

WILLIAM PEREIRA ALVES

DESENVOLVIMENTO DE APLICAÇÕES WEB COM ANGULAR

Fundamentos de Angular • Programação em Type Script
Criação de Web Service PHP • Uso do Framework Bootstrap
Validação de Dados e uso de Filtros • Funções Assíncronas

ALTA BOOKS
E D I T O R A
Rio de Janeiro, 2019

Desenvolvimento de Aplicações Web com Angular
Copyright © 2019 da Starlin Alta Editora e Consultoria Eireli. ISBN: 978-85-508-0377-7

Todos os direitos estão reservados e protegidos por Lei. Nenhuma parte deste livro, sem autorização prévia por escrito da editora, poderá ser reproduzida ou transmitida. A violação dos Direitos Autorais é crime estabelecido na Lei nº 9.610/98 e com punição de acordo com o artigo 184 do Código Penal.

A editora não se responsabiliza pelo conteúdo da obra, formulada exclusivamente pelo(s) autor(es).

Marcas Registradas: Todos os termos mencionados e reconhecidos como Marca Registrada e/ou Comercial são de responsabilidade de seus proprietários. A editora informa não estar associada a nenhum produto e/ou fornecedor apresentado no livro.

Impresso no Brasil — Edição, 2019 — Edição revisada conforme o Acordo Ortográfico da Língua Portuguesa de 2009.

Publique seu livro com a Alta Books. Para mais informações envie um e-mail para autoria@altabooks.com.br

Obra disponível para venda corporativa e/ou personalizada. Para mais informações, fale com projetos@altabooks.com.br

Produção Editorial Editora Alta Books	**Produtor Editorial** Thiê Alves	**Marketing Editorial** marketing@altabooks.com.br	**Vendas Atacado e Varejo** Daniele Fonseca Viviane Paiva	**Ouvidoria** ouvidoria@altabooks.com.br
Gerência Editorial Anderson Vieira	**Assistente Editorial** Aline Vieira	**Editor de Aquisição** José Rugeri j.rugeri@altabooks.com.br	comercial@altabooks.com.br	
Equipe Editorial	Adriano Barros Bianca Teodoro Ian Verçosa	Illysabelle Trajano Juliana de Oliveira Kelry Oliveira	Paulo Gomes Rodrigo Bitencourt Thales Silva	Thauan Gomes Viviane Rodrigues
Revisão Gramatical Hellen Suzuki Fernanda Lutfi	**Diagramação** Luisa Gomes	**Capa** Gabriel Teixeira		

Erratas e arquivos de apoio: No site da editora relatamos, com a devida correção, qualquer erro encontrado em nossos livros, bem como disponibilizamos arquivos de apoio se aplicáveis à obra em questão.

Acesse o site www.altabooks.com.br e procure pelo título do livro desejado para ter acesso às erratas, aos arquivos de apoio e/ou a outros conteúdos aplicáveis à obra.

Suporte Técnico: A obra é comercializada na forma em que está, sem direito a suporte técnico ou orientação pessoal/exclusiva ao leitor.

A editora não se responsabiliza pela manutenção, atualização e idioma dos sites referidos pelos autores nesta obra.

Dados Internacionais de Catalogação na Publicação (CIP) de acordo com ISBD

> A474d   Alves, William Pereira
>   Desenvolvimento de aplicações web com angular / William Pereira Alves. - Rio de Janeiro : Alta Books, 2019.
>   384 p. : il. ; 17cm x 24cm.
>
>   Inclui bibliografia e anexo.
>   ISBN: 978-85-508-0377-7
>
>   1. Internet. 2. Web. 3. Informática e tecnologia. I. Título.
>
> 2018-1085   CDD 004.678
>   CDU 004.738.5

Elaborado por Vagner Rodolfo da Silva - CRB-8/9410

Rua Viúva Cláudio, 291 — Bairro Industrial do Jacaré
CEP: 20.970-031 — Rio de Janeiro (RJ)
Tels.: (21) 3278-8069 / 3278-8419
www.altabooks.com.br — altabooks@altabooks.com.br
www.facebook.com/altabooks — www.instagram.com/altabooks

Sumário

Sobre o Autor	viii
Apresentação	ix
Capítulo 1: Do AngularJS ao Angular 6	1
Capítulo 2: Instalação e Configuração do Apache	17
Capítulo 3: Introdução ao AngularJS	23
Capítulo 4: Diretiva ngOptions e Framework Bootstrap	41
Capítulo 5: Validação de Dados e Uso de Filtros	65
Capítulo 6: Modularização do Código	105
Capítulo 7: Introdução à Linguagem TypeScript	121
Capítulo 8: Funções	139
Capítulo 9: Orientação a Objetos com TypeScript	153
Capítulo 10: Decoradores, Classes Genéricas e Funções Assíncronas	183
Capítulo 11: Primeiros Passos com Angular 6	211
Capítulo 12: Criação de Projetos com IDE	227
Capítulo 13: Fundamentos de Angular 6	245
Capítulo 14: Criação de Exemplo Prático	255
Capítulo 15: Instalação do MySQL e do PHP	269
Capítulo 16: Criação de Web Service com PHP	287
Capítulo 17: AngularJS com Web Service	305
Capítulo 18: Angular 6 com Web Service	325
Capítulo 19: Conclusão	351
Apêndice	353
Respostas dos Exercícios	355

Aviso

Para melhor entendimento as figuras coloridas estão disponíveis no site da editora Alta Books. Acesse: www.altabooks.com.br e procure pelo nome do livro ou ISBN.

Dedicatória

Este livro é dedicado com muito amor a três pessoas de grande importância na minha vida: minha querida esposa Lucimara e meus filhos Brian e Liam.

Também quero dedicá-lo aos meus pais, meus irmãos e aos demais familiares meus e da minha esposa.

E, por fim, uma dedicação especial a meus avós e meus sogros, pessoas queridas que já partiram.

Agradecimento

Desejo expressar meus sinceros e enormes agradecimentos ao pessoal da Editora Alta Books pela oportunidade que me foi oferecida para a realização deste trabalho.

Aos meus amigos e professores do curso de Análise e Desenvolvimento de Sistemas do Centro Universitário Claretiano de São Paulo e aos meus novos colegas de trabalho.

Sobre o Autor

William Pereira Alves é formado em Análise e Desenvolvimento de Sistemas pelo Centro Universitário Claretiano de São Paulo. Autor de diversos livros sobre computação, desde 1992, contando com diversas obras já publicadas, que abrangem as áreas de linguagens de programação (Delphi, C/C++, Java, Visual Basic, PHP), bancos de dados (Access), computação gráfica (CorelDRAW, Illustrator e Blender), desenvolvimento de sites (Dreamweaver, Flash e Fireworks) e de aplicações para dispositivos móveis (Palm e smartphone/tablet Android).

Atuando na área de informática desde 1985, trabalhou na Cia. Energética de São Paulo (CESP) e na Eletricidade e Serviços S.A. (Elektro) no desenvolvimento de sistemas aplicativos para os departamentos comercial e de suprimento de materiais, inclusive com a utilização de coletores de dados eletrônicos e leitura de códigos de barras.

Também foi responsável por todo o projeto e desenvolvimento do sistema de gestão da Editora Érica, entre 2007 e 2015. Atualmente trabalha no departamento de TI da Leonardi, empresa de engenharia civil especializada em concreto pré-fabricado.

Apresentação

Entre as inúmeras opções de frameworks JavaScript existentes atualmente no mercado, o Angular tem obtido grande aceitação, e também se destacado, em função dos recursos oferecidos para agilizar o desenvolvimento de aplicações para web.

Em meio a esse mar de opções, o desenvolvedor se vê, de alguma forma, perdido na hora de escolher a ferramenta que melhor atende suas necessidades.

Como forma de compartilhar os conhecimentos que adquiri a respeito dessa grande ferramenta, e assim poder subsidiar uma futura decisão por parte do desenvolvedor quanto ao framework a ser adotado em seus projetos, me dispus a escrever este livro, trabalho que foi um verdadeiro desafio, em função de diversos contratempos que surgiram no meio do caminho. Mas, enfim, aqui está o resultado final.

Assim como em outros trabalhos que já desenvolvi, procurei demonstrar os conceitos e técnicas empregadas no desenvolvimento com Angular por meio de projetos de aplicações concretas em vez de simplesmente apresentar fragmentos de códigos isolados, que poderiam tornar o aprendizado mais difícil.

A obra também não se restringe apenas ao Angular JS, mas tem como foco principal o estudo do Angular 6. Em função disso, são dedicados alguns capítulos à introdução da linguagem de programação TypeSCript, empregada pelo Angular desde a versão 2. Ao oferecer cobertura das duas versões, os leitores poderão conhecer os dois mundos. Mas certamente escolherão a versão mais recente, tendo em vista ser mais robusta e oferecer recursos mais avançados de desenvolvimento.

Espero que o amigo leitor esteja pronto para iniciar a jornada.

Bons estudos!
O autor

1

Do AngularJS ao Angular 6

Neste capítulo inicial temos uma breve visão do que é um framework e uma apresentação do AngularJS, com descrição dos passos necessários para efetuar o download do pacote. O capítulo também apresenta uma pequena comparação com o Angular 6, a mais recente versão desse framework.

Ainda é abordado o processo de instalação do Angular 6, tanto no Windows quanto no Ubuntu (uma distribuição Linux), e uma descrição do conceito por trás do padrão de projeto de software MVC.

E, para finalizar, é descrito o conceito de aplicações que fazem uso de uma técnica conhecida como página única (*Single-Page Applications*).

 ## 1.1 Frameworks e AngularJS

Podemos entender framework como uma sofisticada estrutura que abriga códigos de programação para oferecer ao programador inúmeros recursos capazes, por sua vez, de agilizar o desenvolvimento e a manutenção dos aplicativos. É uma evolução das antigas bibliotecas de funções e componentes disponíveis para uso em diversas linguagens de programação, como C, C++, Visual Basic ou Delphi.

Esses recursos compreendem funções, objetos e métodos que tornam possível executar determinadas operações de forma automatizada, sem a necessidade de escrita de longos códigos para obter o mesmo resultado.

Suponha, como exemplo, a criação de um sistema de menu hierárquico para uma aplicação. Utilizando o método tradicional, o programador precisa escrever todo o código responsável por essa criação, ou seja, deve utilizar as instruções da linguagem para definir a posição de cada opção na tela e as ações a serem executadas. Com o uso de um framework, tudo que o programador precisa fazer é utilizar o recurso oferecido por ele, como um objeto de construção de menus, passando alguns parâmetros.

Frameworks não são empregados apenas no desenvolvimento de aplicações web. Programadores Java, C#, C++ e de outras linguagens também utilizam, frequentemente, algum framework, em especial no desenvolvimento de aplicações gráficas e jogos.

Diferentemente das bibliotecas de funções ou de classes, o framework é o responsável por ditar as regras que controlam o fluxo de execução da aplicação.

1

AngularJS é um dos frameworks JavaScript mais utilizados no desenvolvimento de aplicações web. Seu projeto teve início em 2009, pelas mãos de um engenheiro do Google chamado Misko Hevery, que na época fazia parte de um grupo que estava envolvido em outro projeto denominado Google Feedback. Esse projeto consumiu muito tempo e resultou em uma enorme quantidade de código (cerca de 17.000 linhas), o que não agradou Misko e o levou a reescrever tudo por meio da criação de um framework para uso próprio, resultando no AngularJS.

O Google, ao perceber o potencial da nova ferramenta, ofereceu total apoio, tornando-a *open source* sob a licença MIT. Isso significa que podemos utilizá-la livremente, sem qualquer pagamento de royalties, além da possibilidade de contribuir com a sua evolução.

O AngularJS trabalha dentro do padrão de projeto MVC (*Model-View-Controller*), ou seja, uma aplicação web desenvolvida com esse framework possui uma arquitetura bem definida, com separação distinta das camadas de visualização, de modelagem dos dados e de controle. Ele é direcionado ao desenvolvimento de aplicações de página única (*single-page*), um conceito que veremos em maiores detalhes mais à frente.

As primeiras versões do AngularJS fizeram muito sucesso junto à comunidade de desenvolvedores de aplicações web. No entanto, em função de algumas de suas deficiências, foi criada a versão 2, denominada Angular2 (sem o sufixo JS). Essa versão trouxe grandes mudanças, até mesmo estruturais. Entre elas, as que mais se destacam são o suporte a ECMAScript6 (ou ECMAScript 2015) e TypeScript, que possibilitam obter um código JavaScript mais claro e bem escrito.

> **Nota**
>
> ECMAScript é uma linguagem de script para internet que foi a base para o desenvolvimento das linguagens JavaScript (Netscape), JScript (Microsoft) e ActionScript (Adobe).
>
> TypeScript é uma linguagem de script open source criada pela Microsoft.

Ainda é possível desenvolver aplicações web com AngularJS (versões 1.x), mas pouco recomendável, uma vez que não há garantias de que elas possam ser mantidas por longo tempo. A última versão estável, disponível na época de produção deste livro, era a de número 1.7.2.

Para baixar e utilizar essa versão, acesse o endereço *angularjs.org* (conteúdo em inglês) e clique no botão **DOWNLOAD ANGULARJS** da página mostrada pela Figura 1.1. Uma janela é apresentada para seleção da versão desejada e o tipo de arquivo (Figura 1.2). Nesta tela também há instruções para se utilizar o framework a partir de um repositório CDN ou fazer a instalação manual por meio das ferramentas Bower e Npm.

Figura 1.1 – Página inicial para baixar o framework AngularJS.

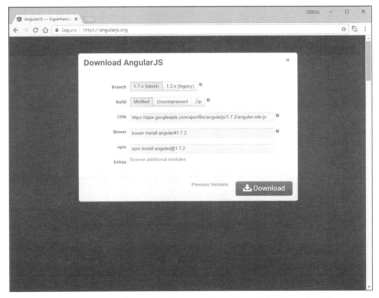
Figura 1.2 – Versões disponíveis para download do AngularJS.

É indicado baixar a versão em formato ZIP pelo fato de no arquivo virem, além do próprio framework, diversos módulos complementares, como biblioteca de animação, sanitização de URLs, gerenciamento de cookies, entre outros.

Após ter finalizado o download, tudo que precisamos fazer é descompactar o arquivo dentro da pasta que contém nosso projeto de aplicação web e começar a utilizar o framework. Veremos maiores detalhes desse processo de instalação e uso no Capítulo 3.

1.2 Instalação do Angular 6

Em março de 2017 foi lançada a tão esperada versão 4, e em novembro desse mesmo ano saiu a versão 5. Em meados de junho de 2018, foi lançada a versão de número 6. Essas últimas versões trazem importantes melhorias, como compilação antecipada *Ahead Of Time* (AOT) no lugar da *Just In Time* (JIT), possibilidade de renderização no lado do servidor, pacote específico para animações, a tag `Template` agora se chama `ng-template`, estrutura condicional `ngif` com cláusula else, entre outras.

É interessante observar que não houve uma versão 3 do Angular. Passou-se da versão 2 diretamente para a 4.

O processo de instalação do Angular 6 é similar ao da versão 2, e difere bastante da instalação do AngularJS. Nesse último, conforme já mencionado no tópico anterior, o que precisávamos era simplesmente baixar um arquivo contendo todo o pacote e depois referenciar o framework em nosso código, ou então utilizar a URL do repositório CDN. Já para o Angular 6 (assim como nas versões 2, 4 e 5), é necessário executar diversos passos para efetuar a instalação.

Em primeiro lugar é preciso verificar se já está instalado o Node.js e o NPM, o gerenciador de pacotes do Node.js. Essa verificação pode ser feita a partir do **Painel de Controle** do Windows, como mostra a Figura 1.3.

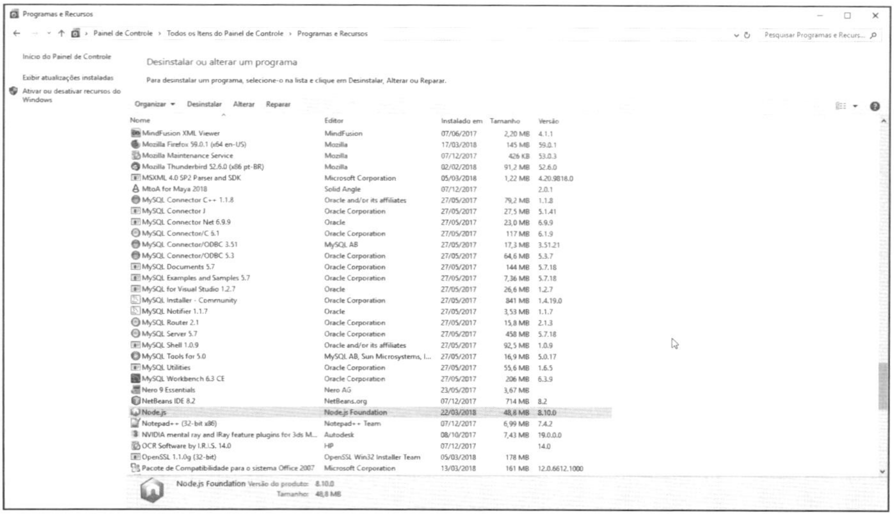

Figura 1.3 – Exibição de programas instalados no Windows.

Outra opção é acessar a ferramenta **PowerShell** ou o prompt de comando do Windows e digitar o comando `node -v`. Se o Node.js estiver instalado, será exibida a versão, caso contrário, aparecerá uma mensagem similar à da Figura 1.4.

```
Prompt de Comando
Microsoft Windows [versão 10.0.15063]
(c) 2017 Microsoft Corporation. Todos os direitos reservados.

C:\Users\William>node -v
'node' não é reconhecido como um comando interno
ou externo, um programa operável ou um arquivo em lotes.

C:\Users\William>_
```

Figura 1.4 – Mensagem exibida se o Node.js não estiver instalado.

Caso precise instalá-lo, acesse o endereço *nodejs.org* (conteúdo em inglês) e, na tela da Figura 1.5, clique na opção **Downloads**. Na tela apresentada em seguida (Figura 1.6), clique na opção **32-bit** ou **64-bit**, apresentadas ao lado do item **Windows Installer (.msi)**. Após ter sido finalizado o download do arquivo, execute-o para iniciar a instalação. A tela da Figura 1.7 é mostrada. Clique no botão **Next** e depois aceite os termos de uso e clique novamente em **Next** (Figura 1.8). Siga as orientações dadas nas próximas telas (Figuras 1.9 a 1.10) para concluir a instalação.

É preciso deixar claro que, para rodar o Angular 6, os requisitos mínimos são Node.js versão 6.11 e NPM versão 3.10.

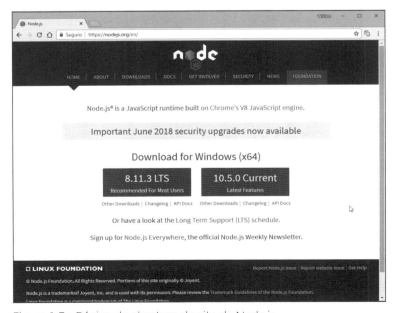

Figura 1.5 – Página de abertura do site do Node.js.

Figura 1.6 – Opções de instalação do Node.js.

Figura 1.7 – Tela inicial do instalador do Node.js.

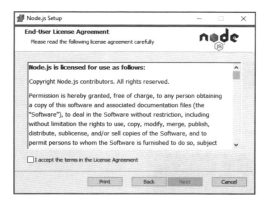

Figura 1.8 – Tela de aceitação dos termos de licença.

Do AngularJS ao Angular 6   7

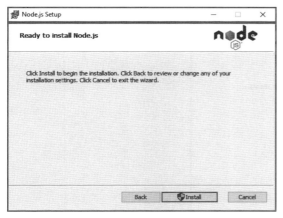

Figura 1.9 – Tela de confirmação da instalação do Node.js.

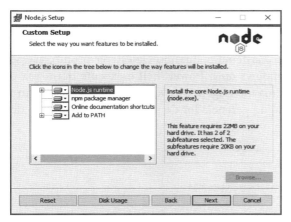

Figura 1.10 – Tela de configuração dos itens a serem instalados.

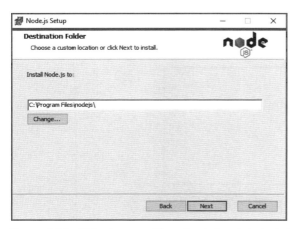

Figura 1.11 – Tela de especificação do local de instalação do Node.js.

Figura 1.12 – Tela de finalização do processo de instalação.

Tendo concluído a instalação, reinicie o sistema e, quando ele estiver pronto, acesse novamente o prompt de comando do Windows ou o **PowerShell** e execute outra vez o comando **node -v**. Deve ser apresentada uma mensagem com a versão do Node.js (Figura 1.13). Você também pode verificar a versão do gerenciador de pacotes NPM por meio do comando **npm -v** (Figura 1.14).

```
Prompt de Comando
Microsoft Windows [versão 10.0.17134.112]
(c) 2018 Microsoft Corporation. Todos os direitos reservados.

C:\Users\William>node -v
v8.11.3

C:\Users\William>
```

Figura 1.13 – Comando para visualização da versão do Node.js.

```
Prompt de Comando
Microsoft Windows [versão 10.0.16299.309]
(c) 2017 Microsoft Corporation. Todos os direitos reservados.

C:\Users\William>npm -v
5.6.0

C:\Users\William>
```

Figura 1.14 – Comando para visualização da versão do gerenciador de pacotes NPM.

Agora que já temos o Node.js instalado, assim como o gerenciador NPM, chegou a hora de instalar o Angular CLI, que é a ferramenta de linha de comando do Angular 6 responsável por facilitar o gerenciamento de projetos. Ainda com a janela do prompt de comando ou do **PowerShell** aberta, digite o comando `npm install -g @angular/cli` e tecle [ENTER] para executá-lo. Se já houver uma versão anterior instalada, ela será atualizada automaticamente.

Após ter finalizado o processo de instalação ou atualização, execute o comando `ng -v` para ver se a instalação foi bem sucedida. Em caso afirmativo, deve ser mostrada uma mensagem similar à da Figura 1.15, contendo a versão do Angular.

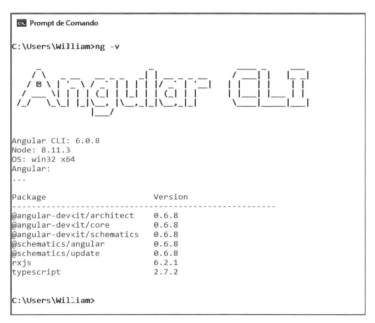

Figura 1.15 – Mensagem com informação da versão do Angular CLI.

A instalação no Linux não difere muito. É apresentado aqui o processo em uma distribuição Ubuntu, versão 17.10, utilizando seu repositório de pacotes, mas pode ser empregado em qualquer distribuição baseada no Debian. Para distribuições que utilizam outras ferramentas de gerenciamento de pacotes, é necessário consultar o manual do usuário.

Abra uma sessão de **Terminal de Console** (Figura 1.16) e verifique se o Node.js está instalado por meio do comando `node -v`. Em caso negativo, deve-se verificar também se o utilitário *curl* está instalado, uma vez que ele será utilizado na criação de um arquivo de script para instalação do Node.js. Para efetuar essa verificação, digite na janela do terminal a expressão `curl` e tecle [ENTER]. Se for exibida a mensagem da Figura 1.17, significa que ele precisa ser instalado.

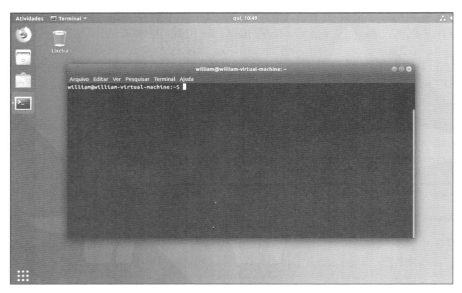

Figura 1.16 – Tela do Terminal de Console do Ubuntu Linux.

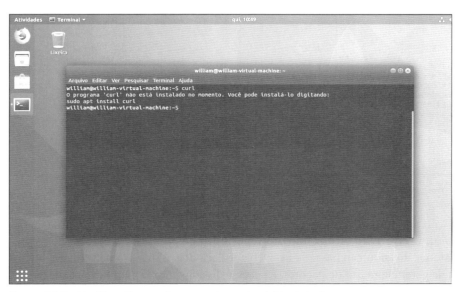

Figura 1.17 – Verificação se a ferramenta curl está instalada.

A instalação é efetuada com a execução do comando **sudo apt-get curl**.
Em seguida, execute os comandos apresentados pela seguinte listagem:

```
curl -sL https://deb.nodesource.com/setup_8.x -o install_node.sh
sudo bash install_node.sh
```

Veja a Figura 1.18. Ao fim da execução do último comando, você deverá ver uma tela similar à da Figura 1.19. Execute, ainda, o seguinte comando:

```
sudo apt-get install nodejs
```

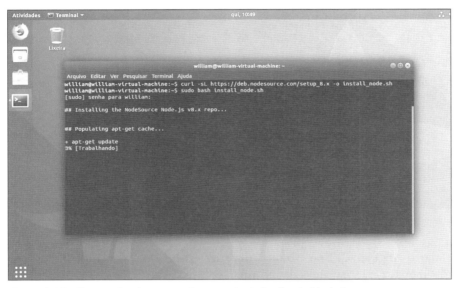

Figura 1.18 – Execução de comandos para instalação do Node.js.

Quando for finalizada a instalação, execute os comandos **node -v** e **npm -v**, com os quais você poderá verificar a versão de ambos e se eles foram instalados corretamente. Veja a Figura 1.20.

Figura 1.19 – Instalação do Node.js concluída.

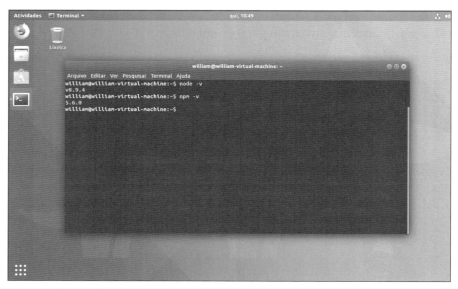

Figura 1.20 – Verificação da versão do Node.js e do gerenciador NPM.

Para instalar o Angular CLI no Ubuntu, deve ser executado o comando **sudo npm install -g @angular/cli** na janela do terminal.

Na Figura 1.21 podemos ver a mensagem de confirmação do Angular CLI instalado com sucesso.

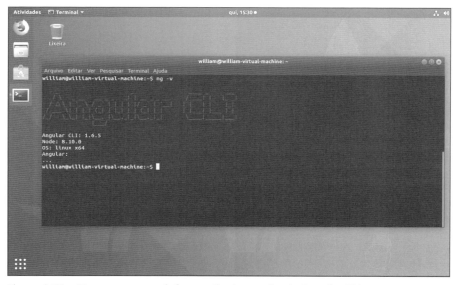

Figura 1.21 – Mensagem com informação da versão do Angular CLI.

Uma vez que o Angular 6 faz uso da linguagem TypeScript, é preciso que ela também esteja instalada na máquina. A versão mais recente da linguagem TypeScript, na época de produção deste livro, era a 2.9.2. Você pode verificar qual a versão instalada executando o comando **tsc -v** no prompt de comando do Windows ou na tela de terminal do Linux, como mostra o exemplo da Figura 1.22.

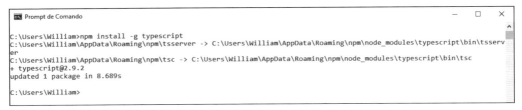

Figura 1.22 – Verificação da existência da linguagem TypeScript.

Para instalar a versão mais recente, ou atualizar a que se encontra instalada atualmente, execute o comando **npm install -g typescript** no Windows, ou o comando **sudo apt install node-typescript**, no Ubuntu. Veja o exemplo da Figura 1.23.

Figura 1.23 – Instalação/atualização da linguagem TypeScript.

Com todos esses procedimentos efetuados, estamos prontos para criar nossos projetos com o Angular 6. A criação de um projeto envolve a instalação do próprio framework e a definição de várias pastas e arquivos necessários ao funcionamento do Angular 6. Esse processo será abordado no próximo capítulo.

1.3 O padrão MVC

MVC (sigla de *Model-View-Controller*) é um padrão de projeto de software que tem por objetivo nortear o processo de separação do código da aplicação de acordo com a funcionalidade e/ou objetivo, levando a um agrupamento em categorias, conhecidas na engenharia de software como camadas.

Pretende-se, com isso, isolar partes do código de modo que elas sejam as mais independentes possíveis, porém com um alto grau de conectividade. Isso significa que um objeto pode existir sem a necessidade de outro, mas eles podem ser vinculados de maneira bastante simplificada, por meio de uma interface bem definida.

Em termos práticos, a separação em camadas oferece um ganho enorme em relação à facilidade e redução de tempo nos processos de manutenção do sistema.

Essa divisão também auxilia muito a execução de testes unitários, uma vez que se pode testar uma função ou um objeto sem que haja necessidade de outros componentes externos já terem sido definidos/implementados.

Na camada *Model* (Modelo), temos os códigos responsáveis pela modelagem ou representação da estrutura lógica dos dados que o sistema deverá manipular. É importante não confundir com o processo de modelagem de dados empregado na área de banco de dados.

A camada *View* (Visão) compreende a parte do sistema que representa a interface com o usuário e que engloba, na maioria das vezes, a exibição dos dados armazenados em memória ou em um banco de dados em disco (via modelo da camada Model).

Por fim, a camada *Controller* (Controlador) funciona como uma ponte entre as camadas Model e View. Nela, os códigos agem de acordo com os eventos ocorridos na View ou na Model. Tecnicamente falando, essa camada consiste em rotinas (métodos ou funções) que leem dados da View e atualizam as estruturas correspondentes na camada Model. No lado inverso, os dados são lidos na Model e exibidos na camada View. Isso significa que View e Model nunca interagem diretamente entre si.

A Figura 1.24 apresenta um diagrama que ilustra bem o relacionamento existente entre essas três camadas dentro de um sistema.

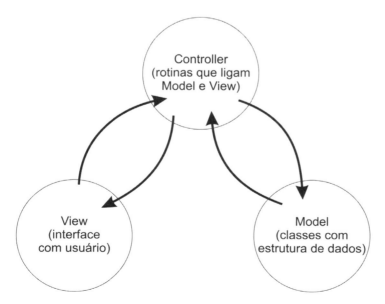

Figura 1.24 – Diagrama do relacionamento entre camadas do padrão MVC.

1.4 Aplicações de página única

Conforme mencionado anteriormente, o framework Angular tem sido empregado principalmente no desenvolvimento de aplicações que fazem uso de um conceito denominado *Single-Page Applications* (SPA).

Esse tipo de aplicação web se caracteriza por apresentar uma tela que corresponde à página principal, com as demais páginas sendo carregadas dentro dela, em áreas específicas, em vez de serem carregadas por inteiro de maneira a sobrepor a página principal. Isso imita o comportamento de aplicações para desktop ou cliente/servidor, criadas com linguagens de programação como C++, Java, C# ou Object Pascal (Delphi).

A forma como as páginas visualizadas pelos usuários são construídas em uma SPA difere consideravelmente do método tradicional empregado em websites regulares. Nesses últimos, geralmente construídos com tecnologias *server-side*, como Java, PHP ou ASP.NET, o servidor web recupera os dados de um banco de dados e então gera a página HTML que deve ser enviada ao navegador do usuário. Em outras palavras, ele executa todo o trabalho pesado, o que pode resultar em lentidão se houver muitas conexões de usuários ao mesmo tempo.

Com a arquitetura SPA, toda a parte do processamento relacionada com a construção da página em si é delegada ao navegador do usuário. O servidor web tem apenas a função de fornecer os dados requisitados, não sendo, portanto, sobrecarregado, mesmo com uma grande quantidade de requisições a serem atendidas.

No próximo capítulo, veremos como instalar e configurar o servidor web Apache no Windows e no Ubuntu.

Exercícios

1. Defina o conceito de framework.
2. Quais são os requisitos mínimos para se instalar o Angular CLI?
3. Qual é o comando que permite verificar a versão instalada do node, caso ele esteja?
4. Cite o comando que deve ser executado para a instalação do Angular CLI.
5. O que são aplicações de página única (Single-Page Applications)?
6. Explique o conceito de cada uma das camadas no padrão MVC.

2

Instalação e Configuração do Apache

Neste capítulo você aprenderá a instalar e configurar o servidor web Apache, tanto no Windows quanto no Ubuntu (uma distribuição Linux). Esse servidor facilitará bastante a execução dos exemplos criados no decorrer dos estudos.

A configuração do servidor é um processo bastante simples que consiste na edição de um arquivo para fazer alteração em alguns parâmetros, utilizando para isso um editor de textos, como o **Bloco de Notas** do Windows ou o **VIM** do Linux.

2.1 Instalação do servidor web Apache no Windows

Embora não seja algo imprescindível para nossos estudos, o uso de um servidor web pode ser bastante útil e recomendável pelo fato de, com ele, ser possível retratarmos de maneira mais fiel um ambiente de execução na web, além de facilitar nossos testes quando formos executar os exemplos no navegador.

Utilizaremos um servidor web muito conhecido e empregado em mais de 50% dos sites espalhados pelo mundo. Sendo totalmente de código aberto (open source), possui versões disponíveis para Linux e Windows. A versão mais recente na época em que este livro foi escrito era a 2.4.29.

Para baixar os arquivos de instalação do Apache, acesse o site *apache.org* (conteúdo em inglês), posicione a página na área que mostra a relação de projetos (Figura 2.1) e então clique na opção **HTTP Server** para ser exibida a página da Figura 2.2.

Figura 2.1 – Lista de projetos da fundação Apache.

18   Desenvolvimento de Aplicações Web com Angular

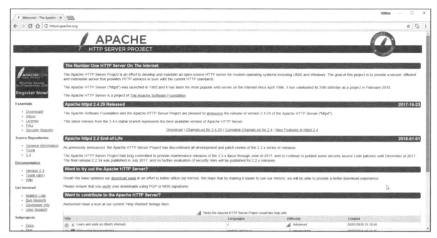

Figura 2.2 – Página para seleção do arquivo de download.

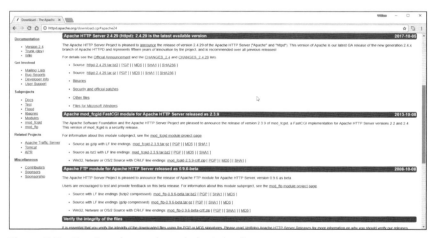

Figura 2.3 – Opções de arquivos de instalação.

Clique na opção **Download,** que se encontra na seção denominada **Apache httpd 2.4.29 Released**. A partir da tela apresentada em seguida (Figura 2.3), clique na opção **Files for Microsoft Windows**. Em seguida, clique no item **ApacheHaus** da seção mostrada pela Figura 2.4.

A partir da lista de arquivos apresentada na tela da Figura 2.5, clique no ícone da bandeira localizado à direita do arquivo referente à versão do Apache que deseja baixar (32 ou 64 bits).

Figura 2.4 – Opções de sites para download dos arquivos binários para Windows.

Figura 2.5 – Lista de arquivos para download.

Após o download do arquivo ter sido finalizado, descompacte-o na raiz do disco rígido C:. Uma pasta com o nome Apache24 é criada automaticamente. Isso, no entanto, não finaliza o processo de instalação do Apache. Precisamos efetuar algumas configurações e também executar um comando para que ele seja instalado como um serviço do Windows; dessa maneira ele é executado automaticamente toda vez que o Windows for iniciado.

Com o **Bloco de Notas**, abra o arquivo `httpd.conf` que se encontra na pasta `conf` do Apache e altere a linha com a expressão caractere "ServerAdmin admin@example.com" de forma que contenha um endereço de e-mail válido. Modifique também o valor das linhas contendo a expressão "AllowOverride none" para "AllowOverride All". Por fim, grave o arquivo e depois saia do editor.

No prompt de comando do Windows, acesse a pasta `bin` do Apache e digite o comando `httpd.exe -k install -n "Apache2.4"` para instalar o Apache como um serviço denominado `Apache2.4`. Em seguida, ele deve ser iniciado por meio do comando `httpd.exe -k start`.

Para verificar se tudo está funcionando perfeitamente, execute seu navegador e digite o endereço `localhost`. A tela da Figura 2.6 deve ser mostrada se a instalação foi efetuada com sucesso.

Figura 2.6 – Página de confirmação de sucesso na instalação do Apache no Windows.

 ## 2.2 Instalação do servidor web Apache no Ubuntu

Para efetuar a instalação do Apache no Ubuntu Linux, abra uma janela do **Terminal de Console** e execute os seguintes comandos, na sequência:

```
sudo apt-get update
```

```
sudo apt-get upgrade
```

```
sudo apt-get install apache2
```

Como é possível perceber, o processo é muito mais simples que no Windows. Para confirmar se a instalação foi bem-sucedida, abra seu navegador e digite `localhost` na linha de endereço URL. O resultado deve ser o apresentado pela Figura 2.7.

Da mesma forma que foi feita no Windows, também precisamos alterar algumas configurações do Apache. No Ubuntu, o arquivo de configuração tem o nome **apache2.conf**, e está localizado no diretório **/etc/apache2**.

Acesse esse diretório a partir do terminal de console e digite o comando **sudo vim apache2.conf**. Se o editor de textos **VIM** não existir, ele deverá ser instalado por meio do comando **sudo apt-get install vim**. A Figura 2.8 ilustra o editor com o conteúdo do arquivo de configuração.

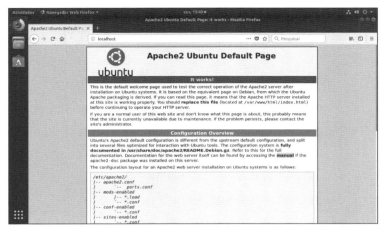

Figura 2.7 - Página de confirmação de sucesso na instalação do Apache no Ubuntu.

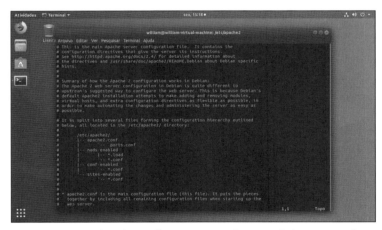

Figura 2.8 - Arquivo de configuração apache2.conf aberto no editor VIM do Ubuntu.

O próximo capítulo descreve a preparação de um ambiente de trabalho para podermos criar e testar nossos exemplos em AngularJS.

Exercícios

1. Qual é o arquivo de configuração do Apache no Windows?
2. No Windows, qual comando permite instalar o Apache como um serviço?
3. No Windows, qual comando inicia o Apache?
4. Tanto no Windows quanto no Ubuntu, o que é preciso fazer para verificar se o Apache foi instalado com sucesso?

3

Introdução ao AngularJS

Vamos estudar neste capítulo a criação e execução dos primeiros exemplos de aplicação em AngularJS.

Antes, porém, precisamos preparar nosso ambiente de trabalho com a instalação e configuração do editor de códigos Visual Studio Code, da Microsoft. A instalação dessa ferramenta é descrita tanto para o Windows quanto para o Ubuntu.

Serão estudados em detalhes a criação e o funcionamento de dois exemplos que fazem uso de conceitos fundamentais do AngularJS.

 ## 3.1 Preparação do ambiente de trabalho

Antes de nos aventurarmos no estudo do Angular 6, é importante ter um contato inicial com o AngularJS, pois isso facilitará bastante o aprendizado da versão 6, uma vez que, assim, já terá adquirido conhecimento sobre o conceito desse framework e como é composta a estrutura de uma aplicação que o utiliza.

Em primeiro lugar precisamos preparar nosso ambiente de trabalho, que consiste basicamente em dois procedimentos. O primeiro é a criação de uma pasta no Apache, a qual conterá os exemplos criados durante nosso estudo. Com o **Explorador de Arquivos** do Windows, acesse a pasta **htdocs** do Apache e crie uma nova pasta dentro dela, com o nome **angularjs**. Veja a Figura 3.1.

O segundo procedimento consiste na instalação de um editor de códigos para podermos escrever os exemplos. Adotaremos uma ferramenta produzida e distribuída gratuitamente pela Microsoft, denominada **Visual Studio Code**. Ela possui versões para Windows, Mac OS e Linux.

É importante deixar claro que se trata apenas de um editor de códigos, não um ambiente de desenvolvimento (IDE) completo, o que significa que ele não permite a compilação, execução ou depuração dos códigos. Para essas tarefas, deve-se utilizar, por exemplo, o Visual Studio.

24 Desenvolvimento de Aplicações Web com Angular

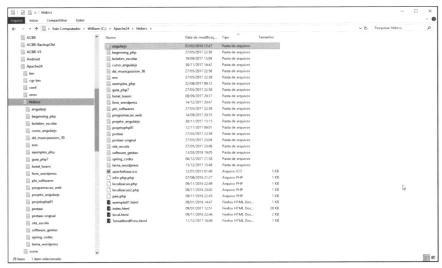

Figura 3.1 – Pasta que conterá os exemplos de aplicações AngularJS.

A instalação no Windows é bastante simples, sendo necessário apenas acessar o endereço *https://code.visualstudio.com/download* (Figura 3.2). Clique no botão com a legenda Windows e o download do arquivo de instalação iniciará em seguida.

Figura 3.2 – Site para download do Visual Studio Code.

Finalizado o download do arquivo, execute-o para efetuar a instalação da ferramenta. A Figura 3.3 apresenta a tela do programa ao ser executado, depois de completada a instalação.

Introdução ao AngularJS   25

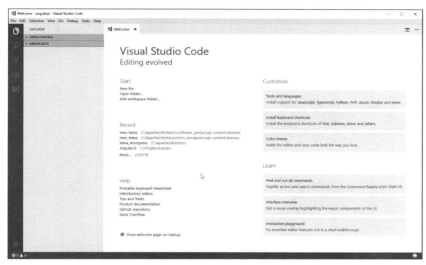

Figura 3.3 – Tela inicial do Visual Studio Code.

Precisamos alterar a pasta de trabalho do Visual Studio Code. Para isso, selecione a opção **File** → **Open Folder** e depois escolha a pasta **angularjs** que criamos anteriormente (Figura 3.4).

Figura 3.4 – Seleção da pasta de trabalho do Visual Studio Code no Windows.

O mesmo processo deve ser executado no Ubuntu. Com a janela do terminal de console aberta, acesse o diretório **/var/www** e crie um novo subdiretório denominado **angularjs**, por meio do comando **sudo mkdir angularjs**, como demonstrado na Figura 3.5.

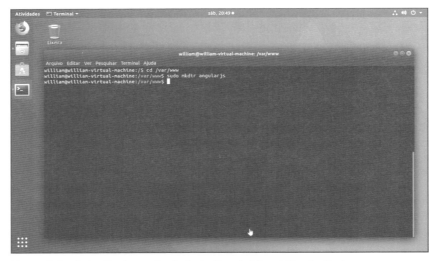

Figura 3.5 – Seleção da pasta de trabalho do Visual Studio Code.

A seguir, instale o Visual Studio Code no Ubuntu. Há basicamente três maneiras de se executar esse procedimento, mas vamos escolher apenas uma, que acredito ser a mais simples.

Em primeiro lugar, é necessário verificar se a ferramenta **Snap** está instalada, executando o comando **sudo snap** no terminal de console. Em caso afirmativo, as mensagens da Figura 3.6 devem ser exibidas.

Se ela não estiver instalada, execute o comando **sudo apt-get install snap**.

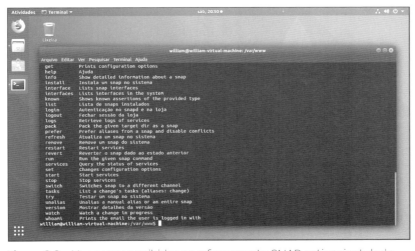

Figura 3.6 – Mensagens exibidas se a ferramenta SNAP estiver instalada.

Execute, por fim, o comando `sudo snap install --classic vscode`. Veja na Figura 3.7 o resultado após ter sido concluído o processo.

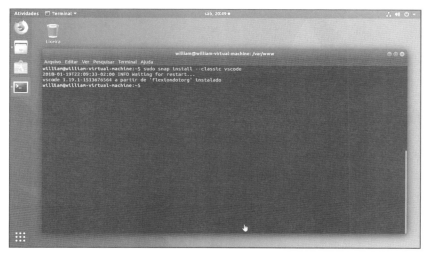

Figura 3.7 – Instalação do Visual Studio Code finalizada.

Para executar o Visual Studio Code, abra a janela de programas e clique no ícone correspondente (Figura 3.8).

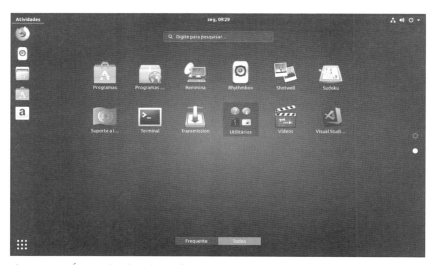

Figura 3.8 – Ícone do Visual Studio Code.

A Figura 3.9 exibe a tela inicial do programa.

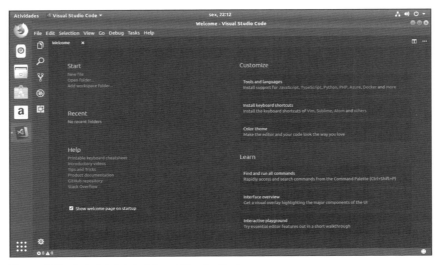

Figura 3.9 – Tela inicial do Visual Studio Code.

Para selecionar o diretório de trabalho, o procedimento é idêntico ao executado na versão para Windows, ou seja, clique na opção `File` → `Open Folder` e escolha o diretório a partir da caixa de diálogo apresentada em seguida. Veja a Figura 3.10.

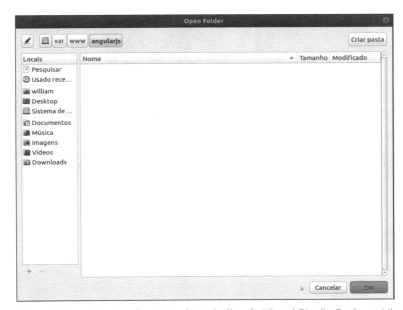

Figura 3.10 – Seleção da pasta de trabalho do Visual Studio Code no Ubuntu.

Para concluir essa preparação do ambiente de trabalho/estudo, copie o arquivo `angular.min.js`, localizado na pasta criada no momento da descompactação do arquivo do framework AngularJS, para dentro da pasta **angularjs**, que foi adicionada à pasta de documentos do Apache (**htdocs**, no caso do Windows, ou **www** para o Ubuntu). Veja o exemplo da Figura 3.11.

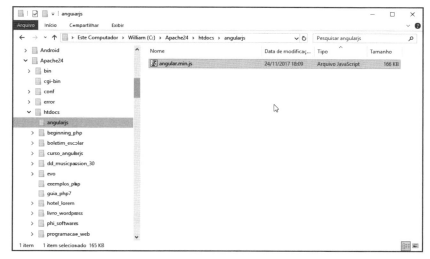

Figura 3.11 – Arquivo angular.min.js gravado na pasta de trabalho do Apache.

 ## 3.2 Criação e execução de uma aplicação AngularJS

Com tudo pronto, podemos partir para a criação do primeiro exemplo de aplicação que faz uso do framework AngularJS. Execute o Visual Studio Code, caso ele não esteja aberto. Selecione a opção **File → New File** e, então, digite o seguinte código:

```
<!DOCTYTPE html>
<html ng-app>
    <head>
        <meta http-equiv="Content-Type" content="text/html; charset=UTF-8" />
        <title>AngularJS - Exemplo 1</title>
        <script src="angular.min.js"></script>
    </head>

    <body>
        <label>Digite seu nome completo: </label> <input ng-model="nome_completo" type="text"><br>
        Olá {{nome_completo}}.<br>
        <h2>Bem-vindo ao curso AngularJS/Angular 6 !!</h2>
    </body>
</html>
```

Grave esse código com o nome **exemplo01.html**. Para selecionar a extensão do arquivo, clique na caixa de combinação **Tipo** e escolha a opção HTML (Figura 3.12).

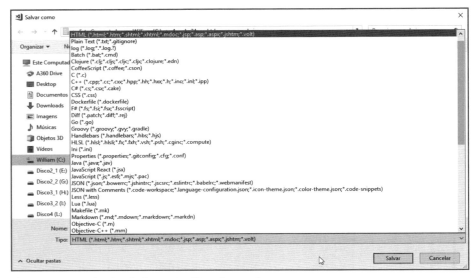

Figura 3.12 – Seleção do formato/tipo de arquivo.

Figura 3.13 – Página inicial da aplicação.

Para executar esse código, abra o arquivo no seu navegador digitando na linha de endereço a expressão caractere *localhost/angularjs/exemplo01.html*. O resultado deve ser o mostrado pela Figura 3.13. Note que, à medida que algo é digitado, o respectivo texto é reproduzido na linha logo abaixo (Figura 3.14).

Pelo fato de termos instalado um servidor web, não há necessidade de especificar a pasta do disco rígido para executar o exemplo. O acesso é feito como se fosse uma página de site.

Introdução ao AngularJS   31

Figura 3.14 – Texto duplicado automaticamente durante digitação.

Vamos agora entender o que esse código faz e as mudanças que ele contém em relação a um código HTML normal. A primeira novidade visível é a inclusão da expressão **ng-app** dentro da tag **<html>**. Ela faz parte do conjunto de "instruções" do AngularJS, conhecidas como diretivas, e é utilizada para definir a raiz da aplicação. Embora possa ser inserida em qualquer tag HTML, como **<head>**, **<body>** ou mesmo **<div>**, normalmente é inserida em **<html>**, indicando que todo o conteúdo está sob controle do framework AngularJS. Essa diretiva define o ponto central de uma aplicação AngularJS, o que significa que ela é utilizada na inicialização do framework.

É importante destacar que, ao falarmos em diretivas AngularJS, elas devem ser consideradas sem o hífen e com a primeira letra após "ng" apresentada em maiúsculo. Dessa forma, **ng-app**, por exemplo, é referenciada como diretiva **ngApp**. No entanto, isso não vale para o Angular 6. Neste livro, para facilitar o entendimento, sempre que for feita a primeira menção a uma diretiva AngularJS, a correspondente "instrução em código" será apresentada em seguida entre parênteses.

As diretivas podem ser consideradas uma forma de estender as funcionalidades da linguagem HTML, utilizando para isso chamadas a funções JavaScript de modo declarativo.

O framework propriamente dito é importado/inserido no documento HTML por meio da tag **<script>** presente na seção de cabeçalho.

A aplicação em si está contida no corpo do documento (seção demarcada pelas tags **<body>** e **</body>**). Nele temos, além de uma legenda, uma caixa de entrada (tag **<input>**) para digitação de dados pelo usuário. Note que nessa tag também existe uma diretiva AngularJS denominada **ngModel** (**ng-model**), a qual é responsável por definir um nome de objeto a ser vinculado à caixa de entrada.

A linha seguinte apresenta outra novidade, conhecida como expressão AngularJS, a qual é delimitada pelo par de símbolos {{ e }}. Dentro desse par de símbolos se encontra o nome do objeto que representa a caixa de entrada. Com isso, criamos uma ligação com a caixa de entrada, de modo que tudo que for digitado nela será reproduzido nesse ponto da página. A Figura 3.15 demonstra de forma gráfica como ocorre esse vínculo.

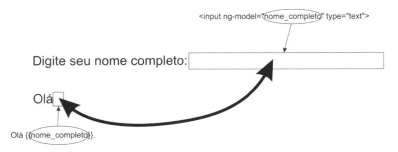

Figura 3.15 – Texto duplicado automaticamente durante digitação.

Esse processo de vinculação de objetos é denominado em inglês *two-way data binding*, que pode ser traduzido como *vínculo de dados em duas mãos*. Isso é possível graças ao mecanismo de notificação de evento presente no framework. Esse mecanismo executa um ciclo de monitoramento das ações executadas pelo usuário, no caso, o pressionamento de alguma tecla. Quando é detectada a ação de pressionamento de uma tecla, o framework transfere para a expressão AngularJS, que contém o objeto denominado *nome_completo*, o conteúdo da caixa de digitação da página. Se o conteúdo desse objeto sofresse, via código de programação, alguma alteração, esta seria refletida na caixa de digitação de forma automática.

Vamos voltar às diretivas AngularJS para entender melhor seu conceito. Elas podem ser consideradas uma forma de estender as funcionalidades da linguagem HTML, utilizando para isso chamadas a funções JavaScript de modo declarativo.

Vejamos um segundo exemplo que apresenta um pouco mais de complexidade. Adicione um novo arquivo por meio da opção **File → New File** ou clique no ícone de **New File** (). Nesse último caso, é exibida uma caixa de digitação para que seja fornecido o nome do arquivo a ser criado (Figura 3.16). No primeiro método, o nome é especificado posteriormente, quando formos gravar o arquivo.

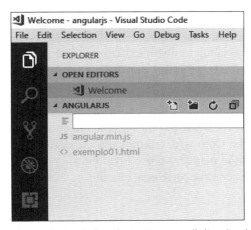

Figura 3.16 – Caixa de texto para digitação do nome do arquivo.

Para o nome do arquivo, entre com a expressão **exemplo02.html**. Em seguida, digite o seguinte código como sendo seu conteúdo:

```html
<!DOCTYTPE html>
<html ng-app="aluguelCarro">
    <head>
        <meta http-equiv="Content-Type" content="text/html; charset=UTF-8" />
        <title>Aluguel de Carro</title>
        <script src="angular.min.js"></script>
        <script>
            var alugaCarro = angular.module("aluguelCarro", []);
            alugaCarro.controller("alugarCarroCtrl", function ($scope) {
                $scope.carros = [
                    {marca: "Chevrolet", modelo: "Onix", cor: "Preta", anoModelo: "2018", combustivel: "Flex"},
                    {marca: "Chevrolet", modelo: "Blazer", cor: "Prata", anoModelo: "2016", combustivel: "Diesel"},
                    {marca: "Ford", modelo: "Fiesta Hatch", cor: "Branca", anoModelo: "2016", combustivel: "Flex"},
                    {marca: "Fiat", modelo: "Argo", cor: "Cinza", anoModelo: "2018", combustivel: "Flex"},
                    {marca: "Honda", modelo: "City", cor: "Preta", anoModelo: "2017", combustivel: "Flex"},
                    {marca: "Toyota", modelo: "Corolla", cor: "Cinza", anoModelo: "2016", combustivel: "Flex"},
                    {marca: "Toyota", modelo: "Picape Hilux", cor: "Prata", anoModelo: "2017", combustivel: "Diesel"}
                ];
                $scope.adicionarCarro = function (carro) {
                    $scope.carros.push(carro);
                    delete $scope.carro;
                };
            });
        </script>
    </head>

    <body ng-controller="alugarCarroCtrl">
        <h3>Aluguel de Carros</h3>
        <table>
            <tr>
                <th>Marca</th>
                <th>Modelo</th>
                <th>Cor</th>
                <th>Ano modelo</th>
                <th>Combustível</th>
            </tr>
            <tr ng-repeat="carro in carros">
                <td>{{carro.marca}}</td>
                <td>{{carro.modelo}}</td>
                <td>{{carro.cor}}</td>
```

```
                <td>{{carro.anoModelo}}</td>
                <td>{{carro.combustivel}}</td>
            </tr>
        </table>
        <hr/>
        <p><label>Marca: </label><input type="text" ng-model="carro.marca"/></p>
        <p></p><label>Modelo: </label><input type="text" ng-model="carro.modelo"/></p>
        <p></p><label>Cor: </label><input type="text" ng-model="carro.cor"/></p>
        <p></p><label>Ano modelo: </label><input type="text" ng-model="carro.anoModelo"/></p>
        <p></p><label>Combustível: </label><input type="text" ng-model="carro.combustivel"/></p>
        <br/>
        <button ng-click="adicionarCarro(carro)">Adicionar</button>
    </body>
</html>
```

A primeira diferença em relação ao exemplo anterior está na declaração da diretiva **ngApp**, que agora é acompanhada pelo assinalamento de uma expressão caractere, no caso, "aluguelCarro". Essa expressão efetivamente nomeia a aplicação e é imprescindível para que seja possível criar módulos.

Depois de declarada a importação da biblioteca AngularJS, temos um código em JavaScript que executa diversas operações, sendo as duas principais a declaração de um módulo e a definição do *controller* da aplicação.

Um módulo é criado por meio da chamada ao método **module()** da classe **angular** do framework. Passamos como parâmetros para esse método uma cadeia de caracteres que representa o nome da aplicação, o qual deve ser o mesmo definido na diretiva **ngApp**, e uma lista de módulos extras envoltos por colchetes. Esses módulos são importados para dentro da aplicação, tornando, assim, possível utilizar seus componentes de forma transparente. Em nosso exemplo, os colchetes se apresentam vazios por não termos qualquer módulo referenciado.

```
var alugaCarro = angular.module("aluguelCarro", []);
```

O método **module()** retorna uma referência que pode ser atribuída a uma variável, como feito em nosso exemplo. Essa variável é, então, utilizada para registrar o controller por meio de uma chamada ao método que tem esse nome. São passadas a ele, como parâmetros, uma expressão caractere que representa o nome do controller e uma função que contém o código a ser executado por ele. Nesta função devemos especificar, como parâmetro, o objeto **$scope**, que serve como ponte entre as camadas View e Controller, criando, dessa forma, um vínculo entre elas. Este objeto define a abrangência da visibilidade de elementos entre as diversas camadas e/ou funções da aplicação. Veja os detalhes na Figura 3.17.

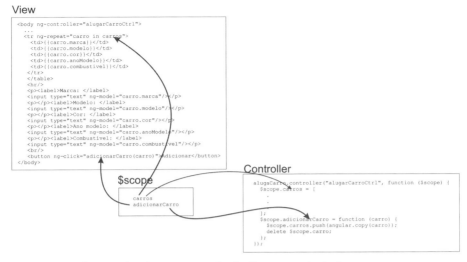

Figura 3.17 – Ligação da View com um Controller por meio de $scope.

O corpo do nosso controller é composto por duas declarações. A primeira cria uma matriz de dados e a segunda define um método para o controller denominado **adicionarCarro()**. Mais à frente, veremos em detalhe o que ele faz exatamente.

O vínculo entre a View (parte do código responsável pela apresentação) e o controller é obtido por meio de especificação do seu nome (no caso **alugarCarroCtrl**) na diretiva **ngController (ng-controller)**, conforme mostra a seguinte linha do código:

```
<body ng-controller="alugarCarroCtrl">
```

Esse vínculo é responsável, ainda, pela criação de uma relação entre ambas as camadas por meio do mesmo *scope*. O controller pode ser associado/aplicado a vários lugares, como uma seção **<body>** ou uma **<div>**. Normalmente, utiliza-se a tag **<body>** para a declaração do controller.

Uma tabela é gerada para visualização dos dados, utilizando para isso a diretiva **ngRepeat (ng-repeat)**, que é capaz de iterar com objetos que representam coleções, como um array (matriz). Em nosso exemplo, a matriz de nome **carros**, que faz parte do objeto **$scope** da aplicação, contém elementos de dados referentes aos carros existentes para locação. Um cabeçalho é definido para a tabela por meio das tags **<th>** e **</th>**.

A diretiva **ngRepeat** é empregada, então, para varrer toda a matriz e exibir seus dados na tela. À variável **carro** são atribuídos os valores de cada elemento da matriz **carros**, em cada iteração do laço de repetição. Essa matriz é reconhecida por causa do vínculo, via **$scope**, com o controller **alugarCarroCtrl**, que é responsável pela sua definição.

Em cada coluna da tabela é exibido o conteúdo de um campo específico do elemento da matriz. Veja o trecho de código apresentado a seguir:

```
<tr ng-repeat="carro in carros">
    <td>{{carro.marca}}</td>
    <td>{{carro.modelo}}</td>
    <td>{{carro.cor}}</td>
    <td>{{carro.anoModelo}}</td>
    <td>{{carro.combustivel}}</td>
</tr>
```

Após a tabela, temos uma área da página que apresenta campos de digitação e um botão de comando. Esse botão executa o método **adicionarCarro()**, que faz parte do controller, passando como parâmetro um objeto denominado **carro**, que, por sua vez, foi definido dentro da diretiva **ngRepeat**.

É importante notar que cada campo de entrada, definido pela tag **<input>**, está vinculado a um campo do objeto **carro**, por meio da diretiva **ngModel**.

```
<p><label>Marca: </label><input type="text" ng-model="carro.marca"/></p>
<p></p><label>Modelo: </label><input type="text" ng-model=
"carro.modelo"/></p>
<p></p><label>Cor: </label><input type="text" ng-model="carro.cor"/></p>
<p></p><label>Ano modelo: </label><input type="text" ng-model=
"carro.anoModelo"/></p>
<p></p><label>Combustível: </label><input type="text" ng-model=
"carro.combustivel"/></p>
<br/>
<button ng-click="adicionarCarro(carro)">Adicionar</button>
```

Voltemos agora ao código do método **adicionarCarro()** para analisar a operação que ele executa.

```
$scope.adicionarCarro = function (carro) {
    $scope.carros.push(carro);
    delete $scope.carro;
};
```

Um novo elemento é adicionado à matriz **carros** por meio do método **push()**. A ele é passada uma cópia do valor presente no objeto **carro** recebido como parâmetro e que faz parte do escopo da aplicação. Esse objeto é, por fim, removido do escopo, para que assim seja desfeita qualquer ligação entre o elemento da matriz e essa variável objeto.

Sem esse procedimento, quando digitássemos algo nas caixas de entrada, os valores do último elemento inserido na matriz seriam alterados concomitantemente.

Após gravar o arquivo, execute o seu navegador e acesse o endereço *localhost/angularjs/exemplo02.html*. O resultado esperado pode ser visto na Figura 3.18.

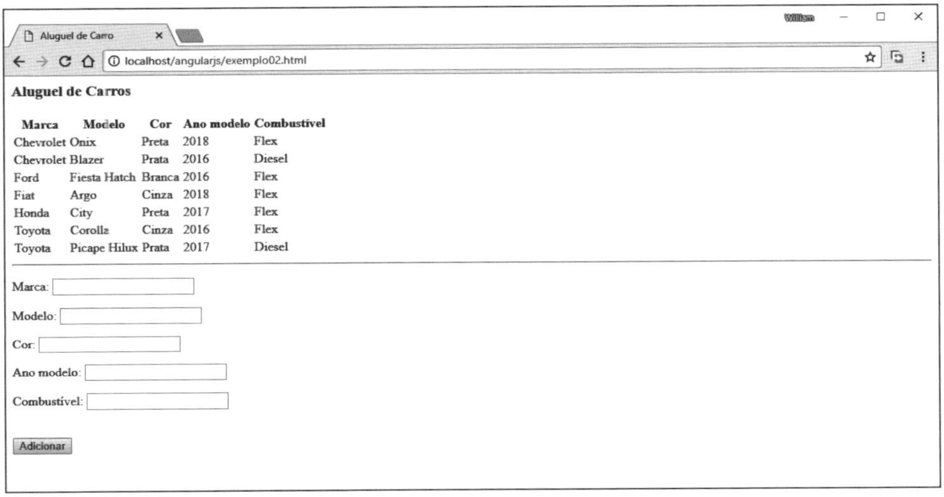

Figura 3.18 – Página resultante da execução do exemplo.

Digite alguns dados nos campos, como exemplificado na Figura 3.19. Clique no botão **Adicionar** e você verá que esses dados são inseridos na tabela, como última linha (Figura 3.20).

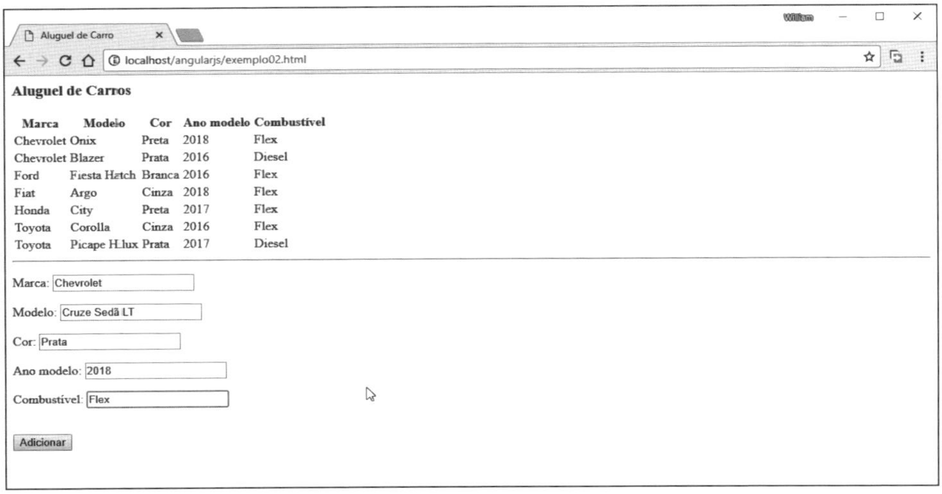

Figura 3.19 – Campos com dados inseridos.

Desenvolvimento de Aplicações Web com Angular

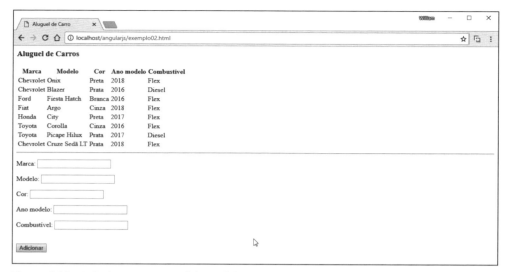

Figura 3.20 – Tabela com a nova linha adicionada.

No próximo capítulo daremos continuidade ao nosso estudo de diretivas do AngularJS.

Exercícios

1. Qual é o comando em Linux para criar um novo diretório no disco?
2. Considerando a instalação do servidor web Apache em uma distribuição do sistema operacional Linux, em qual diretório os arquivos que compõem um site ou aplicação web devem ser gravados?
3. A diretiva AngularJS que determina ngApp define:

    (a) O nome do arquivo principal do site.
    (b) O nome da aplicação que deve ser reconhecida pelo servidor Apache.
    (c) A raiz de uma aplicação AngularJS que inicializa o framework.
    (d) A seção do código HTML que indica o diretório base dos arquivos do site.
    (e) O DNS do servidor web que deverá processar as requisições do usuário.

4. Qual a função da diretiva ngModel?
5. Assinale a alternativa que apresenta a sintaxe correta para definição de um módulo AngularJS denominado vendaProduto.

    (a) class.angular.module("vendaProduto", []);
    (b) angular.module.create("vendaProduto", []);
    (c) module("vendaProduto", []);
    (d) angular.module("vendaProduto", "");
    (e) angular.module("vendaProduto", []);

6. Em qual situação empregamos a diretiva ngRepeat?

4

Diretiva ngOptions e Framework Bootstrap

Dando continuidade ao nosso pequeno projeto iniciado no capítulo anterior, vamos implementar recursos que o tornam mais sofisticado e com aparência mais profissional, utilizando para isso uma nova diretiva Angular denominada ngOptions.

Veremos também, neste capítulo, como utilizar o framework Bootstrap, que permite melhorar o visual das páginas da aplicação.

 ## 4.1 Utilização da diretiva ngOptions

Como vimos, nosso projeto permite a entrada de dados que são adicionados à lista de veículos. Todos esses dados são digitados pelo usuário, o que pode levar à entrada de informações erradas, como digitação do modelo do veículo no lugar da sua cor, ou a especificação de uma cor inexistente.

Esses tipos de problemas podem ser resolvidos com a utilização de campos que possuem valores predefinidos, que são apresentados ao usuário na forma de uma lista de seleção, popularmente conhecida como caixa de combinação. Isso é possível com a utilização da diretiva **ngOptions** (**ng-options**), oferecida pelo Angular.

Para que seja possível utilizá-la, é necessário criar previamente uma matriz de dados que contém os itens a serem exibidos pela caixa de combinação criada com a tag **<select>**. Em nosso caso, o código deve ser alterado de modo que fique com a configuração apresentada na seguinte listagem:

```
<!DOCTYTPE html>
<html ng-app="aluguelCarro">
    <head>
        <meta http-equiv="Content-Type" content="text/html; charset=UTF-8" />
        <title>Aluguel de Carro - Versão 2</title>
        <script src="angular.min.js"></script>
        <script>
            var alugaCarro = angular.module("aluguelCarro", []);
            alugaCarro.controller("alugarCarroCtrl", function ($scope) {
                $scope.carros = [
                    {marca: "Chevrolet", modelo: "Onix", tipo: "Hatch", cor: "Preta", anoModelo: "2018", combustivel: "Flexível"},
```

```
                    {marca: "Chevrolet", modelo: "Blazer", tipo: "SUV",
cor: "Prata", anoModelo: "2016", combustivel: "Diesel"},
                    {marca: "Ford", modelo: "Fiesta Hatch", tipo:
"Hatch", cor: "Branca", anoModelo: "2016", combustivel: "Flexível"},
                    {marca: "Fiat", modelo: "Argo", tipo: "Hatch", cor:
"Cinza", anoModelo: "2018", combustivel: "Flexível"},
                    {marca: "Honda", modelo: "City", tipo: "Sedã", cor:
"Preta", anoModelo: "2017", combustivel: "Flexível"},
                    {marca: "Toyota", modelo: "Corolla", tipo: "Sedã",
cor: "Cinza", anoModelo: "2016", combustivel: "Flexível"},
                    {marca: "Toyota", modelo: "Hilux", tipo: "Picape",
cor: "Prata", anoModelo: "2017", combustivel: "Diesel"}
                ];
                $scope.marcas = ["Chevrolet", "Ford", "Volkswagen",
"Fiat", "Honda", "Toyota", "Audi"];
                $scope.cores = ["Branca", "Preta", "Prata", "Cinza",
"Vermelha", "Azul"];
                $scope.tipos = ["Hatch", "Cupê", "Sedã", "Perua",
"Picape", "Van", "Minivan", "SUV"];
                $scope.combustiveis = ["Gasolina", "Álcool", "Diesel",
"Gás/GLP", "Flexível"];
                $scope.adicionarCarro = function (carro) {
                    $scope.carros.push(carro);
                    delete $scope.carro;
                };
            });
        </script>
    </head>

    <body ng-controller="alugarCarroCtrl">
        <h3>Aluguel de Carros - Versão 2</h3>
        <table>
            <tr>
                <th>Marca</th>
                <th>Modelo</th>
                <th>Tipo</th>
                <th>Cor</th>
                <th>Ano modelo</th>
                <th>Combustível</th>
            </tr>
            <tr ng-repeat="carro in carros">
                <td>{{carro.marca}}</td>
                <td>{{carro.modelo}}</td>
                <td>{{carro.tipo}}</td>
                <td>{{carro.cor}}</td>
                <td>{{carro.anoModelo}}</td>
                <td>{{carro.combustivel}}</td>
            </tr>
        </table>
        <hr/>
        <p><label>Selecione a marca: </label>
```

```
		<select ng-model="carro.marca" ng-options="marca for marca in marcas">
		</select>
		</p>

		<p><label>Modelo: </label><input type="text" ng-model="carro.modelo"/></p>

		<p><label>Selecione o tipo: </label>
		<select ng-model="carro.tipo" ng-options="tipo for tipo in tipos">
		</select>
		</p>

		<p><label>Selecione a cor: </label>
		<select ng-model="carro.cor" ng-options="cor for cor in cores">
		</select>
		</p>

		<p><label>Ano modelo: </label><input type="text" ng-model="carro.anoModelo"/></p>
		<p><label>Selecione o combustível:
		<select ng-model="carro.combustivel" ng-options="combustivel for combustivel in combustiveis">
		</select>
		</p>

		<br/>
		<button ng-click="adicionarCarro(carro)">Adicionar</button>
	</body>
</html>
```

A primeira alteração que podemos notar é a adição de novas matrizes ao objeto **$scope**, denominadas **marcas**, **cores**, **tipos** e **combustíveis**. Essas matrizes contêm as opções exibidas nas caixas de combinação do formulário de entrada de dados.

```
$scope.marcas = ["Chevrolet", "Ford", "Volkswagen", "Fiat", "Honda", "Toyota", "Audi"];
$scope.cores = ["Branca", "Preta", "Prata", "Cinza", "Vermelha", "Azul"];
$scope.tipos = ["Hatch", "Cupê", "Sedã", "Perua", "Picape", "Van", "Minivan", "SUV"];
$scope.combustiveis = ["Gasolina", "Álcool", "Diesel", "Gás/GLP", "Flexível"];
```

Tendo definido essas matrizes, podemos criar as respectivas caixas de combinação (tag `<select>`) por meio da diretiva `ngOptions`, como mostra o fragmento de código apresentado a seguir:

```
<p><label>Selecione a marca: </label>
<select ng-model="carro.marca" ng-options="marca for marca in marcas">
</select>
</p>

<p><label>Modelo: </label><input type="text" ng-model="carro.modelo"/></p>

<p><label>Selecione o tipo: </label>
<select ng-model="carro.tipo" ng-options="tipo for tipo in tipos">
</select>
</p>

    <p><label>Selecione a cor: </label>
    <select ng-model="carro.cor" ng-options="cor for cor in cores">
    </select>
    </p>

    <p><label>Ano modelo: </label><input type="text" ng-model= "carro.anoModelo"/></p>
    <p><label>Selecione o combustível:
    <select ng-model="carro.combustivel" ng-options="combustivel for combustivel in combustiveis">
    </select>
    </p>
```

Algumas particularidades dessa diretiva precisam ser detalhadas para um melhor entendimento da sua operação. Em primeiro lugar, ela exige que seja especificada uma expressão que é formada por três partes: uma variável que será utilizada para exibição e vinculação dos dados com a caixa de combinação por meio da diretiva **ngModel**; uma variável na qual será armazenado o conteúdo da lista em cada iteração do laço de repetição; a própria matriz do nosso escopo, que fornecerá os valores para os itens da lista.

Precisamos também definir um elemento que armazenará o valor da opção selecionada pelo usuário na lista, o que se obtém com a diretiva **ngModel**. O primeiro termo da expressão contém o valor a ser mostrado na caixa de listagem e que também é atribuído à sua propriedade **Value**. É importante, ainda, que fique clara a necessidade de o objeto declarado pela diretiva **ngModel** ter o mesmo nome atribuído ao primeiro parâmetro da diretiva **ngOptions**.

A Figura 4.1 apresenta uma descrição gráfica de cada um dos elementos envolvidos nessa construção.

Figura 4.1 – Descrição gráfica da estrutura da diretiva ngOptions.

Após gravar o arquivo com o nome **exemplo03.html**, abra-o no seu navegador por meio do endereço *localhost/angularjs/exemplo03.html*. O resultado deve ser o exibido pela Figura 4.2.

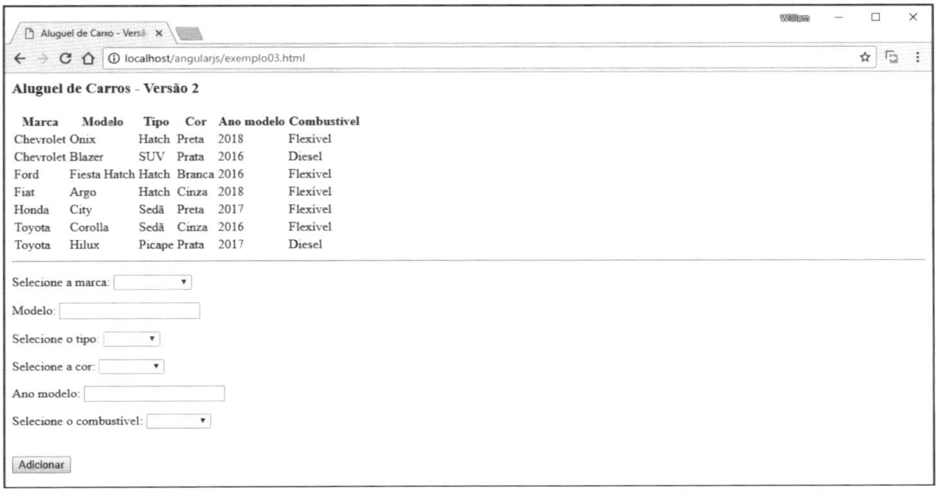

Figura 4.2 – Tela da aplicação com o novo visual.

Clique na caixa de combinação ao lado da legenda *Selecione a marca:* para abrir a lista de opções disponíveis (Figura 4.3). Os demais campos que possuem esse tipo de configuração são manipulados do mesmo modo. Veja na Figura 4.4 um exemplo do formulário totalmente preenchido. Já a Figura 4.5 exibe o novo item adicionado à lista de veículos.

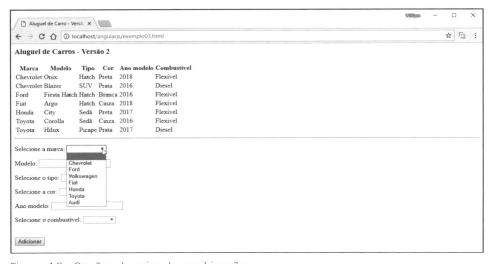

Figura 4.3 – Opções da caixa de combinação.

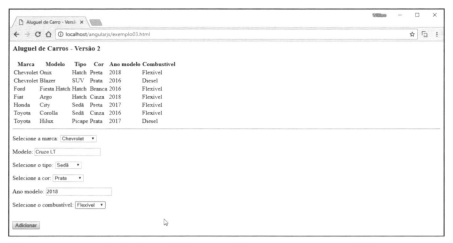

Figura 4.4 – Exemplo de formulário com todos os campos preenchidos.

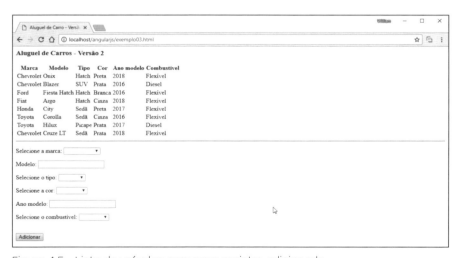

Figura 4.5 – Lista de veículos com novo registro adicionado.

4.2 Bootstrap

Vamos aprimorar o visual da tela da nossa aplicação utilizando o framework Bootstrap. Ele consiste em diversos arquivos de folhas de estilo CSS e código em JavaScript que podemos utilizar para aprimorar o visual das páginas HTML. Para utilizá-lo é necessário efetuar o download a partir do endereço *https://getbootstrap.com* (Figura 4.6). Clique no botão **Download** para que seja mostrada a tela da Figura 4.7.

Clique outra vez em **Download**, localizado na seção identificada pelo título **Compiled CSS and JS**. Com isso, será efetuado o download de um arquivo zipado contendo todo o framework.

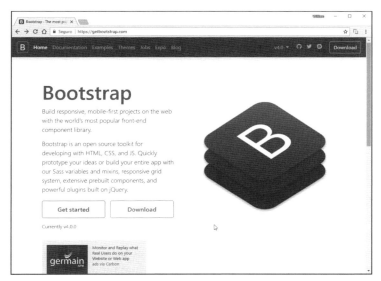

Figura 4.6 – Site para efetuar download do framework Bootstrap.

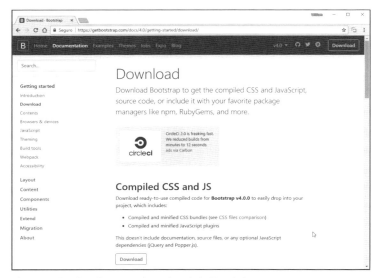

Figura 4.7 – Opção para download do Bootstrap.

Após a conclusão do download do arquivo, descompacte-o em uma pasta qualquer e em seguida copie o arquivo **bootstrap.css** para a pasta do nosso projeto, como mostra a Figura 4.8.

48 Desenvolvimento de Aplicações Web com Angular

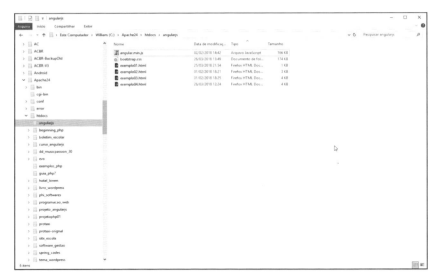

Figura 4.8 – Arquivo do Bootstrap gravado na pasta de trabalho.

Volte a abrir o arquivo **exemplo03.html**, que criamos anteriormente, e grave-o com o nome **exemplo04.html**. Em seguida, altere o código incluindo e modificando as linhas destacadas em negrito na seguinte listagem:

```
<!DOCTYTPE html>
<html ng-app="aluguelCarro">
    <head>
        <meta http-equiv="Content-Type" content="text/html; charset=UTF-8" />
        <title>Aluguel de Carro - Versão 3</title>
        <link rel="stylesheet" type="text/css" href="bootstrap.css">
        <script src="angular.min.js"></script>
        <script>
            var alugaCarro = angular.module("aluguelCarro", []);
            alugaCarro.controller("alugarCarroCtrl", function ($scope) {
                $scope.nomeAplicacao = "Aluguel de Carros - Versão 3";
                $scope.carros = [
                    {marca: "Chevrolet", modelo: "Onix", tipo: "Hatch", cor: "Preta", anoModelo: "2018", combustivel: "Flexível"},
                    {marca: "Chevrolet", modelo: "Blazer", tipo: "SUV", cor: "Prata", anoModelo: "2016", combustivel: "Diesel"},
                    {marca: "Ford", modelo: "Fiesta Hatch", tipo: "Hatch", cor: "Branca", anoModelo: "2016", combustivel: "Flexível"},
                    {marca: "Fiat", modelo: "Argo", tipo: "Hatch", cor: "Cinza", anoModelo: "2018", combustivel: "Flexível"},
                    {marca: "Honda", modelo: "City", tipo: "Sedã", cor: "Preta", anoModelo: "2017", combustivel: "Flexível"},
                    {marca: "Toyota", modelo: "Corolla", tipo: "Sedã", cor: "Cinza", anoModelo: "2016", combustivel: "Flexível"},
```

```
                    {marca: "Toyota", modelo: "Hilux", tipo: "Picape",
cor: "Prata", anoModelo: "2017", combustivel: "Diesel"}
                ];
                $scope.marcas = ["Chevrolet", "Ford", "Volkswagen",
"Fiat", "Honda", "Toyota", "Audi"];
                $scope.cores = ["Branca", "Preta", "Prata", "Cinza",
"Vermelha", "Azul"];
                $scope.tipos = ["Hatch", "Cupê", "Sedã", "Perua",
"Picape", "Van", "Minivan", "SUV"];
                $scope.combustiveis = ["Gasolina", "Álcool", "Diesel",
"Gás/GLP", "Flexível"];
                $scope.adicionarCarro = function (carro) {
                    $scope.carros.push(carro);
                    delete $scope.carro;
                };
            });
        </script>
        <style>
            .table {
                margin-left: auto;
                margin-right: auto;
            }
            .form-control {
                margin-left: auto;
                margin-right: auto;
                background-color: beige;
            }
            .tituloAplicacao {
                background-color: #fcdd7a;
                border-radius: 5px;
                text-align: center;
                width: 800px;
                padding: 10px;
                margin-left: auto;
                margin-right: auto;
                margin-top: 10px;
                margin-bottom: 20px;
            }
        </style>
    </head>

    <body ng-controller="alugarCarroCtrl">
        <div class="tituloAplicacao">
            <h3 ng-bind="nomeAplicacao"></h3>
        </div>
        <table class="table">
            <tr>
                <th>Marca</th>
                <th>Modelo</th>
                <th>Tipo</th>
                <th>Cor</th>
                <th>Ano modelo</th>
```

```html
                <th>Combustível</th>
            </tr>
            <tr ng-repeat="carro in carros">
                <td>{{carro.marca}}</td>
                <td>{{carro.modelo}}</td>
                <td>{{carro.tipo}}</td>
                <td>{{carro.cor}}</td>
                <td>{{carro.anoModelo}}</td>
                <td>{{carro.combustivel}}</td>
            </tr>
        </table>
        <hr/>
        <div class="form-control">
            <p><label>Selecione a marca: </label>
            <select ng-model="carro.marca" ng-options="marca for marca in marcas">
                    <option value="">Selecione a marca</option>
            </select>

            <label>Modelo: </label><input type="text" ng-model="carro.modelo"/>
            </p>

            <p><label>Selecione o tipo: </label>
            <select ng-model="carro.tipo" ng-options="tipo for tipo in tipos">
                    <option value="">Selecione o tipo</option>
            </select>

            <label>Selecione a cor: </label>
            <select ng-model="carro.cor" ng-options="cor for cor in cores">
                    <option value="">Selecione a cor</option>
            </select>
            </p>

            <p><label>Ano modelo: </label><input type="text" ng-model="carro.anoModelo"/>
            <label>Selecione o combustível:
            <select ng-model="carro.combustivel" ng-options="combustivel for combustivel in combustiveis">
                    <option value="">Selecione o combustível</option>
            </select>
            </p>

            <br/>
            <button class="btn btn-primary" ng-click="adicionarCarro(carro)">Adicionar</button>
        </div>
    </body>
</html>
```

Para que seja possível utilizar os diversos estilos definidos no framework Bootstrap, precisamos referenciar a respectiva folha de estilo por meio da linha de código reproduzida a seguir:

```
<link rel="stylesheet" type="text/css" href="bootstrap.css">
```

A segunda alteração, cujo código está listado a seguir, diz respeito à adição de três estilos. Os dois primeiros são na verdade redefinição de alguns atributos de estilos que fazem parte do Bootstrap. O último é um estilo realmente novo que criamos.

O estilo **.table** é utilizado para definir as margens esquerda e direita da área compreendida pela tabela que exibe os dados dos veículos, de modo que elas se ajustem automaticamente de acordo com a largura da janela do navegador. Já o estilo **.form-control** configura a aparência da área que contém os campos de entrada de dados, atribuindo uma cor de fundo e também ajustando as margens esquerda e direita para redimensionamento automático.

O último estilo, aplicado ao título da página, define uma cor de fundo, uma borda com cantos arredondados, a centralização do texto, uma largura de 800 pixels, espaçamento interno de 10 pixels, margem direita/esquerda automática, margem de 10 pixels no topo e de 20 pixels na base.

```
<style>
    .table {
        margin-left: auto;
        margin-right: auto;
    }
    .form-control {
        margin-left: auto;
        margin-right: auto;
        background-color: beige;
    }
    .tituloAplicacao {
        background-color: #fcdd7a;
        border-radius: 5px;
        text-align: center;
        width: 800px;
        padding: 10px;
        margin-left: auto;
        margin-right: auto;
        margin-top: 10px;
        margin-bottom: 20px;
    }
</style>
```

As próximas alterações estão relacionadas à aplicação desses estilos ao título da página e à tabela, como mostra o seguinte fragmento de código:

```
<div class="tituloAplicacao">
    <h3 ng-bind="nomeAplicacao"></h3>
</div>
<table class="table">
```

É importante destacar o uso de uma nova diretiva, denominada **ngBind**. Ela permite associar a um elemento uma expressão, da mesma forma que ocorre com o operador de interpolação de expressão {{}}. Esse último método é mais versátil, uma vez que permite a inserção de operações matemáticas dentro da expressão. Um exemplo seria a concatenação de duas ou mais strings, ou adição de valores numéricos.

Para aplicar o estilo **.form-control** à região que engloba os campos de entrada de dados, precisamos definir com a tag **<div>** essa região e especificar para ela o estilo. Veja a listagem a seguir que reproduz a parte do código responsável por essa configuração:

```
<div class="form-control">
    <p><label>Selecione a marca: </label>
        <select ng-model="carro.marca" ng-options="marca for marca in marcas">
            <option value="">Selecione a marca</option>
        </select>

        <label>Modelo: </label><input type="text" ng-model="carro.modelo"/>
    </p>

    <p><label>Selecione o tipo: </label>
        <select ng-model="carro.tipo" ng-options="tipo for tipo in tipos">
            <option value="">Selecione o tipo</option>
        </select>

        <label>Selecione a cor: </label>
        <select ng-model="carro.cor" ng-options="cor for cor in cores">
            <option value="">Selecione a cor</option>
        </select>
    </p>

    <p><label>Ano modelo: </label><input type="text" ng-model="carro.anoModelo"/>
        <label>Selecione o combustível:
```

```
        <select ng-model="carro.combustivel" ng-options= "combustivel
for combustivel in combustiveis">
            <option value="">Selecione o combustível</option>
        </select>
    </p>

    <br/>
    <button class="btn btn-primary" ng-click="adicionarCarro(carro)">
Adicionar</button>
</div>
```

Note que, para o botão que efetua a inclusão dos dados na lista, foram aplicados dois estilos pertencentes ao Bootstrap: btn e btn-primary. O primeiro dá um efeito de cantos arredondados e o segundo atribui uma cor azul com letras brancas.

Após ter efetuado essas alterações, grave novamente o arquivo HTML e depois abra-o em seu navegador. O resultado deve ser o mostrado pela Figura 4.9.

A Figura 4.10 exibe um exemplo de entrada de dados, enquanto na Figura 4.11 podemos ver este novo veículo adicionado à lista.

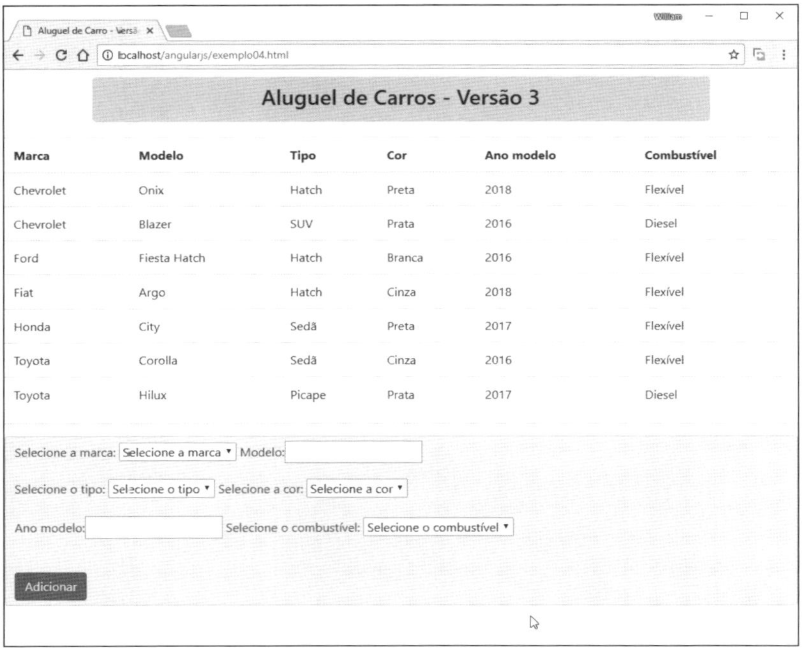

Aluguel de Carro - Versã
localhost/angularjs/exemplo04.html
Aluguel de Carros - Versão 3
Marca
Modelo
Tipo
Cor
Ano modelo
Combustível
Chevrolet
Onix
Hatch
Preta
2018
Flexível
Chevrolet
Blazer
SUV
Prata
2016
Diesel
Ford
Fiesta Hatch
Hatch
Branca
2016
Flexível
Fiat
Argo
Hatch
Cinza
2018
Flexível
Honda
City
Sedã
Preta
2017
Flexível
Toyota
Corolla
Sedã
Cinza
2016
Flexível
Toyota
Hilux
Picape
Prata
2017
Diesel
Selecione a marca: Selecione a marca
Modelo:
Selecione o tipo: Selecione o tipo
Selecione a cor: Selecione a cor
Ano modelo:
Selecione o combustível: Selecione o combustível
Adicionar

Figura 4.9 - Tela da aplicação após as modificações.

54 Desenvolvimento de Aplicações Web com Angular

Figura 4.10 – Exemplo de entrada de dados de novo veículo.

Figura 4.11 – Lista com o novo veículo adicionado.

4.3 Aprimoramentos da diretiva ngOptions

É possível perceber, ao analisar o código dessa pequena aplicação, que as informações selecionáveis a partir das caixas de combinação são gravadas como strings na matriz de dados **carros**. Em uma situação mais realista, que envolva a manipulação de banco de dados, teríamos o armazenamento de um código numérico correspondente ao respectivo item selecionado. Isso pode ser obtido com a definição de chaves para as matrizes que contêm os itens dessas caixas de seleção. A listagem a seguir apresenta em negrito as linhas que devem ser alteradas:

```
<!DOCTYTPE html>
<html ng-app="aluguelCarro">
    <head>
        <meta http-equiv="Content-Type" content="text/html; charset=UTF-8" />
        <title>Aluguel de Carro - Versão 3</title>
        <link rel="stylesheet" type="text/css" href="bootstrap.css">
        <script src="angular.min.js"></script>
        <script>
            var alugaCarro = angular.module("aluguelCarro", []);
            alugaCarro.controller("alugarCarroCtrl", function ($scope) {
                $scope.nomeAplicacao = "Aluguel de Carros - Versão 3";
                $scope.carros = [
                    {marca: "Chevrolet", modelo: "Onix", tipo: "Hatch", cor: "Preta", anoModelo: "2018", combustivel: "Flexível"},
                    {marca: "Chevrolet", modelo: "Blazer", tipo: "SUV", cor: "Prata", anoModelo: "2016", combustivel: "Diesel"},
                    {marca: "Ford", modelo: "Fiesta Hatch", tipo: "Hatch", cor: "Branca", anoModelo: "2016", combustivel: "Flexível"},
                    {marca: "Fiat", modelo: "Argo", tipo: "Hatch", cor: "Cinza", anoModelo: "2018", combustivel: "Flexível"},
                    {marca: "Honda", modelo: "City", tipo: "Sedã", cor: "Preta", anoModelo: "2017", combustivel: "Flexível"},
                    {marca: "Toyota", modelo: "Corolla", tipo: "Sedã", cor: "Cinza", anoModelo: "2016", combustivel: "Flexível"},
                    {marca: "Toyota", modelo: "Hilux", tipo: "Picape", cor: "Prata", anoModelo: "2017", combustivel: "Diesel"}
                ];
                $scope.marcas = [
                    {codigoMarca: 1, nomeMarca: "Chevrolet"},
                    {codigoMarca: 2, nomeMarca: "Ford"},
                    {codigoMarca: 3, nomeMarca: "Volkswagen"},
                    {codigoMarca: 4, nomeMarca: "Fiat"},
                    {codigoMarca: 5, nomeMarca: "Honda"},
                    {codigoMarca: 6, nomeMarca: "Toyota"},
                    {codigoMarca: 7, nomeMarca: "Audi"}
                ];
                $scope.cores = [
```

```
                {codigoCor: 1, nomeCor: "Branca"},
                {codigoCor: 2, nomeCor: "Preta"},
                {codigoCor: 3, nomeCor: "Prata"},
                {codigoCor: 4, nomeCor: "Cinza"},
                {codigoCor: 5, nomeCor: "Vermelha"},
                {codigoCor: 6, nomeCor: "Azul"}
            ];
            $scope.tipos = [
                {codigoTipo: 1, nomeTipo: "Hatch"},
                {codigoTipo: 2, nomeTipo: "Cupê"},
                {codigoTipo: 3, nomeTipo: "Sedã"},
                {codigoTipo: 4, nomeTipo: "Perua"},
                {codigoTipo: 5, nomeTipo: "Picape"},
                {codigoTipo: 6, nomeTipo: "Van"},
                {codigoTipo: 7, nomeTipo: "Minivan"},
                {codigoTipo: 8, nomeTipo: "SUV"}
            ];
            $scope.combustiveis = [
                {codigoCombustivel: 1, nomeCombustivel: "Gasolina"},
                {codigoCombustivel: 2, nomeCombustivel: "Álccol"},
                {codigoCombustivel: 3, nomeCombustivel: "Diesel"},
                {codigoCombustivel: 4, nomeCombustivel: "Gás/GLP"},
                {codigoCombustivel: 5, nomeCombustivel: "Flexível"}
            ];
            $scope.adicionarCarro = function (carro) {
                $scope.carros.push(carro);
                delete $scope.carro;
            };
        });
    </script>
    <style>
        .table {
            margin-left: auto;
            margin-right: auto;
        }
        .form-control {
            margin-left: auto;
            margin-right: auto;
            background-color: beige;
        }
        .tituloAplicacao {
            background-color: #fcdd7a;
            border-radius: 5px;
            text-align: center;
            width: 800px;
            padding: 10px;
            margin-left: auto;
            margin-right: auto;
            margin-top: 10px;
            margin-bottom: 20px;
        }
```

Diretiva ngOptions e Framework Bootstrap 57

```html
        </style>
    </head>

    <body ng-controller="alugarCarroCtrl">
        <div class="tituloAplicacao">
            <h3 ng-bind="nomeAplicacao"></h3>
        </div>
        <table class="table">
            <tr>
                <th>Marca</th>
                <th>Modelo</th>
                <th>Tipo</th>
                <th>Cor</th>
                <th>Ano modelo</th>
                <th>Combustível</th>
            </tr>
            <tr ng-repeat="carro in carros">
                <td>{{carro.marca.nomeMarca}}</td>
                <td>{{carro.modelo}}</td>
                <td>{{carro.tipo.nomeTipo}}</td>
                <td>{{carro.cor.nomeCor}}</td>
                <td>{{carro.anoModelo}}</td>
                <td>{{carro.combustivel.nomeCombustivel}}</td>
            </tr>
        </table>
        <hr/>
        <div class="form-control">
            <p><label>Selecione a marca: </label>
                <select ng-model="carro.marca" ng-options="marca as
marca.nomeMarca for marca in marcas">
                    <option value="">Selecione a marca</option>
                </select>

                <label>Modelo: </label><input type="text" ng-model=
"carro.modelo"/>
            </p>

            <p><label>Selecione o tipo: </label>
                <select ng-model="carro.tipo" ng-options="tipo as tipo.
nomeTipo for tipo in tipos">
                    <option value="">Selecione o tipo</option>
                </select>

                <label>Selecione a cor: </label>
                <select ng-model="carro.cor" ng-options="cor as cor.
nomeCor for cor in cores">
                    <option value="">Selecione a cor</option>
                </select>
            </p>

            <p><label>Ano modelo: </label><input type="text" ng-model=
```

```
"carro.anoModelo"/>
            <label>Selecione o combustível:
            <select ng-model="carro.combustivel" ng-options=
"combustivel as combustivel.nomeCombustivel for combustivel in
combustiveis">
                <option value="">Selecione o combustível</option>
            </select>
        </p>

        <br/>
        <button class="btn btn-primary" ng-click=
"adicionarCarro(carro)">Adicionar</button>
        </div>
    </body>
</html>
```

A primeira modificação se refere à definição das matrizes dos itens das caixas de seleção, que agora possuem chaves para cada elemento:

```
$scope.marcas = [
    {codigoMarca: 1, nomeMarca: "Chevrolet" },
    {codigoMarca: 2, nomeMarca: "Ford"},
    {codigoMarca: 3, nomeMarca: "Volkswagen"},
    {codigoMarca: 4, nomeMarca: "Fiat"},
    {codigoMarca: 5, nomeMarca: "Honda"},
    {codigoMarca: 6, nomeMarca: "Toyota"},
    {codigoMarca: 7, nomeMarca: "Audi"}
];
$scope.cores = [
    {codigoCor: 1, nomeCor: "Branca"},
    {codigoCor: 2, nomeCor: "Preta"},
    {codigoCor: 3, nomeCor: "Prata"},
    {codigoCor: 4, nomeCor: "Cinza"},
    {codigoCor: 5, nomeCor: "Vermelha"},
    {codigoCor: 6, nomeCor: "Azul"}
];
$scope.tipos = [
    {codigoTipo: 1, nomeTipo: "Hatch"},
    {codigoTipo: 2, nomeTipo: "Cupê"},
    {codigoTipo: 3, nomeTipo: "Sedã"},
    {codigoTipo: 4, nomeTipo: "Perua"},
    {codigoTipo: 5, nomeTipo: "Picape"},
    {codigoTipo: 6, nomeTipo: "Van"},
    {codigoTipo: 7, nomeTipo: "Minivan"},
    {codigoTipo: 8, nomeTipo: "SUV"}
];
$scope.combustiveis = [
    {codigoCombustivel: 1, nomeCombustivel: "Gasolina"},
```

```
    {codigoCombustivel: 2, nomeCombustivel: "Álcool"},
    {codigoCombustivel: 3, nomeCombustivel: "Diesel"},
    {codigoCombustivel: 4, nomeCombustivel: "Gás/GLP"},
    {codigoCombustivel: 5, nomeCombustivel: "Flexível"}
];
```

Em função dessa alteração, é necessário alterar a exibição dos dados na tabela por meio da diretiva **ngRepeat**, especificando explicitamente a chave que corresponde aos textos das respectivas caixas de combinações:

```
<tr ng-repeat="carro in carros">
    <td>{{carro.marca.nomeMarca}}</td>
    <td>{{carro.modelo}}</td>
    <td>{{carro.tipo.nomeTipo}}</td>
    <td>{{carro.cor.nomeCor}}</td>
    <td>{{carro.anoModelo}}</td>
    <td>{{carro.combustivel.nomeCombustivel}}</td>
</tr>
```

As linhas de código que criam as caixas de combinação também sofreram alteração com a inclusão de um novo elemento na expressão. Esse elemento corresponde à chave da matriz que contém o código a ser retornado após a seleção do item, e que será atribuído à propriedade Value da caixa de seleção. Ele pode ser utilizado para armazenamento na tabela do banco de dados, por exemplo. Essas linhas estão reproduzidas a seguir:

```
<select ng-model="carro.marca" ng-options="marca as marca.nomeMarca for marca in marcas">
<select ng-model="carro.tipo" ng-options="tipo as tipo.nomeTipo for tipo in tipos">
<select ng-model="carro.cor" ng-options="cor as cor.nomeCor for cor in cores">
<select ng-model="carro.combustivel" ng-options= "combustivel as combustivel.nomeCombustivel for combustivel in combustiveis">
```

As expressões destacadas em negrito nessa listagem merecem uma maior atenção.

Se no laço de repetição da diretiva **ngRepeat** for referenciado apenas o nome da matriz, sem a especificação da chave referente à descrição, o resultado, após a inclusão de um novo veículo, é o exibido pela Figura 4.12.

60 Desenvolvimento de Aplicações Web com Angular

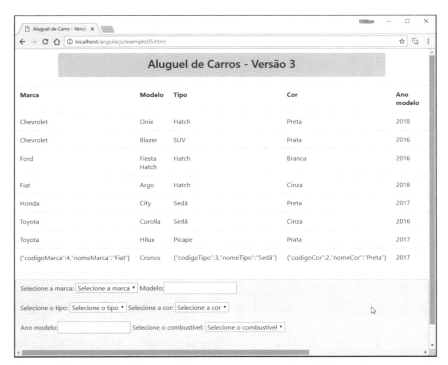

Figura 4.12 – Exibição do conteúdo dos elementos da matriz conforme seleção do item na caixa de combinação.

Com a configuração que fizemos, teremos a tela da Figura 4.13 como resultado de uma nova inclusão. Um problema nitidamente visível é a ausência de informações nas colunas Marca, Tipo, Cor e Combustível, dos primeiros itens da lista. Isso ocorre porque eles estão armazenados, via código, dentro da matriz **carros** e, sendo assim, eles não possuem o código numérico referente a cada descrição. Se todos os itens fossem lidos de uma base de dados e carregados nessa matriz, o problema não ocorreria.

Como último melhoramento da nossa aplicação, vamos modificar a aparência da lista de tipos de veículos, de forma que eles sejam agrupados em categorias. Em primeiro lugar, precisamos alterar a declaração da matriz **tipos**, incluindo um novo elemento que será utilizado nesse agrupamento. Veja, a seguir, como deve ficar o código da declaração dessa matriz:

```
$scope.tipos = [
{codigoTipo: 1, nomeTipo: "Hatch", classeVeiculo: "Carro de passeio"},
    {codigoTipo: 2, nomeTipo: "Cupê", classeVeiculo: "Carro de passeio"},
    {codigoTipo: 3, nomeTipo: "Sedã", classeVeiculo: "Carro de passeio"},
    {codigoTipo: 4, nomeTipo: "Perua", classeVeiculo: "Carro de
```

```
passeio"},
    {codigoTipo: 5, nomeTipo: "Picape", classeVeiculo: "Utilitário"},
    {codigoTipo: 6, nomeTipo: "Van", classeVeiculo: "Utilitário"},
    {codigoTipo: 7, nomeTipo: "Minivan", classeVeiculo: "Utilitário"},
    {codigoTipo: 8, nomeTipo: "SUV", classeVeiculo: "Utilitário"}
];
```

A segunda alteração envolve a inclusão da instrução **group by** na definição da diretiva **ngOptions**, seguida da especificação do elemento da matriz que define o agrupamento dos itens da lista. Em nosso caso, a expressão caractere a ser incluída é **group by tipo.classeVeiculo**, como mostrado na seguinte listagem:

```
<select ng-model="carro.tipo" ng-options="tipo as tipo.nomeTipo group by tipo.classeVeiculo for tipo in tipos">
    <option value="">Selecione o tipo</option>
</select>
```

É importante destacar que a expressão deve vir antes da instrução **for**.

Após gravar o arquivo, execute-o no seu navegador. Ao clicar na caixa de combinação que lista os tipos de veículos, você deverá ver a tela da Figura 4.14.

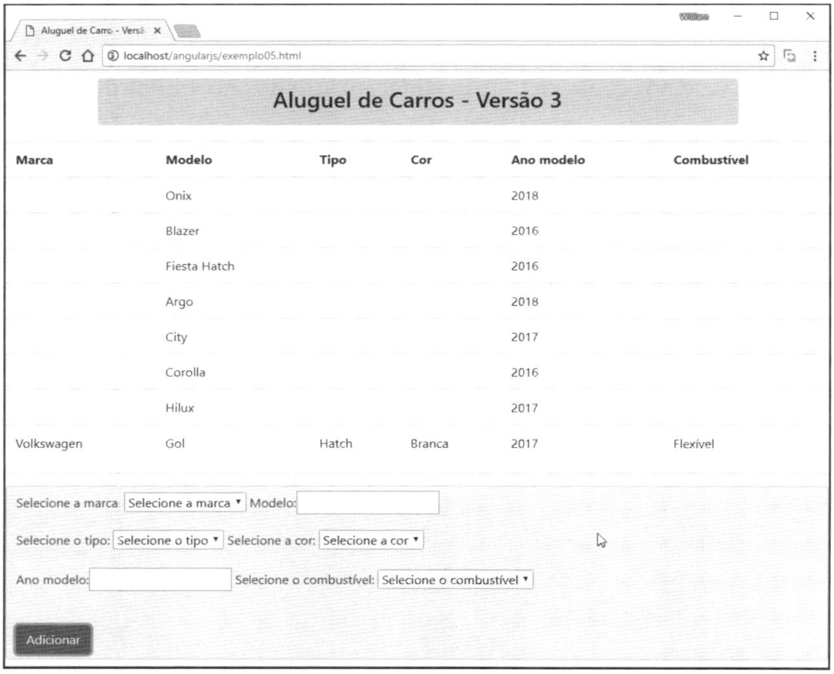

Figura 4.13 – Novo veículo adicionado à lista.

Figura 4.14 – Itens da caixa de combinação agrupados.

No próximo capítulo veremos como efetuar a validação de dados e habilitar/desabilitar um componente da tela.

Exercícios

1. Em qual situação podemos utilizar a diretiva ngOptions?
2. Para utilizar a diretiva ngOptions, precisamos definir previamente:

   (a) Uma conexão com o banco de dados.
   (b) Uma classe para armazenamento dos itens a serem exibidos.
   (c) Uma função que retorna o valor selecionado pelo usuário.
   (d) Uma matriz que contém as cadeias de caracteres a serem exibidas.
   (e) Um ponteiro que indica o endereço de memória de um vetor de dados.

3. O que é necessário definir na tag <select> para o correto funcionamento da diretiva ngOptions?
4. Descreva o Bootstrap de forma resumida.
5. Altere o código da aplicação incluindo um campo e uma caixa de seleção para registro da cilindrada do motor, conforme descrito a seguir:

Código da cilindrada	Descrição da cilindrada
1	1,0 litro
2	1,4 litro
3	1,8 litro
4	2,0 litros
5	2,5 litros
6	3,0 litros

6. Descreva os procedimentos necessários para que seja possível agrupar itens de uma caixa de combinação utilizando recursos disponíveis no Angular.

5

Validação de Dados e Uso de Filtros

Neste capítulo vamos adicionar outros aperfeiçoamentos ao nosso exemplo de formulário de entrada de dados utilizando alguns recursos disponíveis no AngularJS que permitem validar os dados digitados, ordenar as listas de seleção, formatar a exibição e a entrada de valores e aplicar filtros para visualização apenas de um item específico do grupo de registros.

 ## 5.1 Bloqueio de registro vazio

Nossa primeira validação de dados consiste na proibição de inserção de um registro vazio, ou seja, sem qualquer informação. Nossa aplicação, do jeito que se encontra até o momento, permite que, ao ser clicado o botão **Adicionar**, uma linha em branco seja adicionada à tabela, como mostra a Figura 5.1.

Para evitar esse tipo de comportamento, precisamos habilitar o botão somente quando todos os campos estiverem devidamente preenchidos. Isso é possível graças à diretiva `ngDisabled` (`ng-disabled`). Atribuindo-lhe o valor **true**, o elemento (no caso o botão) é desabilitado, enquanto o valor **false** o habilita.

No entanto, para que seja possível configurar adequadamente essa diretiva, precisamos adicionar a cada campo de entrada uma nova diretiva AngularJS capaz de indicar a obrigatoriedade de preenchimento. Essa diretiva é denominada `ngRequired` (`ng-required`), e devemos lhe atribuir um valor **true** para especificar que o campo é de preenchimento obrigatório. Veja a seguir um exemplo:

```
<input type="text" name="CNPJ" ng-model="numeroCNPJ" ng-required="true"/>
```

Figura 5.1 – Linha em branco adicionada à tabela de dados.

Passemos, então, às adaptações necessárias ao código. Grave o arquivo com o nome **exemplo06.html** e em seguida altere suas linhas, que se encontram destacadas em negrito na seguinte listagem:

```
<!DOCTYTPE html>
<html ng-app="aluguelCarro">
    <head>
        <meta http-equiv="Content-Type" content="text/html; charset=UTF-8" />
        <title>Aluguel de Carro - Versão 4</title>
        <link rel="stylesheet" type="text/css" href="bootstrap.css">
        <script src="angular.min.js"></script>
        <script>
            var alugaCarro = angular.module("aluguelCarro", []);
            alugaCarro.controller("alugarCarroCtrl", function ($scope) {
                $scope.nomeAplicacao = "Aluguel de Carros - Versão 4";
                $scope.carros = [
                    {marca: "Chevrolet", modelo: "Onix", tipo: "Hatch", cor: "Preta", anoModelo: "2018", combustivel: "Flexível"},
                    {marca: "Chevrolet", modelo: "Blazer", tipo: "SUV", cor: "Prata", anoModelo: "2016", combustivel: "Diesel"},
                    {marca: "Ford", modelo: "Fiesta Hatch", tipo: "Hatch", cor: "Branca", anoModelo: "2016", combustivel: "Flexível"},
                    {marca: "Fiat", modelo: "Argo", tipo: "Hatch", cor: "Cinza", anoModelo: "2018", combustivel: "Flexível"},
                    {marca: "Honda", modelo: "City", tipo: "Sedã", cor: "Preta", anoModelo: "2017", combustivel: "Flexível"},
                    {marca: "Toyota", modelo: "Corolla", tipo: "Sedã", cor: "Cinza", anoModelo: "2016", combustivel: "Flexível"},
```

```
                    {marca: "Toyota", modelo: "Hilux", tipo: "Picape",
cor: "Prata", anoModelo: "2017", combustivel: "Diesel"}
                ];
                $scope.marcas = [
                    {codigoMarca: 1, nomeMarca: "Chevrolet" },
                    {codigoMarca: 2, nomeMarca: "Ford"},
                    {codigoMarca: 3, nomeMarca: "Volkswagen"},
                    {codigoMarca: 4, nomeMarca: "Fiat"},
                    {codigoMarca: 5, nomeMarca: "Honda"},
                    {codigoMarca: 6, nomeMarca: "Toyota"},
                    {codigoMarca: 7, nomeMarca: "Audi"}
                ];
                $scope.cores = [
                    {codigoCor: 1, nomeCor: "Branca"},
                    {codigoCor: 2, nomeCor: "Preta"},
                    {codigoCor: 3, nomeCor: "Prata"},
                    {codigoCor: 4, nomeCor: "Cinza"},
                    {codigoCor: 5, nomeCor: "Vermelha"},
                    {codigoCor: 6, nomeCor: "Azul"}
                ];
                $scope.tipos = [
                    {codigoTipo: 1, nomeTipo: "Hatch", classeVeiculo:
"Carro de passeio"},
                    {codigoTipo: 2, nomeTipo: "Cupê", classeVeiculo:
"Carro de passeio"},
                    {codigoTipo: 3, nomeTipo: "Sedã", classeVeiculo:
"Carro de passeio"},
                    {codigoTipo: 4, nomeTipo: "Perua", classeVeiculo:
"Carro de passeio"},
                    {codigoTipo: 5, nomeTipo: "Picape", classeVeiculo:
"Utilitário"},
                    {codigoTipo: 6, nomeTipo: "Van", classeVeiculo:
"Utilitário"},
                    {codigoTipo: 7, nomeTipo: "Minivan", classeVeiculo:
"Utilitário"},
                    {codigoTipo: 8, nomeTipo: "SUV", classeVeiculo:
"Utilitário"}
                ];
                $scope.combustiveis = [
                    {codigoCombustivel: 1, nomeCombustivel: "Gasolina"},
                    {codigoCombustivel: 2, nomeCombustivel: "Álcool"},
                    {codigoCombustivel: 3, nomeCombustivel: "Diesel"},
                    {codigoCombustivel: 4, nomeCombustivel: "Gás/GLP"},
                    {codigoCombustivel: 5, nomeCombustivel: "Flexível"}
                ];
                $scope.adicionarCarro = function (carro) {
                    $scope.carros.push(carro);
                    delete $scope.carro;
                    **$scope.CadastroVeiculo.$setPristine();**
                };
            });
        </script>
```

```html
        <style>
            .table {
                margin-left: auto;
                margin-right: auto;
            }
            .form-control {
                margin-left: auto;
                margin-right: auto;
                background-color: beige;
            }
            .tituloAplicacao {
                background-color: #fcdd7a;
                border-radius: 5px;
                text-align: center;
                width: 800px;
                padding: 10px;
                margin-left: auto;
                margin-right: auto;
                margin-top: 10px;
                margin-bottom: 20px;
            }
        </style>
    </head>

    <body ng-controller="alugarCarroCtrl">
        <div class="tituloAplicacao">
            <h3 ng-bind="nomeAplicacao"></h3>
        </div>
        <table class="table">
            <tr>
                <th>Marca</th>
                <th>Modelo</th>
                <th>Tipo</th>
                <th>Cor</th>
                <th>Ano modelo</th>
                <th>Combustível</th>
            </tr>
            <tr ng-repeat="carro in carros">
                <td>{{carro.marca.nomeMarca}}</td>
                <td>{{carro.modelo}}</td>
                <td>{{carro.tipo.nomeTipo}}</td>
                <td>{{carro.cor.nomeCor}}</td>
                <td>{{carro.anoModelo}}</td>
                <td>{{carro.combustivel.nomeCombustivel}}</td>
            </tr>
        </table>
        <hr/>
        <div class="form-control">
            <form name="CadastroVeiculo">
                <p><label>Selecione a marca: </label>
                    <select name="marcaVeiculo" ng-model="carro.marca" ng-options="marca as marca.nomeMarca for marca in marcas" ng-
```

```
required="true">
				<option value="">Selecione a marca</option>
			</select>

			<label>Modelo: </label><input type="text"
name="modeloVeiculo" ng-model="carro.modelo" ng-required="true"/>
			</p>

			<p><label>Selecione o tipo: </label>
			<select name="tipoVeiculo" ng-model="carro.tipo" ng-
options="tipo as tipo.nomeTipo group by tipo.classeVeiculo for tipo in
tipos" ng-required="true">
				<option value="">Selecione o tipo</option>
			</select>

			<label>Selecione a cor: </label>
			<select name="corVeiculo" ng-model="carro.cor" ng-
options="cor as cor.nomeCor for cor in cores" ng-required="true">
				<option value="">Selecione a cor</option>
			</select>
			</p>

			<p><label>Ano modelo: </label><input name="anoVeiculo"
type="text" ng-model="carro.anoModelo" ng-required="true"/>
			<label>Selecione o combustível:
			<select name="combustivelVeiculo" ng-model="carro.
combustivel" ng-options="combustivel as combustivel.nomeCombustivel
for combustivel in combustiveis" ng-required="true">
				<option value="">Selecione o combustível</
option>
			</select>
			</p>

			<br/>
			<div ng-show="CadastroVeiculo.marcaVeiculo.$error.
required && CadastroVeiculo.marcaVeiculo.$dirty" class="alert alert-
info">
			Selecione a marca do veículo!
			</div>
			<div ng-show="CadastroVeiculo.modeloVeiculo.$error.
required && CadastroVeiculo.modeloVeiculo.$dirty" class="alert alert-
info">
			Digite o modelo do veículo!
			</div>
			<div ng-show="CadastroVeiculo.tipoVeiculo.$error.
required && CadastroVeiculo.tipoVeiculo.$dirty" class="alert alert-
info">
			Selecione o tipo de veículo!
			</div>
			<div ng-show="CadastroVeiculo.corVeiculo.$error.required
&& CadastroVeiculo.corVeiculo.$dirty" class="alert alert-info">
			Selecione a cor do veículo!
```

```
            </div>
            <div ng-show="CadastroVeiculo.anoVeiculo.$error.required
&& CadastroVeiculo.anoVeiculo.$dirty" class="alert alert-info">
                Digite o ano do veículo!
            </div>
            <div ng-show="CadastroVeiculo.combustivelVeiculo.
$error.required && CadastroVeiculo.combustivelVeiculo.$dirty"
class="alert alert-info">
                Selecione o tipo de combustível do veículo!
            </div>

            <button class="btn btn-primary" ng-click=
"adicionarCarro(carro)" ng-disabled="CadastroVeiculo.$invalid">
Adicionar</button>
        </form>
    </div>
  </body>
</html>
```

A primeira providência a ser tomada é embutir em um formulário todo o código responsável pela definição dos campos de entrada e do botão **Adicionar**. Esse formulário precisa ainda ser nomeado, como mostra o fragmento de código a seguir:

```
<div class="form-control">
    <form name="CadastroVeiculo">
```

Em seguida, acrescentamos a diretiva **ngRequired** a todos os campos de entrada.

```
<p><label>Selecione a marca: </label>
    <select name="marcaVeiculo" ng-model="carro.marca" ng-options="marca
as marca.nomeMarca for marca in marcas" ng-required="true">
        <option value="">Selecione a marca</option>
    </select>

    <label>Modelo: </label><input type="text" name="modeloVeiculo" ng-
model ="carro.modelo" ng-required="true"/>
</p>

<p><label>Selecione o tipo: </label>
    <select name="tipoVeiculo" ng-model="carro.tipo" ng-options="tipo as
tipo.nomeTipo group by tipo.classeVeiculo for tipo in tipos" ng-required
="true">
        <option value="">Selecione o tipo</option>
    </select>

    <label>Selecione a cor: </label>
    <select name="corVeiculo" ng-model="carro.cor" ng-options="cor as
cor.nomeCor for cor in cores" ng-required="true">
```

```
            <option value="">Selecione a cor</option>
        </select>
</p>

<p><label>Ano modelo: </label><input name="anoVeiculo" type="text" ng-
model ="carro.anoModelo" ng-required="true"/>
        <label>Selecione o combustível:
        <select name="combustivelVeiculo" ng-model="carro.combustivel" ng-
options="combustivel as combustivel.nomeCombustivel for combustivel in
combustiveis" ng-required="true">
            <option value="">Selecione o combustível</option>
        </select>
</p>
```

Além de desabilitar o botão **Adicionar**, nossa aplicação deverá exibir uma mensagem de alerta ao usuário, informando-o sobre a necessidade de preenchimento do campo. Haverá uma mensagem para cada campo, definida dentro de seções **DIVs**.

Para exibir as mensagens, utilizamos a diretiva **ngShow** (`ng-show`) passando-lhe uma expressão lógica que é avaliada em tempo de execução e pode retornar um valor **true** ou **false**. Essa expressão é formada por duas partes, sendo que a primeira, por meio da propriedade `required` do objeto **$error** dos campos, verifica se eles foram devidamente preenchidos. Isso é possível porque essa propriedade está vinculada à diretiva `ngRequired`, adicionada anteriormente. Quando o correspondente campo é obrigatório, mas não se encontra preenchido, essa propriedade retorna **true**, caso contrário retorna **false**.

A segunda parte da expressão utiliza o objeto **$dirty** do campo do formulário para verificar se nele foi digitado ou especificado algum valor pelo menos uma vez. Quando o formulário é aberto, todos os campos de entrada (caixas de texto, listas de seleção, botões de opção etc.) estão em um estado sem valor, ou seja, nada se encontra armazenado neles. Nesse caso, o objeto **$dirty** (que significa sujo em inglês) possui o valor **false**. Ao ser iniciada a digitação de alguma informação (ou seleção de opção da lista), seu valor muda para **true** e não volta mais para **false** enquanto o formulário estiver aberto, mesmo se a informação do campo for toda apagada.

Essa segunda verificação é imprescindível para que não ocorra de a mensagem de aviso sobre a necessidade de se digitar algum valor no campo ser exibida assim que o formulário for aberto, conforme veremos mais à frente.

É importante notar que, para a execução dessas verificações na diretiva **ngShow**, foi necessário nomear cada campo do formulário com o atributo **name**, tendo em vista que as expressões fazem referência a eles.

Note que, como forma de destacar a mensagem dentro da página da aplicação, utilizamos a classe **alert** do framework Bootstrap, com o tipo de caixa de alerta **alert-info**.

```
<div ng-show="CadastroVeiculo.marcaVeiculo.$error.required &&
CadastroVeiculo.marcaVeiculo.$dirty" class="alert alert-info">
```

```
      Selecione a marca do veículo!
</div>
<div ng-show="CadastroVeiculo.modeloVeiculo.$error.required &&
CadastroVeiculo.modeloVeiculo.$dirty" class="alert alert-info">
   Digite o modelo do veículo!
</div>
<div ng-show="CadastroVeiculo.tipoVeiculo.$error.required &&
CadastroVeiculo.tipoVeiculo.$dirty" class="alert alert-info">
   Selecione o tipo de veículo!
</div>
<div ng-show="CadastroVeiculo.corVeiculo.$error.required &&
CadastroVeiculo.corVeiculo.$dirty" class="alert alert-info">
   Selecione a cor do veículo!
</div>
<div ng-show="CadastroVeiculo.anoVeiculo.$error.required &&
CadastroVeiculo.anoVeiculo.$dirty" class="alert alert-info">
   Digite o ano do veículo!
</div>
<div ng-show="CadastroVeiculo.combustivelVeiculo.$error.required &&
CadastroVeiculo.combustivelVeiculo.$dirty" class="alert alert-info">
   Selecione o tipo de combustível do veículo!
</div>
```

Após todas essas medidas iniciais, estamos prontos para especificar no botão a diretiva **ngDisabled** para ativá-lo ou desativá-lo com base no valor da propriedade **$invalid** do objeto que representa o formulário. Essa propriedade devolve o valor **true** se algum campo que esteja configurado como de preenchimento obrigatório (diretiva **ngRequired**) estiver em branco. Em nosso exemplo, ela somente retornará **false** quando todos os campos possuírem algum valor digitado ou selecionado.

```
<button class="btn btn-primary" ng-click= "adicionarCarro(carro)" ng-
disabled="CadastroVeiculo.$invalid">Adicionar</button>
```

Há um efeito colateral em todo esse processo. Como estamos utilizando o objeto **$dirty** para testar se algo foi digitado pelo menos uma vez no campo, após a gravação dos dados, ela ainda permanecerá ajustada com o valor **true**. Precisamos, então, reiniciá-la como se o formulário tivesse sido aberto novamente. Isso pode ser feito com uma chamada ao método **$setPrestine()** que o Angular adiciona ao formulário. Essa chamada é inserida na função **adicionarCarro()**, logo após a remoção do objeto carro do escopo.

```
$scope.adicionarCarro = function (carro) {
    $scope.carros.push(carro);
    delete $scope.carro;
    $scope.CadastroVeiculo.$setPristine();
};
```

Agora sim podemos testar a aplicação. Grave o arquivo e depois abra-o em seu navegador. Você deve ver a tela da Figura 5.2. Note que o botão **Adicionar** se encontra desabilitado.

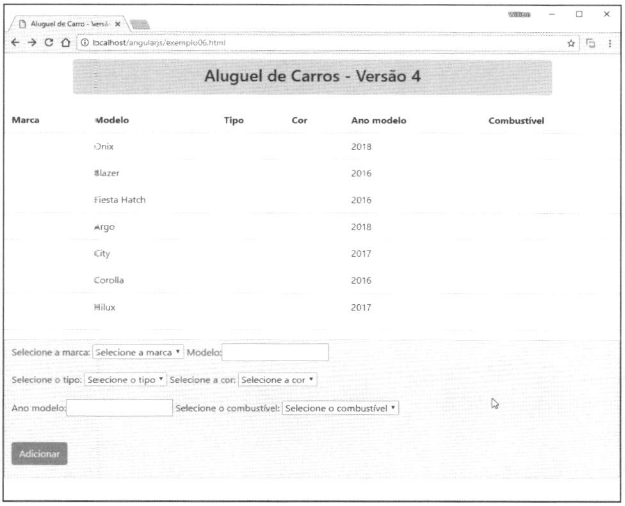

Figura 5.2 – Botão de adição desabilitado.

Selecione uma marca de veículo e depois digite algo no campo *Modelo*. Sem sair desse campo, apague o que foi digitado, assim você receberá a mensagem mostrada na Figura 5.3.

Figura 5.3 – Mensagem informando necessidade de digitação de dados.

Se for selecionado um dos itens das listas de seleção e depois for selecionada a primeira opção, que representa um valor nulo para a lista, também é exibida uma mensagem de alerta, como se pode ver no exemplo da Figura 5.4.

Figura 5.4 – Mensagem informando necessidade de seleção de uma opção.

Se não tivéssemos utilizado o objeto **$dirty** na expressão avaliada pela diretiva `ngShow`, o resultado após a abertura do formulário seria o da Figura 5.5, ou seja, todas as mensagens apareceriam indevidamente.

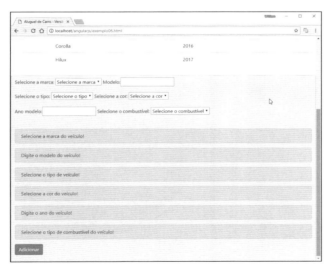

Figura 5.5 – Mensagens apresentadas indevidamente logo na abertura do formulário.

Quando todos os campos estiverem com um valor válido, o botão **Adicionar** é habilitado. A Figura 5.6 exibe um novo registro de veículo acrescentado à lista.

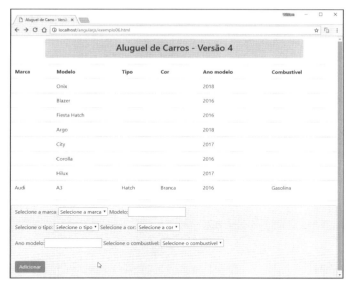

Figura 5.6 – Novo registro de veículo adicionado à lista.

 ## 5.2 Formatação de campos com ngPattern

As próximas alterações em nossa aplicação incluem a utilização de recursos do AngularJS que permitem formatar os dados digitados pelo usuário e/ou exibidos em tela. Para o primeiro caso (formatação de valor digitado), vamos adicionar um novo campo de entrada ao formulário para informação da placa do veículo.

Grave o arquivo com o nome **exemplo07.html** e em seguida altere seu código conforme indicado na seguinte listagem:

```
<!DOCTYTPE html>
<html ng-app="aluguelCarro">
    <head>
        <meta http-equiv="Content-Type" content="text/html; charset=UTF-8" />
        <title>Aluguel de Carro - Versão 4</title>
        <link rel="stylesheet" type="text/css" href="bootstrap.css">
        <script src="angular.min.js"></script>
        <script>
            var alugaCarro = angular.module("aluguelCarro", []);
            alugaCarro.controller("alugarCarroCtrl", function ($scope) {
                $scope.nomeAplicacao = "Aluguel de Carros - Versão 4";
                $scope.carros = [
                {marca: "Chevrolet", modelo: "Onix", placa: "ABC-1234", tipo: "Hatch", cor: "Preta", anoModelo: "2018", combustivel: "Flexível"},
```

```
                    {marca: "Chevrolet", modelo: "Blazer", placa: "DEF-
5678", tipo: "SUV", cor: "Prata", anoModelo: "2016", combustivel:
"Diesel"},
                    {marca: "Ford", modelo: "Fiesta Hatch", placa: "GHI-
9012", tipo: "Hatch", cor: "Branca", anoModelo: "2016", combustivel:
"Flexível"},
                    {marca: "Fiat", modelo: "Argo", placa: "JKL-
3456", tipo: "Hatch", cor: "Cinza", anoModelo: "2018", combustivel:
"Flexível"},
                    {marca: "Honda", modelo: "City", placa: "MNO-7890",
tipo: "Sedã", cor: "Preta", anoModelo: "2017", combustivel: "Flexível"},
                    {marca: "Toyota", modelo: "Corolla", placa: "PQR-
1234", tipo: "Sedã", cor: "Cinza", anoModelo: "2016", combustivel:
"Flexível"},
                    {marca: "Toyota", modelo: "Hilux", placa: "STU-
5678", tipo: "Picape", cor: "Prata", anoModelo: "2017", combustivel:
"Diesel"}
                ];
                $scope.marcas = [
                    {codigoMarca: 1, nomeMarca: "Chevrolet" },
                    {codigoMarca: 2, nomeMarca: "Ford"},
                    {codigoMarca: 3, nomeMarca: "Volkswagen"},
                    {codigoMarca: 4, nomeMarca: "Fiat"},
                    {codigoMarca: 5, nomeMarca: "Honda"},
                    {codigoMarca: 6, nomeMarca: "Toyota"},
                    {codigoMarca: 7, nomeMarca: "Audi"}
                ];
                $scope.cores = [
                    {codigoCor: 1, nomeCor: "Branca"},
                    {codigoCor: 2, nomeCor: "Preta"},
                    {codigoCor: 3, nomeCor: "Prata"},
                    {codigoCor: 4, nomeCor: "Cinza"},
                    {codigoCor: 5, nomeCor: "Vermelha"},
                    {codigoCor: 6, nomeCor: "Azul"}
                ];
                $scope.tipos = [
                    {codigoTipo: 1, nomeTipo: "Hatch", classeVeiculo:
"Carro de passeio"},
                    {codigoTipo: 2, nomeTipo: "Cupê", classeVeiculo:
"Carro de passeio"},
                    {codigoTipo: 3, nomeTipo: "Sedã", classeVeiculo:
"Carro de passeio"},
                    {codigoTipo: 4, nomeTipo: "Perua", classeVeiculo:
"Carro de passeio"},
                    {codigoTipo: 5, nomeTipo: "Picape", classeVeiculo:
"Utilitário"},
                    {codigoTipo: 6, nomeTipo: "Van", classeVeiculo:
"Utilitário"},
                    {codigoTipo: 7, nomeTipo: "Minivan", classeVeiculo:
"Utilitário"},
                    {codigoTipo: 8, nomeTipo: "SUV", classeVeiculo:
"Utilitário"}
```

```
            ];
            $scope.combustiveis = [
                {codigoCombustivel: 1, nomeCombustivel: "Gasolina"},
                {codigoCombustivel: 2, nomeCombustivel: "Álcool"},
                {codigoCombustivel: 3, nomeCombustivel: "Diesel"},
                {codigoCombustivel: 4, nomeCombustivel: "Gás/GLP"},
                {codigoCombustivel: 5, nomeCombustivel: "Flexível"}
            ];
            $scope.adicionarCarro = function (carro) {
                $scope.carros.push(carro);
                delete $scope.carro;
                $scope.CadastroVeiculo.$setPristine();
            };
        });
    </script>
    <style>
        .table {
            margin-left: auto;
            margin-right: auto;
        }
        .form-control {
            margin-left: auto;
            margin-right: auto;
            background-color: beige;
        }
        .tituloAplicacao {
            background-color: #fcdd7a;
            border-radius: 5px;
            text-align: center;
            width: 800px;
            padding: 10px;
            margin-left: auto;
            margin-right: auto;
            margin-top: 10px;
            margin-bottom: 20px;
        }
    </style>
</head>

<body ng-controller="alugarCarroCtrl">
    <div class="tituloAplicacao">
        <h3 ng-bind="nomeAplicacao"></h3>
    </div>
    <table class="table">
        <tr>
            <th>Marca</th>
            <th>Modelo</th>
            <th>Placa</th>
            <th>Tipo</th>
            <th>Cor</th>
            <th>Ano modelo</th>
            <th>Combustível</th>
```

```
            </tr>
            <tr ng-repeat="carro in carros">
                <td>{{carro.marca.nomeMarca}}</td>
                <td>{{carro.modelo}}</td>
                <td>{{carro.placa}}</td>
                <td>{{carro.tipo.nomeTipo}}</td>
                <td>{{carro.cor.nomeCor}}</td>
                <td>{{carro.anoModelo}}</td>
                <td>{{carro.combustivel.nomeCombustivel}}</td>
            </tr>
        </table>
        <hr/>
        <div class="form-control">
            <form name="CadastroVeiculo">
                <p><label>Selecione a marca: </label>
                    <select name="marcaVeiculo" ng-model="carro.marca" ng-options="marca as marca.nomeMarca for marca in marcas" ng-required="true">
                        <option value="">Selecione a marca</option>
                    </select>

                    <label>Modelo: </label><input type="text" name="modeloVeiculo" ng-model="carro.modelo" ng-required="true"/>
                    <label>Placa: </label><input type="text" name="placaVeiculo" ng-model="carro.placa" ng-required="true" ng-pattern= "/^[A-Z,a-z]{3}-\d{4}$/"/>
                </p>

                <p><label>Selecione o tipo: </label>
                    <select name="tipoVeiculo" ng-model="carro.tipo" ng-options="tipo as tipo.nomeTipo group by tipo.classeVeiculo for tipo in tipos" ng-required="true">
                        <option value="">Selecione o tipo</option>
                    </select>

                    <label>Selecione a cor: </label>
                    <select name="corVeiculo" ng-model="carro.cor" ng-options="cor as cor.nomeCor for cor in cores" ng-required="true">
                        <option value="">Selecione a cor</option>
                    </select>
                </p>

                <p><label>Ano modelo: </label><input name="anoVeiculo" type="text" ng-model="carro.anoModelo" ng-required="true"/>
                    <label>Selecione o combustível:
                    <select name="combustivelVeiculo" ng-model="carro.combustivel" ng-options="combustivel as combustivel.nomeCombustivel for combustivel in combustiveis" ng-required="true">
                        <option value="">Selecione o combustível</option>
                    </select>
```

```
                </p>
                <br/>
                <div ng-show="CadastroVeiculo.marcaVeiculo.$error.
required && CadastroVeiculo.marcaVeiculo.$dirty" class="alert alert-
info">
                    Selecione a marca do veículo!
                </div>
                <div ng-show="CadastroVeiculo.modeloVeiculo.$error.
required && CadastroVeiculo.modeloVeiculo.$dirty" class="alert alert-
info">
                    Digite o modelo do veículo!
                </div>
                <div ng-show="CadastroVeiculo.placaVeiculo.$error.
required && CadastroVeiculo.placaVeiculo.$dirty" class="alert alert-
info">
                    Digite a placa do veículo!
                </div>
                <div ng-show="CadastroVeiculo.placaVeiculo.$error.
pattern" class="alert alert-info">
                    A placa do veículo deve ser digitada no formato AAA-
9999.
                </div>
                <div ng-show="CadastroVeiculo.tipoVeiculo.$error.
required && CadastroVeiculo.tipoVeiculo.$dirty" class="alert alert-
info">
                    Selecione o tipo de veículo!
                </div>
                <div ng-show="CadastroVeiculo.corVeiculo.$error.required
&& CadastroVeiculo.corVeiculo.$dirty" class="alert alert-info">
                    Selecione a cor do veículo!
                </div>
                <div ng-show="CadastroVeiculo.anoVeiculo.$error.required
&& CadastroVeiculo.anoVeiculo.$dirty" class="alert alert-info">
                    Digite o ano do veículo!
                </div>
                <div ng-show="CadastroVeiculo.combustivelVeiculo.
$error.required && CadastroVeiculo.combustivelVeiculo.$dirty"
class="alert alert-info">
                    Selecione o tipo de combustível do veículo!
                </div>

                <button class="btn btn-primary" ng-click=
"adicionarCarro(carro)" ng-disabled="CadastroVeiculo.$invalid">
Adicionar</button>
            </form>
        </div>
    </body>
</html>
```

Em primeiro lugar, precisamos incluir na matriz carros o elemento denominado *placa* com seu respectivo valor.

```
$scope.carros = [
    {marca: "Chevrolet", modelo: "Onix", placa: "ABC-1234", tipo: "Hatch", cor: "Preta", anoModelo: "2018", combustivel: "Flexível"},
    {marca: "Chevrolet", modelo: "Blazer", placa: "DEF-5678", tipo: "SUV", cor: "Prata", anoModelo: "2016", combustivel: "Diesel"},
    {marca: "Ford", modelo: "Fiesta Hatch", placa: "GHI-9012", tipo: "Hatch", cor: "Branca", anoModelo: "2016", combustivel: "Flexível"},
    {marca: "Fiat", modelo: "Argo", placa: "JKL-3456", tipo: "Hatch", cor: "Cinza", anoModelo: "2018", combustivel: "Flexível"},
    {marca: "Honda", modelo: "City", placa: "MNO-7890", tipo: "Secã", cor: "Preta", anoModelo: "2017", combustivel: "Flexível"},
    {marca: "Toyota", modelo: "Corolla", placa: "PQR-1234", tipo: "Sedã", cor: "Cinza", anoModelo: "2016", combustivel: "Flexível"},
    {marca: "Toyota", modelo: "Hilux", placa: "STU-5678", tipo: "Picape", cor: "Prata", anoModelo: "2017", combustivel: "Diesel"}
];
```

O passo seguinte é alterar o código de exibição dos dados no formato de tabela, com a inclusão desse novo elemento da matriz.

```
<table class="table">
    <tr>
        <th>Marca</th>
        <th>Modelo</th>
        <th>Placa</th>
        <th>Tipo</th>
        <th>Cor</th>
        <th>Ano modelo</th>
        <th>Combustível</th>
    </tr>
    <tr ng-repeat="carro in carros">
        <td>{{carro.marca.nomeMarca}}</td>
        <td>{{carro.modelo}}</td>
        <td>{{carro.placa}}</td>
        <td>{{carro.tipo.nomeTipo}}</td>
        <td>{{carro.cor.nomeCor}}</td>
        <td>{{carro.anoModelo}}</td>
        <td>{{carro.combustivel.nomeCombustivel}}</td>
    </tr>
</table>
```

Em seguida temos a inserção no formulário do campo de entrada para a placa do veículo.

```
<label>Placa: </label><input type="text" name="placaVeiculo" ng-model=
"carro.placa" ng-required="true" ng-pattern= "/^[A-Z,a-z]{3}-\d{4}$/"/>
```

Essa é a linha que efetivamente formata a entrada de dados utilizando uma expressão regular que define como os dados devem ser digitados. Em nosso caso, a expressão informa que os três primeiros caracteres devem ser letras do alfabeto, minúsculas ou maiúsculas, seguidas por um traço e depois quatro dígitos numéricos. Essa expressão é atribuída à diretiva **ngPattern** (**ng-pattern**), que tem como objetivo definir um padrão de entrada para o campo.

Além da verificação caso o usuário tenha digitado algum valor para o campo da placa do veículo, também é necessário exibir uma mensagem ao usuário caso o padrão de entrada não seja o esperado. As linhas reproduzidas a seguir executam essas duas operações de validação:

```
<div ng-show="CadastroVeiculo.placaVeiculo.$error.required &&
CadastroVeiculo.placaVeiculo.$dirty" class="alert alert-info">
    Digite a placa do veículo!
</div>
<div ng-show="CadastroVeiculo.placaVeiculo.$error.pattern" class="alert
alert-info">
    A placa do veículo deve ser digitada no formato AAA-9999.
</div>
```

Após gravar o arquivo, abra-o no seu navegador. A tela da Figura 5.7 deve ser apresentada.

Figura 5.7 – Tela de dados com campo para placa do veículo.

Ao começar a digitar os dados da placa do veículo, uma mensagem surge informando o formato que deve ser seguido (Figura 5.8). Essa mensagem permanecerá na tela até que o valor do campo seja o mesmo do padrão exigido.

Figura 5.8 – Mensagem informando o formato exigido para o valor do campo de placa do veículo.

A Figura 5.9 apresenta dois novos registros adicionados à lista de veículos.

Figura 5.9 – Tela com dois novos registros de veículos.

 ## 5.3 Exibição formatada com filtro

Vimos anteriormente (Figura 5.9) que o número da placa do primeiro veículo adicionado estava com as letras minúsculas. Podemos fazer com que todos os valores sejam exibidos com letras maiúsculas utilizando um filtro AngularJS denominado **uppercase**.

Neste tópico vamos utilizar filtros para formatar a exibição de alguns valores na tela. Grave o arquivo exemplo com o nome **exemplo08.html**. Deverão ser efetuadas as seguintes alterações no código:

```html
<!DOCTYTPE html>
<html ng-app="aluguelCarro">
    <head>
        <meta http-equiv="Content-Type" content="text/html; charset=UTF-8" />
        <title>Aluguel de Carro - Versão 5</title>
        <link rel="stylesheet" type="text/css" href="bootstrap.css">
        <script src="angular.min.js"></script>
        <script src="angular-locale_pt-br.js"></script>
        <script>
            var alugaCarro = angular.module("aluguelCarro", []);
            alugaCarro.controller("alugarCarroCtrl", function ($scope) {
                $scope.nomeAplicacao = "Aluguel de Carros - Versão 5";
                $scope.carros = [
                    {marca: "Chevrolet", modelo: "Onix", placa: "ABC-1234", tipo: "Hatch", cor: "Preta", anoModelo: "2018", combustivel: "Flexível", dataInclusao: new Date(), valorDiaria: 60},
                    {marca: "Chevrolet", modelo: "Blazer", placa: "DEF-5678", tipo: "SUV", cor: "Prata", anoModelo: "2016", combustivel: "Diesel", dataInclusao: new Date(), valorDiaria: 120},
                    {marca: "Ford", modelo: "Fiesta Hatch", placa: "GHI-9012", tipo: "Hatch", cor: "Branca", anoModelo: "2016", combustivel: "Flexível", dataInclusao: new Date(), valorDiaria: 60},
                    {marca: "Fiat", modelo: "Argo", placa: "JKL-3456", tipo: "Hatch", cor: "Cinza", anoModelo: "2018", combustivel: "Flexível", dataInclusao: new Date(), valorDiaria: 60},
                    {marca: "Honda", modelo: "City", placa: "MNO-7890", tipo: "Sedã", cor: "Preta", anoModelo: "2017", combustivel: "Flexível", dataInclusao: new Date(), valorDiaria: 60},
                    {marca: "Toyota", modelo: "Corolla", placa: "PQR-1234", tipo: "Sedã", cor: "Cinza", anoModelo: "2016", combustivel: "Flexível", dataInclusao: new Date(), valorDiaria: 80},
                    {marca: "Toyota", modelo: "Hilux", placa: "STU-5678", tipo: "Picape", cor: "Prata", anoModelo: "2017", combustivel: "Diesel", dataInclusao: new Date(), valorDiaria: 120}
                ];
                $scope.marcas = [
                    {codigoMarca: 1, nomeMarca: "Chevrolet"},
                    {codigoMarca: 2, nomeMarca: "Ford"},
                    {codigoMarca: 3, nomeMarca: "Volkswagen"},
                    {codigoMarca: 4, nomeMarca: "Fiat"},
                    {codigoMarca: 5, nomeMarca: "Honda"},
                    {codigoMarca: 6, nomeMarca: "Toyota"},
                    {codigoMarca: 7, nomeMarca: "Audi"}
                ];
```

```
            $scope.cores = [
                {codigoCor: 1, nomeCor: "Branca"},
                {codigoCor: 2, nomeCor: "Preta"},
                {codigoCor: 3, nomeCor: "Prata"},
                {codigoCor: 4, nomeCor: "Cinza"},
                {codigoCor: 5, nomeCor: "Vermelha"},
                {codigoCor: 6, nomeCor: "Azul"}
            ];
            $scope.tipos = [
                {codigoTipo: 1, nomeTipo: "Hatch", classeVeiculo: "Carro de passeio"},
                {codigoTipo: 2, nomeTipo: "Cupê", classeVeiculo: "Carro de passeio"},
                {codigoTipo: 3, nomeTipo: "Sedã", classeVeiculo: "Carro de passeio"},
                {codigoTipo: 4, nomeTipo: "Perua", classeVeiculo: "Carro de passeio"},
                {codigoTipo: 5, nomeTipo: "Picape", classeVeiculo: "Utilitário"},
                {codigoTipo: 6, nomeTipo: "Van", classeVeiculo: "Utilitário"},
                {codigoTipo: 7, nomeTipo: "Minivan", classeVeiculo: "Utilitário"},
                {codigoTipo: 8, nomeTipo: "SUV", classeVeiculo: "Utilitário"}
            ];
            $scope.combustiveis = [
                {codigoCombustivel: 1, nomeCombustivel: "Gasolina"},
                {codigoCombustivel: 2, nomeCombustivel: "Álcool"},
                {codigoCombustivel: 3, nomeCombustivel: "Diesel"},
                {codigoCombustivel: 4, nomeCombustivel: "Gás/GLP"},
                {codigoCombustivel: 5, nomeCombustivel: "Flexível"}
            ];
            $scope.adicionarCarro = function (carro) {
                carro.dataInclusao = new Date();
                $scope.carros.push(carro);
                delete $scope.carro;
                $scope.CadastroVeiculo.$setPristine();
            };
        });
    </script>
    <style>
        .table {
            margin-left: auto;
            margin-right: auto;
        }
        .form-control {
            margin-left: auto;
            margin-right: auto;
            background-color: beige;
        }
```

```html
            .tituloAplicacao {
                background-color: #fcdd7a;
                border-radius: 5px;
                text-align: center;
                width: 800px;
                padding: 10px;
                margin-left: auto;
                margin-right: auto;
                margin-top: 10px;
                margin-bottom: 20px;
            }
        </style>
    </head>

    <body ng-controller="alugarCarroCtrl">
        <div class="tituloAplicacao">
            <h3 ng-bind="nomeAplicacao"></h3>
        </div>
        <table class="table">
            <tr>
                <th>Marca</th>
                <th>Modelo</th>
                <th>Placa</th>
                <th>Tipo</th>
                <th>Cor</th>
                <th>Ano modelo</th>
                <th>Combustível</th>
                <th>Dt Inclusão</th>
                <th>R$ Diária</th>
            </tr>
            <tr ng-repeat="carro in carros">
                <td>{{carro.marca.nomeMarca}}</td>
                <td>{{carro.modelo}}</td>
                <td>{{carro.placa | uppercase}}</td>
                <td>{{carro.tipo.nomeTipo}}</td>
                <td>{{carro.cor.nomeCor}}</td>
                <td>{{carro.anoModelo}}</td>
                <td>{{carro.combustivel.nomeCombustivel}}</td>
                <td>{{carro.dataInclusao | date:"dd/MM/yyyy"}}</td>
                <td style="text-align:right">{{carro.valorDiaria | currency}}</td>
            </tr>
        </table>
        <hr/>
        <div class="form-control">
            <form name="CadastroVeiculo">
                <p><label>Selecione a marca: </label>
                    <select name="marcaVeiculo" ng-model="carro.marca" ng-options="marca as marca.nomeMarca for marca in marcas" ng-required="true">
                        <option value="">Selecione a marca</option>
```

```
                </select>

                <label>Modelo: </label><input type="text"
name="modeloVeiculo" ng-model="carro.modelo" ng-required="true"/>
                <label>Placa: </label><input type="text"
name="placaVeiculo" ng-model="carro.placa" ng-required="true" ng-
pattern="/^[A-Z,a-z]{3}-\d{4}$/"/>
            </p>

            <p><label>Selecione o tipo: </label>
                <select name="tipoVeiculo" ng-model="carro.tipo" ng-
options="tipo as tipo.nomeTipo group by tipo.classeVeiculo for tipo in
tipos" ng-required="true">
                    <option value="">Selecione o tipo</option>
                </select>

                <label>Selecione a cor: </label>
                <select name="corVeiculo" ng-model="carro.cor" ng-
options="cor as cor.nomeCor for cor in cores" ng-required="true">
                    <option value="">Selecione a cor</option>
                </select>
            </p>

            <p><label>Ano modelo: </label><input name="anoVeiculo"
type="text" ng-model="carro.anoModelo" ng-required="true"/>
                <label>Selecione o combustível:
                <select name="combustivelVeiculo" ng-model= "carro.
combustivel" ng-options="combustivel as combustivel.nomeCombustivel for
combustivel in combustiveis" ng-required="true">
                    <option value="">Selecione o combustível</
option>
                </select>
            </p>

            <p>
                <label>Valor da diária: </label><input type="number"
name="valorDiaria" ng-model="carro.valorDiaria" ng-required="true"/>
            </p>

            <br/>
            <div ng-show="CadastroVeiculo.marcaVeiculo.$error.
required && CadastroVeiculo.marcaVeiculo.$dirty" class="alert alert-
info">
                Selecione a marca do veículo!
            </div>
            <div ng-show="CadastroVeiculo.modeloVeiculo.$error.
required && CadastroVeiculo.modeloVeiculo.$dirty" class="alert alert-
info">
                Digite o modelo do veículo!
            </div>
            <div ng-show="CadastroVeiculo.placaVeiculo.$error.
required && CadastroVeiculo.placaVeiculo.$dirty" class="alert alert-
```

Validação de Dados e Uso de Filtros   87

```
info">
                    Digite a placa do veículo!
                </div>
                <div ng-show="CadastroVeiculo.placaVeiculo.$error.
pattern" class="alert alert-info">
                    A placa do veículo deve ser digitada no formato AAA-
9999.
                </div>
                <div ng-show="CadastroVeiculo.tipoVeiculo.$error.
required && CadastroVeiculo.tipoVeiculo.$dirty" class="alert alert-
info">
                    Selecione o tipo de veículo!
                </div>
                <div ng-show="CadastroVeiculo.corVeiculo.$error.required
&& CadastroVeiculo.corVeiculo.$dirty" class="alert alert-info">
                    Selecione a cor do veículo!
                </div>
                <div ng-show="CadastroVeiculo.anoVeiculo.$error.required
&& CadastroVeiculo.anoVeiculo.$dirty" class="alert alert-info">
                    Digite o ano do veículo!
                </div>
                <div ng-show="CadastroVeiculo.combustivelVeiculo.
$error.required && CadastroVeiculo.combustivelVeiculo.$dirty"
class="alert alert-info">
                    Selecione o tipo de combustível do veículo!
                </div>
                <div ng-show="CadastroVeiculo.valorDiaria.$error.
required && CadastroVeiculo.valorDiaria.$dirty" class="alert alert-
info">
                    Digite o valor da diária do veículo!
                </div>

                <button class="btn btn-primary" ng-click=
"adicionarCarro(carro)" ng-disabled="CadastroVeiculo.$invalid">
Adicionar</button>
            </form>
        </div>
    </body>
</html>
```

Acrescentamos à matriz carros mais dois elementos, um para armazenar a data de inclusão do veículo e outro para receber o valor da diária da locação. Note que, para atribuir um valor ao elemento **dataInclusao**, utilizamos a expressão `new Date()`, que retorna a data corrente do sistema.

```
$scope.carros = [
    {marca: "Chevrolet", modelo: "Onix", placa: "ABC-1234", tipo:
"Hatch", cor: "Preta", anoModelo: "2018", combustivel: "Flexível",
dataInclusao: new Date(), valorDiaria: 60},
```

```
    {marca: "Chevrolet", modelo: "Blazer", placa: "DEF-5678", tipo:
"SUV", cor: "Prata", anoModelo: "2016", combustivel: "Diesel",
dataInclusao: new Date(), valorDiaria: 120},
    {marca: "Ford", modelo: "Fiesta Hatch", placa: "GHI-9012", tipo:
"Hatch", cor: "Branca", anoModelo: "2016", combustivel: "Flexível",
dataInclusao: new Date(), valorDiaria: 60},
    {marca: "Fiat", modelo: "Argo", placa: "JKL-3456", tipo: "Hatch",
cor: "Cinza", anoModelo: "2018", combustivel: "Flexível", dataInclusao:
new Date(), valorDiaria: 60},
    {marca: "Honda", modelo: "City", placa: "MNO-7890", tipo: "Sedã",
cor: "Preta", anoModelo: "2017", combustivel: "Flexível", dataInclusao:
new Date(), valorDiaria: 60},
    {marca: "Toyota", modelo: "Corolla", placa: "PQR-1234", tipo:
"Sedã", cor: "Cinza", anoModelo: "2016", combustivel: "Flexível",
dataInclusao: new Date(), valorDiaria: 80},
    {marca: "Toyota", modelo: "Hilux", placa: "STU-5678", tipo:
"Picape", cor: "Prata", anoModelo: "2017", combustivel: "Diesel",
dataInclusao: new Date(), valorDiaria: 120}
];
```

Em função desses novos dados, também precisamos alterar a exibição da tabela, como mostra o fragmento de código a seguir:

```html
<table class="table">
    <tr>
        <th>Marca</th>
        <th>Modelo</th>
        <th>Placa</th>
        <th>Tipo</th>
        <th>Cor</th>
        <th>Ano modelo</th>
        <th>Combustível</th>
        <th>Dt Inclusão</th>
        <th>R$ Diária</th>
    </tr>
    <tr ng-repeat="carro in carros">
        <td>{{carro.marca.nomeMarca}}</td>
        <td>{{carro.modelo}}</td>
        <td>{{carro.placa | uppercase}}</td>
        <td>{{carro.tipo.nomeTipo}}</td>
        <td>{{carro.cor.nomeCor}}</td>
        <td>{{carro.anoModelo}}</td>
        <td>{{carro.combustivel.nomeCombustivel}}</td>
        <td>{{carro.dataInclusao | date:"dd/MM/yyyy"}}</td>
        <td style="text-align:right">{{carro.valorDiaria | currency}}</td>
    </tr>
</table>
```

Dentro do laço de repetição formado pela diretiva **ngRepeat** é que acontece toda a mágica. Conforme mencionado no início do tópico, o filtro **uppercase** é utilizado para converter letras minúsculas em maiúsculas. Um detalhe a ser destacado é que a conversão ocorre apenas na exibição dos dados, permanecendo inalterados nas variáveis em que se encontram armazenados.

Para utilizar um filtro Angular é necessário precedê-lo com o caractere | (pipe), que tem a mesma função do empregado no sistema operacional MS-DOS, ou seja, ele conecta a saída de uma expressão à sua esquerda àquele que se encontra à sua direita.

As duas últimas linhas do laço também fazem uso do caractere pipe para converter o valor do elemento **dataInclusao** no formato dia/mês/ano, e o valor do elemento **valorDiaria** para que tenha duas casas decimais e o símbolo da moeda à esquerda.

Neste último caso, precisamos adicionar outro módulo ao nosso código, que configura a exibição da moeda para o padrão brasileiro, ou seja, o símbolo R$ à frente do valor e a utilização de vírgula na separação das casas decimais. Sem essa providência, é assumido o padrão dos EUA. Também definimos um estilo in-line para alinhar os valores à direita.

Em primeiro lugar, deve ser copiado para o diretório que contém o código da aplicação o arquivo **angular-locale_pt-br.js**, localizado junto com os demais arquivos do framework AngularJS. O segundo passo é referenciar esse arquivo por meio da linha reproduzida a seguir:

```
<script src="angular-locale_pt-br.js"></script>
```

Você deve ter percebido que o formulário não possui um campo para digitação da data de inclusão; isso porque assumiremos a própria data do sistema. Para isso, adicionaremos uma nova linha à função **adicionarCarro()**, que armazena essa data no elemento **dataInclusao**, antes de prosseguir com a gravação dos dados na matriz:

```
$scope.adicionarCarro = function (carro) {
    carro.dataInclusao = new Date();
    $scope.carros.push(carro);
    delete $scope.carro;
    $scope.CadastroVeiculo.$setPristine();
};
```

Ao executar esse código, depois de gravá-lo, você deverá ver a tela da Figura 5.10. Entre com as informações mostradas na Figura 5.11 e depois clique no botão **Adicionar**. Note que mesmo as letras da placa sendo digitadas minúsculas, na tabela de dados elas são mostradas maiúsculas (Figura 5.12).

90 Desenvolvimento de Aplicações Web com Angular

Figura 5.10 – Tela com novos campos de dados.

Figura 5.11 – Exemplo de dados para um novo registro de veículo.

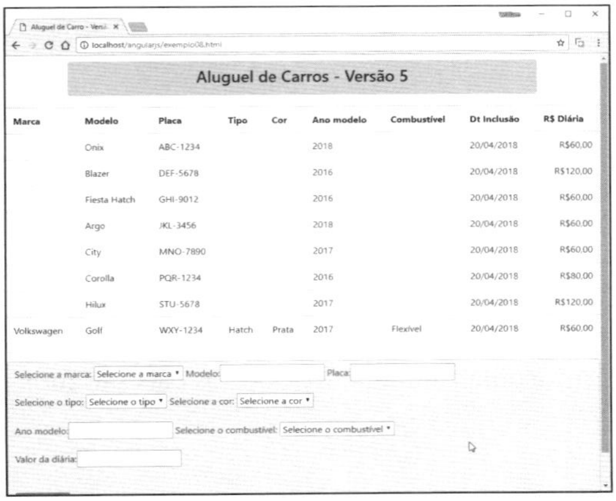

Figura 5.12 – Tela com novo registro de veículo.

5.4 Ordenação e pesquisa de dados

Todas as listas de seleção exibem seus itens na ordem em que foram adicionados dentro do nosso código. É inegável que seria mais interessante que eles aparecessem em ordem alfabética, mesmo sendo inseridos aleatoriamente. Isso pode ser possível com o uso do filtro **orderBy**.

Vamos alterar o código da nossa aplicação adicionando esse filtro às listas de seleção. Grave o arquivo com o nome **exemplo09.html** e acrescente o filtro **orderBy** às linhas destacadas em negrito na seguinte listagem:

```html
<!DOCTYTPE html>
<html ng-app="aluguelCarro">
    <head>
        <meta http-equiv="Content-Type" content="text/html; charset=UTF-8" />
        <title>Aluguel de Carro - Versão 5</title>
        <link rel="stylesheet" type="text/css" href="bootstrap.css">
        <script src="angular.min.js"></script>
        <script src="angular-locale_pt-br.js"></script>
        <script>
            var alugaCarro = angular.module("aluguelCarro", []);
            alugaCarro.controller("alugarCarroCtrl", function ($scope) {
                $scope.nomeAplicacao = "Aluguel de Carros - Versão 5";
                $scope.carros = [
                    {marca: "Chevrolet", modelo: "Onix", placa: "ABC-1234", tipo: "Hatch", cor: "Preta", anoModelo: "2018", combustivel: "Flexível", dataInclusao: new Date(), valorDiaria: 60},
                    {marca: "Chevrolet", modelo: "Blazer", placa: "DEF-5678", tipo: "SUV", cor: "Prata", anoModelo: "2016", combustivel: "Diesel", dataInclusao: new Date(), valorDiaria: 120},
                    {marca: "Ford", modelo: "Fiesta Hatch", placa: "GHI-9012", tipo: "Hatch", cor: "Branca", anoModelo: "2016", combustivel: "Flexível", dataInclusao: new Date(), valorDiaria: 60},
                    {marca: "Fiat", modelo: "Argo", placa: "JKL-3456", tipo: "Hatch", cor: "Cinza", anoModelo: "2018", combustivel: "Flexível", dataInclusao: new Date(), valorDiaria: 60},
                    {marca: "Honda", modelo: "City", placa: "MNO-7890", tipo: "Sedã", cor: "Preta", anoModelo: "2017", combustivel: "Flexível", dataInclusao: new Date(), valorDiaria: 60},
                    {marca: "Toyota", modelo: "Corolla", placa: "PQR-1234", tipo: "Sedã", cor: "Cinza", anoModelo: "2016", combustivel: "Flexível", dataInclusao: new Date(), valorDiaria: 80},
                    {marca: "Toyota", modelo: "Hilux", placa: "STU-5678", tipo: "Picape", cor: "Prata", anoModelo: "2017", combustivel: "Diesel", dataInclusao: new Date(), valorDiaria: 120}
                ];
                $scope.marcas = [
                    {codigoMarca: 1, nomeMarca: "Chevrolet" },
```

```
            {codigoMarca: 2, nomeMarca: "Ford"},
            {codigoMarca: 3, nomeMarca: "Volkswagen"},
            {codigoMarca: 4, nomeMarca: "Fiat"},
            {codigoMarca: 5, nomeMarca: "Honda"},
            {codigoMarca: 6, nomeMarca: "Toyota"},
            {codigoMarca: 7, nomeMarca: "Audi"}
        ];
        $scope.cores = [
            {codigoCor: 1, nomeCor: "Branca"},
            {codigoCor: 2, nomeCor: "Preta"},
            {codigoCor: 3, nomeCor: "Prata"},
            {codigoCor: 4, nomeCor: "Cinza"},
            {codigoCor: 5, nomeCor: "Vermelha"},
            {codigoCor: 6, nomeCor: "Azul"}
        ];
        $scope.tipos = [
            {codigoTipo: 1, nomeTipo: "Hatch", classeVeiculo: "Carro de passeio"},
            {codigoTipo: 2, nomeTipo: "Cupê", classeVeiculo: "Carro de passeio"},
            {codigoTipo: 3, nomeTipo: "Sedã", classeVeiculo: "Carro de passeio"},
            {codigoTipo: 4, nomeTipo: "Perua", classeVeiculo: "Carro de passeio"},
            {codigoTipo: 5, nomeTipo: "Picape", classeVeiculo: "Utilitário"},
            {codigoTipo: 6, nomeTipo: "Van", classeVeiculo: "Utilitário"},
            {codigoTipo: 7, nomeTipo: "Minivan", classeVeiculo: "Utilitário"},
            {codigoTipo: 8, nomeTipo: "SUV", classeVeiculo: "Utilitário"}
        ];
        $scope.combustiveis = [
            {codigoCombustivel: 1, nomeCombustivel: "Gasolina"},
            {codigoCombustivel: 2, nomeCombustivel: "Álcool"},
            {codigoCombustivel: 3, nomeCombustivel: "Diesel"},
            {codigoCombustivel: 4, nomeCombustivel: "Gás/GLP"},
            {codigoCombustivel: 5, nomeCombustivel: "Flexível"}
        ];
        $scope.adicionarCarro = function (carro) {
            carro.dataInclusao = new Date();
            $scope.carros.push(carro);
            delete $scope.carro;
            $scope.CadastroVeiculo.$setPristine();
        };
    });
</script>
<style>
    .table {
        margin-left: auto;
```

```html
                    margin-right: auto;
                }
                .form-control {
                    margin-left: auto;
                    margin-right: auto;
                    background-color: beige;
                }
                .tituloAplicacao {
                    background-color: #fcdd7a;
                    border-radius: 5px;
                    text-align: center;
                    width: 800px;
                    padding: 10px;
                    margin-left: auto;
                    margin-right: auto;
                    margin-top: 10px;
                    margin-bottom: 20px;
                }
        </style>
    </head>

    <body ng-controller="alugarCarroCtrl">
        <div class="tituloAplicacao">
            <h3 ng-bind="nomeAplicacao"></h3>
        </div>
        <table class="table">
            <tr>
                <th>Marca</th>
                <th>Modelo</th>
                <th>Placa</th>
                <th>Tipo</th>
                <th>Cor</th>
                <th>Ano modelo</th>
                <th>Combustível</th>
                <th>Dt Inclusão</th>
                <th>R$ Diária</th>
            </tr>
            <tr ng-repeat="carro in carros | filter:{placa:
numeroPlaca}">
                <td>{{carro.marca.nomeMarca}}</td>
                <td>{{carro.modelo}}</td>
                <td>{{carro.placa}}</td>
                <td>{{carro.tipo.nomeTipo}}</td>
                <td>{{carro.cor.nomeCor}}</td>
                <td>{{carro.anoModelo}}</td>
                <td>{{carro.combustivel.nomeCombustivel}}</td>
                <td>{{carro.dataInclusao | date:"dd/MM/yyyy"}}</td>
                <td style="text-align:right">{{carro.valorDiaria |
currency}}</td>
            </tr>
        </table>
```

```
        <hr/>
        <div class="form-control">
            <form name="CadastroVeiculo">
                <p><label>Selecione a marca: </label>
                    <select name="marcaVeiculo" ng-model="carro.
marca" ng-options="marca as marca.nomeMarca for marca in marcas |
orderBy:'nomeMarca'" ng-required="true">
                        <option value="">Selecione a marca</option>
                    </select>

                    <label>Modelo: </label><input type="text"
name="modeloVeiculo" ng-model="carro.modelo" ng-required="true"/>
                    <label>Placa: </label><input type="text"
name="placaVeiculo" ng-model="carro.placa" ng-required="true" ng-
pattern="/^[A-Z,a-z]{3}-\d{4}$/"/>
                </p>

                <p><label>Selecione o tipo: </label>
                    <select name="tipoVeiculo" ng-model="carro.tipo" ng-
options="tipo as tipo.nomeTipo group by tipo.classeVeiculo for tipo in
tipos | orderBy:'nomeTipo'" ng-required="true">
                        <option value="">Selecione o tipo</option>
                    </select>

                    <label>Selecione a cor: </label>
                    <select name="corVeiculo" ng-model="carro.cor" ng-
options="cor as cor.nomeCor for cor in cores | orderBy:'nomeCor'" ng-
required="true">
                        <option value="">Selecione a cor</option>
                    </select>
                </p>

                <p><label>Ano modelo: </label><input name="anoVeiculo"
type="text" ng-model="carro.anoModelo" ng-required="true"/>
                    <label>Selecione o combustível:
                    <select name="combustivelVeiculo" ng-model="carro.
combustivel" ng-options="combustivel as combustivel.nomeCombustivel
for combustivel in combustiveis | orderBy:'nomeCombustivel'" ng-
required="true">
                        <option value="">Selecione o combustível</
option>
                    </select>
                </p>

                <p>
                    <label>Valor da diária: </label><input type="number"
name="valorDiaria" ng-model="carro.valorDiaria" ng-required="true"/>
                </p>

                <br/>
                <div ng-show="CadastroVeiculo.marcaVeiculo.$error.
```

```html
required && CadastroVeiculo.marcaVeiculo.$dirty" class="alert alert-info">
                Selecione a marca do veículo!
            </div>
            <div ng-show="CadastroVeiculo.modeloVeiculo.$error.required && CadastroVeiculo.modeloVeiculo.$dirty" class="alert alert-info">
                Digite o modelo do veículo!
            </div>
            <div ng-show="CadastroVeiculo.placaVeiculo.$error.required && CadastroVeiculo.placaVeiculo.$dirty" class="alert alert-info">
                Digite a placa do veículo!
            </div>
            <div ng-show="CadastroVeiculo.placaVeiculo.$error.pattern" class="alert alert-info">
                A placa do veículo deve ser digitada no formato AAA-9999.
            </div>
            <div ng-show="CadastroVeiculo.tipoVeiculo.$error.required && CadastroVeiculo.tipoVeiculo.$dirty" class="alert alert-info">
                Selecione o tipo de veículo!
            </div>
            <div ng-show="CadastroVeiculo.corVeiculo.$error.required && CadastroVeiculo.corVeiculo.$dirty" class="alert alert-info">
                Selecione a cor do veículo!
            </div>
            <div ng-show="CadastroVeiculo.anoVeiculo.$error.required && CadastroVeiculo.anoVeiculo.$dirty" class="alert alert-info">
                Digite o ano do veículo!
            </div>
            <div ng-show="CadastroVeiculo.combustivelVeiculo.$error.required && CadastroVeiculo.combustivelVeiculo.$dirty" class="alert alert-info">
                Selecione o tipo de combustível do veículo!
            </div>
            <div ng-show="CadastroVeiculo.valorDiaria.$error.required && CadastroVeiculo.valorDiaria.$dirty" class="alert alert-info">
                Digite o valor da diária do veículo!
            </div>

            <button class="btn btn-primary" ng-click="adicionarCarro(carro)" ng-disabled="CadastroVeiculo.$invalid">Adicionar</button>

        </form>
    </div>
  </body>
</html>
```

Note o emprego do pipe precedendo o filtro **orderBy** e também o nome do elemento a partir do qual será efetuada a ordenação dos dados. Depois de gravar as alterações, abra a página no seu navegador.

Clique em uma lista para seleção da marca do veículo para ver o resultado (Figura 5.13). Os itens serão ordenados mesmo que eles estejam agrupados, como mostra a Figura 5.14.

Figura 5.13 – Lista de marcas exibida em ordem alfabética.

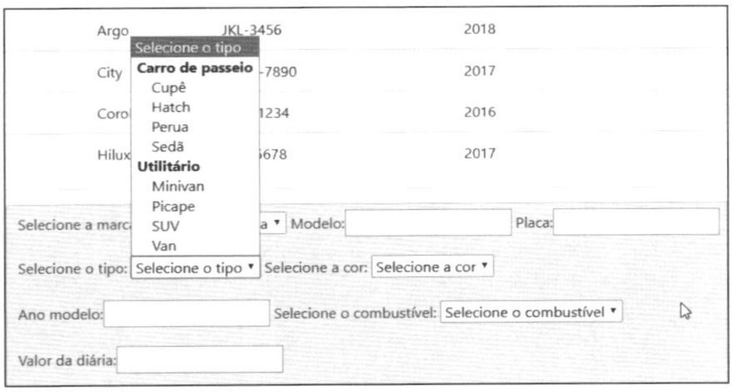

Figura 5.14 – Lista de modelos exibida em ordem alfabética.

O último assunto que estudaremos neste capítulo é a pesquisa de dados utilizando filtro. Esse recurso permitirá ao usuário digitar o número da placa do veículo que deseja localizar na matriz de dados. Para executar essa pesquisa, o programa deverá usar o filtro denominado **filter**.

Grave o arquivo do nosso exemplo com o nome **exemplo09.html**. Então, altere o código de acordo com o apresentado na seguinte listagem:

```
<!DOCTYTPE html>
<html ng-app="aluguelCarro">
```

```
    <head>
        <meta http-equiv="Content-Type" content="text/html; charset=UTF-8" />
        <title>Aluguel de Carro - Versão 5</title>
        <link rel="stylesheet" type="text/css" href="bootstrap.css">
        <script src="angular.min.js"></script>
        <script src="angular-locale_pt-br.js"></script>
        <script>
            var alugaCarro = angular.module("aluguelCarro", []);
            alugaCarro.controller("alugarCarroCtrl", function ($scope) {
                $scope.nomeAplicacao = "Aluguel de Carros - Versão 5";
                $scope.carros = [
                    {marca: "Chevrolet", modelo: "Onix", placa: "ABC-1234", tipo: "Hatch", cor: "Preta", anoModelo: "2018", combustivel: "Flexível", dataInclusao: new Date(), valorDiaria: 60},
                    {marca: "Chevrolet", modelo: "Blazer", placa: "DEF-5678", tipo: "SUV", cor: "Prata", anoModelo: "2016", combustivel: "Diesel", dataInclusao: new Date(), valorDiaria: 120},
                    {marca: "Ford", modelo: "Fiesta Hatch", placa: "GHI-9012", tipo: "Hatch", cor: "Branca", anoModelo: "2016", combustivel: "Flexível", dataInclusao: new Date(), valorDiaria: 60},
                    {marca: "Fiat", modelo: "Argo", placa: "JKL-3456", tipo: "Hatch", cor: "Cinza", anoModelo: "2018", combustivel: "Flexível", dataInclusao: new Date(), valorDiaria: 60},
                    {marca: "Honda", modelo: "City", placa: "MNO-7890", tipo: "Sedã", cor: "Preta", anoModelo: "2017", combustivel: "Flexível", dataInclusao: new Date(), valorDiaria: 60},
                    {marca: "Toyota", modelo: "Corolla", placa: "PQR-1234", tipo: "Sedã", cor: "Cinza", anoModelo: "2016", combustivel: "Flexível", dataInclusao: new Date(), valorDiaria: 80},
                    {marca: "Toyota", modelo: "Hilux", placa: "STU-5678", tipo: "Picape", cor: "Prata", anoModelo: "2017", combustivel: "Diesel", dataInclusao: new Date(), valorDiaria: 120}
                ];
                $scope.marcas = [
                    {codigoMarca: 1, nomeMarca: "Chevrolet" },
                    {codigoMarca: 2, nomeMarca: "Ford"},
                    {codigoMarca: 3, nomeMarca: "Volkswagen"},
                    {codigoMarca: 4, nomeMarca: "Fiat"},
                    {codigoMarca: 5, nomeMarca: "Honda"},
                    {codigoMarca: 6, nomeMarca: "Toyota"},
                    {codigoMarca: 7, nomeMarca: "Audi"}
                ];
                $scope.cores = [
                    {codigoCor: 1, nomeCor: "Branca"},
                    {codigoCor: 2, nomeCor: "Preta"},
                    {codigoCor: 3, nomeCor: "Prata"},
                    {codigoCor: 4, nomeCor: "Cinza"},
                    {codigoCor: 5, nomeCor: "Vermelha"},
                    {codigoCor: 6, nomeCor: "Azul"}
                ];
```

```
            $scope.tipos = [
                {codigoTipo: 1, nomeTipo: "Hatch", classeVeiculo:
"Carro de passeio"},
                {codigoTipo: 2, nomeTipo: "Cupê", classeVeiculo:
"Carro de passeio"},
                {codigoTipo: 3, nomeTipo: "Sedã", classeVeiculo:
"Carro de passeio"},
                {codigoTipo: 4, nomeTipo: "Perua", classeVeiculo:
"Carro de passeio"},
                {codigoTipo: 5, nomeTipo: "Picape", classeVeiculo:
"Utilitário"},
                {codigoTipo: 6, nomeTipo: "Van", classeVeiculo:
"Utilitário"},
                {codigoTipo: 7, nomeTipo: "Minivan", classeVeiculo:
"Utilitário"},
                {codigoTipo: 8, nomeTipo: "SUV", classeVeiculo:
"Utilitário"}
            ];
            $scope.combustiveis = [
                {codigoCombustivel: 1, nomeCombustivel: "Gasolina"},
                {codigoCombustivel: 2, nomeCombustivel: "Álcool"},
                {codigoCombustivel: 3, nomeCombustivel: "Diesel"},
                {codigoCombustivel: 4, nomeCombustivel: "Gás/GLP"},
                {codigoCombustivel: 5, nomeCombustivel: "Flexível"}
            ];
            $scope.adicionarCarro = function (carro) {
                carro.dataInclusao = new Date();
                $scope.carros.push(carro);
                delete $scope.carro;
                $scope.CadastroVeiculo.$setPristine();
            };
        });
    </script>
    <style>
        .table {
            margin-left: auto;
            margin-right: auto;
        }
        .form-control {
            margin-left: auto;
            margin-right: auto;
            background-color: beige;
        }
        .tituloAplicacao {
            background-color: #fcdd7a;
            border-radius: 5px;
            text-align: center;
            width: 800px;
            padding: 10px;
            margin-left: auto;
            margin-right: auto;
```

```html
                    margin-top: 10px;
                    margin-bottom: 20px;
            }
        </style>
    </head>

    <body ng-controller="alugarCarroCtrl">
        <div class="tituloAplicacao">
            <h3 ng-bind="nomeAplicacao"></h3>
        </div>
        <table class="table">
            <tr>
                <th>Marca</th>
                <th>Modelo</th>
                <th>Placa</th>
                <th>Tipo</th>
                <th>Cor</th>
                <th>Ano modelo</th>
                <th>Combustível</th>
                <th>Dt Inclusão</th>
                <th>R$ Diária</th>
            </tr>
            <tr ng-repeat="carro in carros | filter:{placa: numeroPlaca}">
                <td>{{carro.marca.nomeMarca}}</td>
                <td>{{carro.modelo}}</td>
                <td>{{carro.placa}}</td>
                <td>{{carro.tipo.nomeTipo}}</td>
                <td>{{carro.cor.nomeCor}}</td>
                <td>{{carro.anoModelo}}</td>
                <td>{{carro.combustivel.nomeCombustivel}}</td>
                <td>{{carro.dataInclusao | date:"dd/MM/yyyy"}}</td>
                <td style="text-align:right">{{carro.valorDiaria | currency}}</td>
            </tr>
        </table>
        <hr/>
        <div class="form-control">
            <form name="CadastroVeiculo">
                <p><label>Selecione a marca: </label>
                    <select name="marcaVeiculo" ng-model="carro.marca" ng-options="marca as marca.nomeMarca for marca in marcas | orderBy:'nomeMarca'" ng-required="true">
                        <option value="">Selecione a marca</option>
                    </select>

                    <label>Modelo: </label><input type="text" name="modeloVeiculo" ng-model="carro.modelo" ng-required="true"/>
                    <label>Placa: </label><input type="text" name="placaVeiculo" ng-model="carro.placa" ng-required="true" ng-pattern="/^[A-Z,a-z]{3}-\d{4}$/"/>
```

```html
            </p>

            <p><label>Selecione o tipo: </label>
                <select name="tipoVeiculo" ng-model="carro.tipo" ng-options="tipo as tipo.nomeTipo group by tipo.classeVeiculo for tipo in tipos  | orderBy:'nomeTipo'" ng-required="true">
                    <option value="">Selecione o tipo</option>
                </select>

                <label>Selecione a cor: </label>
                <select name="corVeiculo" ng-model="carro.cor" ng-options="cor as cor.nomeCor for cor in cores  | orderBy:'nomeCor'" ng-required="true">
                    <option value="">Selecione a cor</option>
                </select>
            </p>

            <p><label>Ano modelo: </label><input name="anoVeiculo" type="text" ng-model="carro.anoModelo" ng-required="true"/>
                <label>Selecione o combustível:
                <select name="combustivelVeiculo" ng-model= "carro.combustivel" ng-options="combustivel as combustivel.nomeCombustivel for combustivel in combustiveis  | orderBy:'nomeCombustivel'" ng-required="true">
                    <option value="">Selecione o combustível</option>
                </select>
            </p>

            <p>
                <label>Valor da diária: </label><input type="number" name="valorDiaria" ng-model="carro.valorDiaria" ng-required="true"/>
            </p>

            <br/>
            <div ng-show="CadastroVeiculo.marcaVeiculo.$error.required && CadastroVeiculo.marcaVeiculo.$dirty" class="alert alert-info">
                Selecione a marca do veículo!
            </div>
            <div ng-show="CadastroVeiculo.modeloVeiculo.$error.required && CadastroVeiculo.modeloVeiculo.$dirty" class="alert alert-info">
                Digite o modelo do veículo!
            </div>
            <div ng-show="CadastroVeiculo.placaVeiculo.$error.required && CadastroVeiculo.placaVeiculo.$dirty" class="alert alert-info">
                Digite a placa do veículo!
            </div>
            <div ng-show="CadastroVeiculo.placaVeiculo.$error.pattern" class="alert alert-info">
```

```
                        A placa do veículo deve ser digitada no formato AAA-
9999.
                </div>
                <div ng-show="CadastroVeiculo.tipoVeiculo.$error.
required && CadastroVeiculo.tipoVeiculo.$dirty" class="alert alert-
info">
                        Selecione o tipo de veículo!
                </div>
                <div ng-show="CadastroVeiculo.corVeiculo.$error.required
&& CadastroVeiculo.corVeiculo.$dirty" class="alert alert-info">
                        Selecione a cor do veículo!
                </div>
                <div ng-show="CadastroVeiculo.anoVeiculo.$error.required
&& CadastroVeiculo.anoVeiculo.$dirty" class="alert alert-info">
                        Digite o ano do veículo!
                </div>
                <div ng-show="CadastroVeiculo.combustivelVeiculo.$error.
required && CadastroVeiculo.combustivelVeiculo.$dirty" class="alert
alert-info">
                        Selecione o tipo de combustível do veículo!
                </div>
                <div ng-show="CadastroVeiculo.valorDiaria.$error.
required && CadastroVeiculo.valorDiaria.$dirty" class="alert alert-
info">
                        Digite o valor da diária do veículo!
                </div>

                <button class="btn btn-primary" ng-click=
"adicionarCarro(carro)" ng-disabled="CadastroVeiculo.$invalid">
Adicionar</button>

                <div style="margin-top:20px;padding:10px;background-
color:#77ddff">
                        <label>Digite o número da placa do veículo:</label>
<input type="text" ng-model="numeroPlaca" ng-pattern="/^[A-Z,a-z]{3}-
\d{4}$/"/>
                </div>
            </form>
        </div>
    </body>
</html>
```

Criaremos uma nova área com a tag `<div>` que fica logo abaixo do botão **Adicionar**. Essa área contém uma legenda e uma caixa de entrada para digitação do número da placa do veículo. Note que a mesma expressão regular para validação dos dados da formatação, vista anteriormente, também é aplicada aqui.

O fundo da seção é preenchido com a cor ciano (código hexa #77ddff). Também são definidos a margem do topo em 20 pixels e o espaçamento da borda em 10 pixels. Veja o código a seguir:

```
<div style="margin-top:20px;padding:10px;background-color:#77ddff">
    <label>Digite o número da placa do veículo:</label> <input
type="text" ng-model="numeroPlaca" ng-pattern="/^[A-Z,a-z]{3}-\d{4}$/"/>
</div>
```

O filtro propriamente dito é definido dentro da diretiva **ngRepeat**, da seguinte forma:

```
<tr ng-repeat="carro in carros | filter:{placa: numeroPlaca}">
```

Ao filtro **filter** deve ser especificada uma expressão caractere que inclui o nome do elemento da matriz a ser utilizado na pesquisa, seguido do nome do campo cujo valor é a chave de pesquisa. O nome do campo é o que foi definido com a diretiva **ngModel**.

Em outras palavras, somente são exibidos os registros em que o elemento especificado possua o valor armazenado no objeto identificado pela diretiva **ngModel**.

Ao ser executado o exemplo no navegador, deve ser mostrada a tela da Figura 5.15. Digite um número de placa válido e o correspondente registro de veículo deve ser listado na tabela (Figura 5.16).

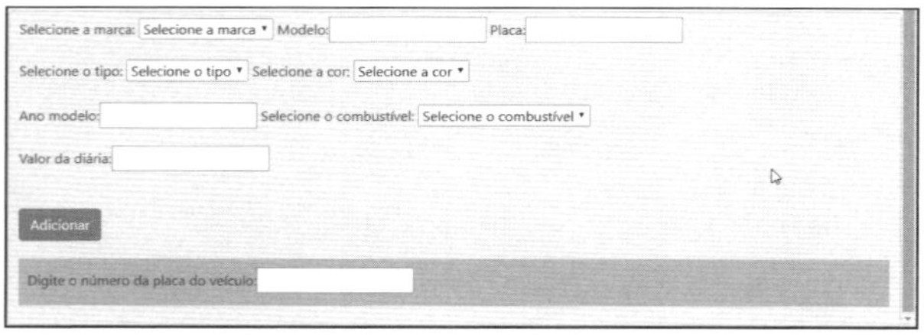

Figura 5.15 – Área para digitação da placa de veículo a ser pesquisada.

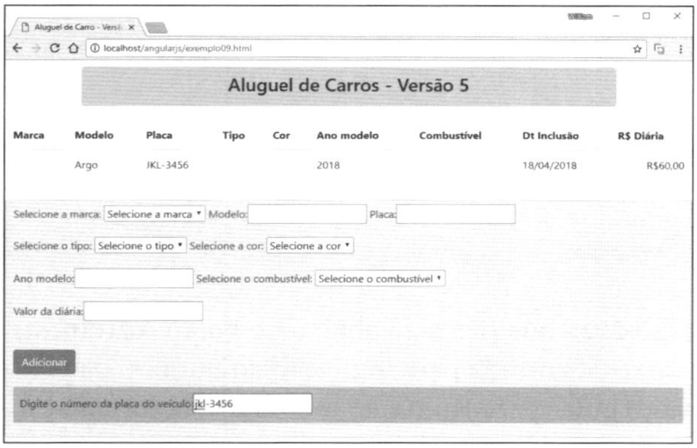

Figura 5.16 – Exibição do veículo que possui a placa especificada.

O próximo capítulo, que finaliza nosso estudo do AngularJS, demonstra como organizar melhor o código da aplicação dividindo-o em diversos módulos.

Exercícios

1. Assinale a alternativa que contém a diretiva que nos permite especificar a obrigatoriedade de preenchimento de um campo:

   (a) ngEntry
   (b) ngRequest
   (c) ngRequiredngForce
   (d) ngForce
   (e) ngFillEntry

2. Como podemos controlar a habilitação e desabilitação de um determinado objeto do formulário de entrada de dados?

3. Qual é a função do método setPrestine()?

4. Qual procedimento deve ser efetuado para que seja possível testar o valor armazenado no objeto $error de campos de entrada?

5. Assinale a alternativa que contém a diretiva que nos permite especificar um formato de entrada de dados para validação de um campo:

   (a) ngPattern
   (b) ngMask
   (c) ngFormat
   (d) ngInput
   (e) ngEntry

6. Qual é a função do símbolo | (pipe) ao ser utilizado em uma expressão Angular?

7. Descreva o procedimento necessário para que seja possível utilizar o filtro currency na exibição de valores monetários do Brasil.

8. Para ordenar uma lista de valores presente em uma matriz, utilizamos o filtro orderBy do Angular. Qual é o parâmetro que deve ser passado a ele?

9. Assinale a alternativa que contém um exemplo válido de uso do filtro filter:

   (a) filter = "placa, numeroPlaca"
   (b) filter(placa, numeroPlaca)
   (c) filter:{placa, numeroPlaca}
   (d) filter:{'placa'},{'numeroPlaca'}
   (e) filter={placa, numeroPlaca}

10. Altere o código do último exemplo (exemplo09.html) de modo que ele possa também filtrar registros a partir do valor da diária.

6

Modularização do Código

Estudaremos neste capítulo a modularização da nossa aplicação, um processo que permite organizar melhor o código de forma a tornar mais fácil a sua manutenção. Ele é importante principalmente quando o código começa a ficar muito extenso, o que certamente dificulta a implementação de novas funcionalidades ou correção de problemas.

Este assunto encerra a parte do nosso estudo dedicada ao AngularJS.

 ## 6.1 Técnicas de organização de código

Até o momento, a aplicação que criamos contém em um único arquivo de código-fonte tudo que é necessário para a sua execução. Para pequenas aplicações isso pode até ser justificável, mas, à medida que elas se tornam mais complexas, o tamanho do código pode aumentar consideravelmente, a ponto de dificultar sua manutenção futura.

Imagine, por exemplo, que seja necessário alterar em nossa aplicação o estilo identificado como **tituloAplicacao**. Precisaremos percorrer todo o código-fonte até encontrar sua definição. Se todos os estilos fossem gravados em um arquivo à parte, isso certamente facilitaria o trabalho e nos economizaria algum tempo.

Algumas estratégias podem ser utilizadas para dividir o código em unidades menores, agrupando-o em arquivos que possuem alguma relação em função de suas características e funcionalidades, em pastas distintas.

Não existe um padrão de fato a ser seguido para se efetuar essa modularização e, em consequência disso, há várias técnicas que foram elaboradas por desenvolvedor durante anos. Entre as técnicas conhecidas, há uma que permite agrupar os códigos-fonte em pastas levando em consideração as características que os tornam semelhantes funcionalmente. Por exemplo, podemos gravar em uma pasta denominada **css** todos os arquivos que contêm folhas de estilo. Em outra subpasta, de nome **controllers** e que se encontra dentro da pasta chamada **js**, podemos ter todos os arquivos que agem como *controllers* da aplicação. Esta é minha escolha pessoal nos trabalhos que desenvolvo, sendo a técnica que utilizaremos neste livro. Veja o exemplo da Figura 6.1.

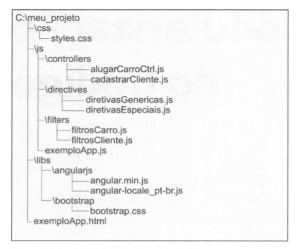

Figura 6.1 – Modularização de código por semelhança de funcionalidades.

Somente a título de conhecimento, podemos mencionar outras duas técnicas, sendo que na primeira o agrupamento se dá levando em consideração o fato de haver componentes que apresentam semelhança de tipo. Por exemplo, todo código que representa *controllers* da aplicação é gravado em um único arquivo de script com a extensão **.js**, como mostra a Figura 6.2.

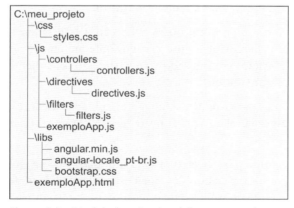

Figura 6.2 – Modularização de código por arquivos.

A segunda opção de modularização emprega o conceito de domínio/escopo para agrupar os arquivos de código-fonte. Por exemplo, podemos ter uma pasta denominada **carros** que contém todos os arquivos relacionados com as operações de cadastro e locação de veículos, outra pasta chamada **clientes** para armazenar todos os arquivos correspondentes às operações com clientes e assim por diante. Veja na Figura 6.3 um exemplo de aplicação dessa técnica.

Modularização do Código 107

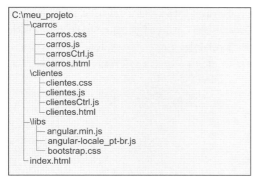

Figura 6.3 – Modularização de código por domínio/escopo.

6.2 Organização do projeto exemplo

Agora que temos uma ideia do processo de organização de um projeto AngularJS em módulos/unidades de códigos menores, vamos aplicá-lo em nossa aplicação criada anteriormente, tomando por base o último arquivo, denominado **exemplo09.html**. Ele deverá ser gravado com o nome **exemplo10.html**, pois as alterações que faremos vão usá-lo.

A primeira providência que devemos tomar é criar as pastas nas quais gravaremos os diversos arquivos que resultarão desse processo de modularização. O Visual Studio Code permite que sejam criadas pastas dentro do projeto com um clique no ícone **New Folder** (). Para nosso projeto, no momento devem ser criadas as pastas **\css**, **\js\controllers**, **\libs\angularjs** e **\libs\bootstrap**. A Figura 6.4 apresenta a visão dessa estrutura no painel Explorer do Visual Studio Code.

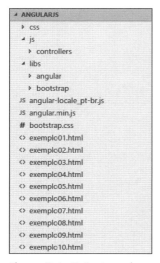

Figura 6.4 – Estrutura de pastas para modularização do projeto.

Depois de ter criado essas pastas, selecione a de nome **css** e em seguida adicione um novo arquivo clicando no ícone **New File** ( ). Nomeie-o como **styles.css**, e em seguida selecione o trecho de código do arquivo **exemplo10.html** que está destacado na listagem a seguir e tecle [CTRL]+[X] para apagá-lo e inseri-lo na área de transferência do Windows.

```html
<!DOCTYTPE html>
<html ng-app="aluguelCarro">
    <head>
        <meta http-equiv="Content-Type" content="text/html; charset=UTF-8" />
        <title>Aluguel de Carro - Versão 5</title>
        <link rel="stylesheet" type="text/css" href="bootstrap.css">
        <script src="angular.min.js"></script>
        <script src="angular-locale_pt-br.js"></script>
        <script>
            var alugaCarro = angular.module("aluguelCarro", []);
            alugaCarro.controller("alugarCarroCtrl", function ($scope) {
                $scope.nomeAplicacao = "Aluguel de Carros - Versão 5";
                $scope.carros = [
                    {marca: "Chevrolet", modelo: "Onix", placa: "ABC-1234", tipo: "Hatch", cor: "Preta", anoModelo: "2018", combustivel: "Flexível", dataInclusao: new Date(), valorDiaria: 60},
                    {marca: "Chevrolet", modelo: "Blazer", placa: "DEF-5678", tipo: "SUV", cor: "Prata", anoModelo: "2016", combustivel: "Diesel", dataInclusao: new Date(), valorDiaria: 120},
                    {marca: "Ford", modelo: "Fiesta Hatch", placa: "GHI-9012", tipo: "Hatch", cor: "Branca", anoModelo: "2016", combustivel: "Flexível", dataInclusao: new Date(), valorDiaria: 60},
                    {marca: "Fiat", modelo: "Argo", placa: "JKL-3456", tipo: "Hatch", cor: "Cinza", anoModelo: "2018", combustivel: "Flexível", dataInclusao: new Date(), valorDiaria: 60},
                    {marca: "Honda", modelo: "City", placa: "MNO-7890", tipo: "Sedã", cor: "Preta", anoModelo: "2017", combustivel: "Flexível", dataInclusao: new Date(), valorDiaria: 60},
                    {marca: "Toyota", modelo: "Corolla", placa: "PQR-1234", tipo: "Sedã", cor: "Cinza", anoModelo: "2016", combustivel: "Flexível", dataInclusao: new Date(), valorDiaria: 80},
                    {marca: "Toyota", modelo: "Hilux", placa: "STU-5678", tipo: "Picape", cor: "Prata", anoModelo: "2017", combustivel: "Diesel", dataInclusao: new Date(), valorDiaria: 120}
                ];
                $scope.marcas = [
                    {codigoMarca: 1, nomeMarca: "Chevrolet" },
                    {codigoMarca: 2, nomeMarca: "Ford"},
                    {codigoMarca: 3, nomeMarca: "Volkswagen"},
                    {codigoMarca: 4, nomeMarca: "Fiat"},
                    {codigoMarca: 5, nomeMarca: "Honda"},
                    {codigoMarca: 6, nomeMarca: "Toyota"},
                    {codigoMarca: 7, nomeMarca: "Audi"}
```

```
            ];
            $scope.cores = [
                {codigoCor: 1, nomeCor: "Branca"},
                {codigoCor: 2, nomeCor: "Preta"},
                {codigoCor: 3, nomeCor: "Prata"},
                {codigoCor: 4, nomeCor: "Cinza"},
                {codigoCor: 5, nomeCor: "Vermelha"},
                {codigoCor: 6, nomeCor: "Azul"}
            ];
            $scope.tipos = [
                {codigoTipo: 1, nomeTipo: "Hatch", classeVeiculo: "Carro de passeio"},
                {codigoTipo: 2, nomeTipo: "Cupê", classeVeiculo: "Carro de passeio"},
                {codigoTipo: 3, nomeTipo: "Sedã", classeVeiculo: "Carro de passeio"},
                {codigoTipo: 4, nomeTipo: "Perua", classeVeiculo: "Carro de passeio"},
                {codigoTipo: 5, nomeTipo: "Picape", classeVeiculo: "Utilitário"},
                {codigoTipo: 6, nomeTipo: "Van", classeVeiculo: "Utilitário"},
                {codigoTipo: 7, nomeTipo: "Minivan", classeVeiculo: "Utilitário"},
                {codigoTipo: 8, nomeTipo: "SUV", classeVeiculo: "Utilitário"}
            ];
            $scope.combustiveis = [
                {codigoCombustivel: 1, nomeCombustivel: "Gasolina"},
                {codigoCombustivel: 2, nomeCombustivel: "Álcool"},
                {codigoCombustivel: 3, nomeCombustivel: "Diesel"},
                {codigoCombustivel: 4, nomeCombustivel: "Gás/GLP"},
                {codigoCombustivel: 5, nomeCombustivel: "Flexível"}
            ];
            $scope.adicionarCarro = function (carro) {
                carro.dataInclusao = new Date();
                $scope.carros.push(carro);
                delete $scope.carro;
                $scope.CadastroVeiculo.$setPristine();
            };
        });
    </script>
    <style>
        .table {
            margin-left: auto;
            margin-right: auto;
        }
        .form-control {
            margin-left: auto;
            margin-right: auto;
            background-color: beige;
```

```
            }
            .tituloAplicacao {
                background-color: #fcdd7a;
                border-radius: 5px;
                text-align: center;
                width: 800px;
                padding: 10px;
                margin-left: auto;
                margin-right: auto;
                margin-top: 10px;
                margin-bottom: 20px;
            }
        </style>
    </head>

    <body ng-controller="alugarCarroCtrl">
        <div class="tituloAplicacao">
            <h3 ng-bind="nomeAplicacao"></h3>
        </div>
        <table class="table">
            <tr>
                <th>Marca</th>
                <th>Modelo</th>
                <th>Placa</th>
                <th>Tipo</th>
                <th>Cor</th>
                <th>Ano modelo</th>
                <th>Combustível</th>
                <th>Dt Inclusão</th>
                <th>R$ Diária</th>
            </tr>
            <tr ng-repeat="carro in carros | filter:{placa: numeroPlaca}">
                <td>{{carro.marca.nomeMarca}}</td>
                <td>{{carro.modelo}}</td>
                <td>{{carro.placa}}</td>
                <td>{{carro.tipo.nomeTipo}}</td>
                <td>{{carro.cor.nomeCor}}</td>
                <td>{{carro.anoModelo}}</td>
                <td>{{carro.combustivel.nomeCombustivel}}</td>
                <td>{{carro.dataInclusao | date:"dd/MM/yyyy"}}</td>
                <td style="text-align:right">{{carro.valorDiaria | currency}}</td>
            </tr>
        </table>
        <hr/>
        <div class="form-control">
            <form name="CadastroVeiculo">
                <p><label>Selecione a marca: </label>
                    <select name="marcaVeiculo" ng-model="carro.marca" ng-options="marca as marca.nomeMarca for marca in marcas |
```

```
orderBy:'nomeMarca'" ng-required="true">
                <option value="">Selecione a marca</option>
            </select>

            <label>Modelo: </label><input type="text"
name="modeloVeiculo" ng-model="carro.modelo" ng-required="true"/>
            <label>Placa: </label><input type="text"
name="placaVeiculo" ng-model="carro.placa" ng-required="true" ng-
pattern= "/^[A-Z,a-z]{3}-\d{4}$/"/>
        </p>

        <p><label>Selecione o tipo: </label>
            <select name="tipoVeiculo" ng-model="carro.tipo" ng-
options="tipo as tipo.nomeTipo group by tipo.classeVeiculo for tipo in
tipos  | orderBy:'nomeTipo'" ng-required="true">
                <option value="">Selecione o tipo</option>
            </select>

            <label>Selecione a cor: </label>
            <select name="corVeiculo" ng-model="carro.cor" ng-
options="cor as cor.nomeCor for cor in cores | orderBy:'nomeCor'" ng-
required="true">
                <option value="">Selecione a cor</option>
            </select>
        </p>

        <p><label>Ano modelo: </label><input name="anoVeiculo"
type="text" ng-model="carro.anoModelo" ng-required="true"/>
            <label>Selecione o combustível:
            <select name="combustivelVeiculo" ng-model= "carro.
combustivel" ng-options="combustivel as combustivel.nomeCombustivel
for combustivel in combustiveis | orderBy:'nomeCombustivel'" ng-
required="true">
                <option value="">Selecione o combustível</option>
            </select>
        </p>

        <p>
            <label>Valor da diária: </label><input type="number"
name="valorDiaria" ng-model="carro.valorDiaria" ng-required="true"/>
        </p>

        <br/>
        <div ng-show="CadastroVeiculo.marcaVeiculo.$error.
required && CadastroVeiculo.marcaVeiculo.$dirty" class="alert alert-
info">
            Selecione a marca do veículo!
        </div>
        <div ng-show="CadastroVeiculo.modeloVeiculo.$error.
required && CadastroVeiculo.modeloVeiculo.$dirty" class="alert alert-
```

```
info">
                Digite o modelo do veículo!
            </div>
            <div ng-show="CadastroVeiculo.placaVeiculo.$error.
required && CadastroVeiculo.placaVeiculo.$dirty" class="alert alert-
info">
                Digite a placa do veículo!
            </div>
            <div ng-show="CadastroVeiculo.placaVeiculo.$error.
pattern" class="alert alert-info">
                A placa do veículo deve ser digitada no formato AAA-
9999.
            </div>
            <div ng-show="CadastroVeiculo.tipoVeiculo.$error.
required && CadastroVeiculo.tipoVeiculo.$dirty" class="alert alert-
info">
                Selecione o tipo de veículo!
            </div>
            <div ng-show="CadastroVeiculo.corVeiculo.$error.required
&& CadastroVeiculo.corVeiculo.$dirty" class="alert alert-info">
                Selecione a cor do veículo!
            </div>
            <div ng-show="CadastroVeiculo.anoVeiculo.$error.required
&& CadastroVeiculo.anoVeiculo.$dirty" class="alert alert-info">
                Digite o ano do veículo!
            </div>
            <div ng-show="CadastroVeiculo.combustivelVeiculo.
$error.required && CadastroVeiculo.combustivelVeiculo.$dirty"
class="alert alert-info">
                Selecione o tipo de combustível do veículo!
            </div>
            <div ng-show="CadastroVeiculo.valorDiaria.$error.
required && CadastroVeiculo.valorDiaria.$dirty" class="alert alert-
info">
                Digite o valor da diária do veículo!
            </div>

            <button class="btn btn-primary" ng-
click="adicionarCarro( carro)" ng-disabled="CadastroVeiculo.$invalid">Ad
icionar</button>

            <div style="margin-top:20px;padding:10px;background-
color:#77ddff">
                <label>Digite o número da placa do veículo: </
label><input type="text" ng-model="numeroPlaca" ng-pattern="/^[A-Z,a-z]
{3}-\d{4}$/" />
            </div>
        </form>
    </div>
    </body>
</html>
```

Volte ao arquivo **styles.css** e cole o conteúdo copiado anteriormente. A Figura 6.5 apresenta o código completo desse arquivo.

```css
.table {
    margin-left: auto;
    margin-right: auto;
}
.form-control {
    margin-left: auto;
    margin-right: auto;
    background-color: beige;
}
.tituloAplicacao {
    background-color: #fcdd7a;
    border-radius: 5px;
    text-align: center;
    width: 800px;
    padding: 10px;
    margin-left: auto;
    margin-right: auto;
    margin-top: 10px;
    margin-bottom: 20px;
}
```

Figura 6.5 – Conteúdo do arquivo styles.css.

Repita esse processo para adicionar um arquivo denominado **alugarCarroCtrl.js** à pasta **\js\controllers**. Seu conteúdo deve ser o que se encontra listado a seguir, e que deve ser copiado do arquivo **exemplo10.html**.

```js
alugaCarro.controller("alugarCarroCtrl", function ($scope) {
    $scope.nomeAplicacao = "Aluguel de Carros - Versão 5";
    $scope.carros = [
        {marca: "Chevrolet", modelo: "Onix", placa: "ABC-1234", tipo: "Hatch", cor: "Preta", anoModelo: "2018", combustivel: "Flexível", dataInclusao: new Date(), valorDiaria: 60},
        {marca: "Chevrolet", modelo: "Blazer", placa: "DEF-5678", tipo: "SUV", cor: "Prata", anoModelo: "2016", combustivel: "Diesel", dataInclusao: new Date(), valorDiaria: 120},
        {marca: "Ford", modelo: "Fiesta Hatch", placa: "GHI-9012", tipo: "Hatch", cor: "Branca", anoModelo: "2016", combustivel: "Flexível", dataInclusao: new Date(), valorDiaria: 60},
        {marca: "Fiat", modelo: "Argo", placa: "JKL-3456", tipo: "Hatch", cor: "Cinza", anoModelo: "2018", combustivel: "Flexível", dataInclusao: new Date(), valorDiaria: 60},
        {marca: "Honda", modelo: "City", placa: "MNO-7890", tipo: "Sedã", cor: "Preta", anoModelo: "2017", combustivel: "Flexível", dataInclusao: new Date(), valorDiaria: 60},
        {marca: "Toyota", modelo: "Corolla", placa: "PQR-1234", tipo: "Sedã", cor: "Cinza", anoModelo: "2016", combustivel: "Flexível", dataInclusao: new Date(), valorDiaria: 80},
        {marca: "Toyota", modelo: "Hilux", placa: "STU-5678", tipo: "Picape", cor: "Prata", anoModelo: "2017", combustivel: "Diesel",
```

```
dataInclusao: new Date(), valorDiaria: 120}
    ];
    $scope.marcas = [
        {codigoMarca: 1, nomeMarca: "Chevrolet" },
        {codigoMarca: 2, nomeMarca: "Ford"},
        {codigoMarca: 3, nomeMarca: "Volkswagen"},
        {codigoMarca: 4, nomeMarca: "Fiat"},
        {codigoMarca: 5, nomeMarca: "Honda"},
        {codigoMarca: 6, nomeMarca: "Toyota"},
        {codigoMarca: 7, nomeMarca: "Audi"}
    ];
    $scope.cores = [
        {codigoCor: 1, nomeCor: "Branca"},
        {codigoCor: 2, nomeCor: "Preta"},
        {codigoCor: 3, nomeCor: "Prata"},
        {codigoCor: 4, nomeCor: "Cinza"},
        {codigoCor: 5, nomeCor: "Vermelha"},
        {codigoCor: 6, nomeCor: "Azul"}
    ];
    $scope.tipos = [
        {codigoTipo: 1, nomeTipo: "Hatch", classeVeiculo: "Carro de
passeio"},
        {codigoTipo: 2, nomeTipo: "Cupê", classeVeiculo: "Carro de
passeio"},
        {codigoTipo: 3, nomeTipo: "Sedã", classeVeiculo: "Carro de
passeio"},
        {codigoTipo: 4, nomeTipo: "Perua", classeVeiculo: "Carro de
passeio"},
        {codigoTipo: 5, nomeTipo: "Picape", classeVeiculo:
"Utilitário"},
        {codigoTipo: 6, nomeTipo: "Van", classeVeiculo: "Utilitário"},
        {codigoTipo: 7, nomeTipo: "Minivan", classeVeiculo:
"Utilitário"},
        {codigoTipo: 8, nomeTipo: "SUV", classeVeiculo: "Utilitário"}
    ];
    $scope.combustiveis = [
        {codigoCombustivel: 1, nomeCombustivel: "Gasolina"},
        {codigoCombustivel: 2, nomeCombustivel: "Álcool"},
        {codigoCombustivel: 3, nomeCombustivel: "Diesel"},
        {codigoCombustivel: 4, nomeCombustivel: "Gás/GLP"},
        {codigoCombustivel: 5, nomeCombustivel: "Flexível"}
    ];
    $scope.adicionarCarro = function (carro) {
        carro.dataInclusao = new Date();
        $scope.carros.push(carro);
        delete $scope.carro;
        $scope.CadastroVeiculo.$setPristine();
    };
});
```

Da mesma forma, crie o arquivo **exemploApp.js** dentro da pasta **\js**, com o seguinte conteúdo copiado de **exemplo10.html**:

```
var alugaCarro = angular.module("aluguelCarro", []);
```

Precisamos ainda copiar os arquivos **angular.min.js** e **angular-locale_pt-br.js** para a pasta **\libs\angularjs**, e o arquivo **bootstrap.css** para a pasta **\libs\bootstrap**. A Figura 6.6 exibe todos esses arquivos em suas respectivas pastas.

Figura 6.6 – Pastas com seus respectivos arquivos.

Para finalizar, é necessário fazer algumas alterações no arquivo **exemplo10.html**, de modo que ele possa referenciar todos esses arquivos que acabamos de criar, tendo em vista que os códigos contidos neles, e que desempenharão as operações exigidas pela aplicação, são aqueles que foram removidos. A listagem a seguir demonstra como deve ficar o código após as alterações:

```
<!DOCTYPE html>
<html ng-app="aluguelCarro">
    <head>
        <meta http-equiv="Content-Type" content="text/html; charset=UTF-8" />
        <title>Aluguel de Carro - Versão 5</title>
        <link rel="stylesheet" type="text/css" href="libs/bootstrap/
```

```
bootstrap.css">
        <link rel="stylesheet" type="text/css" href="css/styles.css">
        <script src="libs/angular/angular.min.js"></script>
        <script src="libs/angular/angular-locale_pt-br.js"></script>
        <script src="js/exemploApp.js"></script>
        <script src="js/controllers/alugarCarroCtrl.js"></script>
    </head>

    <body ng-controller="alugarCarroCtrl">
        <div class="tituloAplicacao">
            <h3 ng-bind="nomeAplicacao"></h3>
        </div>
        <table class="table">
            <tr>
                <th>Marca</th>
                <th>Modelo</th>
                <th>Placa</th>
                <th>Tipo</th>
                <th>Cor</th>
                <th>Ano modelo</th>
                <th>Combustível</th>
                <th>Dt Inclusão</th>
                <th>R$ Diária</th>
            </tr>
            <tr ng-repeat="carro in carros | filter:{placa: numeroPlaca}">
                <td>{{carro.marca.nomeMarca}}</td>
                <td>{{carro.modelo}}</td>
                <td>{{carro.placa}}</td>
                <td>{{carro.tipo.nomeTipo}}</td>
                <td>{{carro.cor.nomeCor}}</td>
                <td>{{carro.anoModelo}}</td>
                <td>{{carro.combustivel.nomeCombustivel}}</td>
                <td>{{carro.dataInclusao | date:"dd/MM/yyyy"}}</td>
                <td style="text-align:right">{{carro.valorDiaria | currency}}</td>
            </tr>
        </table>
        <hr/>
        <div class="form-control">
            <form name="CadastroVeiculo">
                <p><label>Selecione a marca: </label>
                    <select name="marcaVeiculo" ng-model="carro.marca" ng-options="marca as marca.nomeMarca for marca in marcas | orderBy:'nomeMarca'" ng-required="true">
                        <option value="">Selecione a marca</option>
                    </select>

                    <label>Modelo: </label><input type="text" name="modeloVeiculo" ng-model="carro.modelo" ng-required="true"/>
                    <label>Placa: </label><input type="text"
```

```html
name="placaVeiculo" ng-model="carro.placa" ng-required="true" ng-pattern= "/^[A-Z,a-z]{3}-\d{4}$/"/>
            </p>

            <p><label>Selecione o tipo: </label>
                <select name="tipoVeiculo" ng-model="carro.tipo" ng-options="tipo as tipo.nomeTipo group by tipo.classeVeiculo for tipo in tipos | orderBy:'nomeTipo'" ng-required="true">
                    <option value="">Selecione o tipo</option>
                </select>

                <label>Selecione a cor: </label>
                <select name="corVeiculo" ng-model="carro.cor" ng-options="cor as cor.nomeCor for cor in cores  | orderBy:'nomeCor'" ng-required="true">
                    <option value="">Selecione a cor</option>
                </select>
            </p>

            <p><label>Ano modelo: </label><input name="anoVeiculo" type="text" ng-model="carro.anoModelo" ng-required="true"/>
                <label>Selecione o combustível:
                <select name="combustivelVeiculo" ng-model="carro.combustivel" ng-options="combustivel as combustivel.nomeCombustivel for combustivel in combustiveis   | orderBy:'nomeCombustivel'" ng-required="true">
                    <option value="">Selecione o combustível</option>
                </select>
            </p>

            <p>
                <label>Valor da diária: </label><input type="number" name="valorDiaria" ng-model="carro.valorDiaria" ng-required="true"/>
            </p>

            <br/>
            <div ng-show="CadastroVeiculo.marcaVeiculo.$error.required && CadastroVeiculo.marcaVeiculo.$dirty" class="alert alert-info">
                Selecione a marca do veículo!
            </div>
            <div ng-show="CadastroVeiculo.modeloVeiculo.$error.required && CadastroVeiculo.modeloVeiculo.$dirty" class="alert alert-info">
                Digite o modelo do veículo!
            </div>
            <div ng-show="CadastroVeiculo.placaVeiculo.$error.required && CadastroVeiculo.placaVeiculo.$dirty" class="alert alert-info">
                Digite a placa do veículo!
```

```
                </div>
                <div ng-show="CadastroVeiculo.placaVeiculo.$error.pattern" class="alert alert-info">
                    A placa do veículo deve ser digitada no formato AAA-9999.
                </div>
                <div ng-show="CadastroVeiculo.tipoVeiculo.$error.required && CadastroVeiculo.tipoVeiculo.$dirty" class="alert alert-info">
                    Selecione o tipo de veículo!
                </div>
                <div ng-show="CadastroVeiculo.corVeiculo.$error.required && CadastroVeiculo.corVeiculo.$dirty" class="alert alert-info">
                    Selecione a cor do veículo!
                </div>
                <div ng-show="CadastroVeiculo.anoVeiculo.$error.required && CadastroVeiculo.anoVeiculo.$dirty" class="alert alert-info">
                    Digite o ano do veículo!
                </div>
                <div ng-show="CadastroVeiculo.combustivelVeiculo.$error.required && CadastroVeiculo.combustivelVeiculo.$dirty" class="alert alert-info">
                    Selecione o tipo de combustível do veículo!
                </div>
                <div ng-show="CadastroVeiculo.valorDiaria.$error.required && CadastroVeiculo.valorDiaria.$dirty" class="alert alert-info">
                    Digite o valor da diária do veículo!
                </div>

                <button class="btn btn-primary" ng-click="adicionarCarro( carro)" ng-disabled="CadastroVeiculo.$invalid">Adicionar</button>

                <div style="margin-top:20px;padding:10px;background-color:#77ddff">
                    <label>Digite o número da placa do veículo:</label><input type="text" ng-model="numeroPlaca" ng-pattern="/^[A-Z,a-z]{3}-\d{4}$/"/>
                </div>
            </form>
        </div>
    </body>
</html>
```

A Figura 6.7 exibe a tela da aplicação ao ser executada no navegador. Note que tudo funciona como antes.

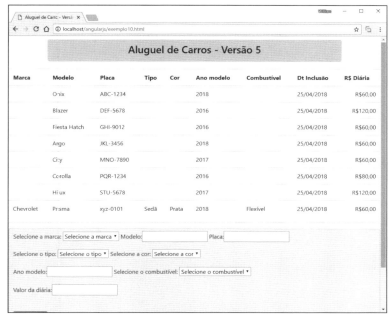

Figura 6.7 – Exemplo de execução da aplicação após modularização do código.

O próximo capítulo inicia o estudo da linguagem TypeScript, que é a base das novas versões do Angular. Isso é necessário para que seja mais fácil o aprendizado do Angular 6.

 Exercícios

1. Por que é importante dividir um projeto de aplicação Angular em unidades de códigos menores?
2. Basicamente, qual é a diferença entre a técnica de agrupamento de código por funcionalidade e o agrupamento por domínio?

7

Introdução à Linguagem TypeScript

Este capítulo inicia o estudo dos conceitos fundamentais da linguagem TypeScript, que é a base do Angular desde a versão 2, em substituição ao JavaScript. É inegável a importância deste estudo para que você possa entender melhor o funcionamento do Angular 6.

Aqui veremos a arquitetura básica da linguagem, variáveis, tipos de dados, matrizes, tipos enumerados, operadores e estruturas de controle (estruturas de decisão e de repetição).

Não é objetivo deste livro abordar profundamente a linguagem TypeScript, mas apenas oferecer subsídios que possibilitem ao leitor adquirir os conhecimentos necessários para utilizar as novas versões do Angular.

7.1 Arquitetura do TypeScript

A linguagem TypeScript é, a grosso modo, uma evolução de JavaScript, pois ela é um superset (superconjunto) dessa última. Entre as características que as distinguem, sem dúvida, o suporte à programação orientada a objetos de TypeScript é a que mais se destaca, com ênfase na declaração de interfaces, namespaces e módulos.

Internamente, a linguagem é formada por três camadas, com as seguintes funções:

→ Linguagem: Definição das características e elementos que estruturam a linguagem TypeScript.
→ Compilador: Responsável por transformar o código TypeScript em JavaScript para ser executado pela aplicação.
→ Serviços da linguagem: Responsáveis pela geração de informações que podem ser utilizadas por editores de código no oferecimento de recursos ao usuário.

Diferentemente de JavaScript, TypeScript é fortemente tipada, ou seja, todas as variáveis que forem utilizadas no código devem ser declaradas previamente.

Por ter sido desenvolvida pela Microsoft, o ambiente de desenvolvimento padrão é o Visual Studio. A partir da versão 2015, independente do tipo de distribuição, ela já vem embutida.

Também é possível utilizar um editor online, disponível no endereço *http://www.typescriptlang.org/play/* (conteúdo em inglês) (Figura 7.1). O código em TypeScript é escrito na área à esquerda, enquanto o código em JavaScript é mostrado à direita.

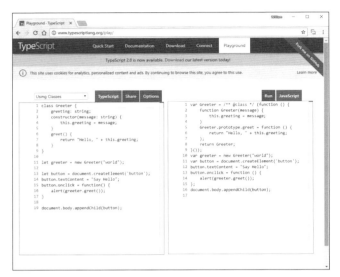

Figura 7.1 – Tela do editor de códigos online.

A Figura 7.2 apresenta a tela do editor de códigos do Visual Studio 2017 Community Edition com um exemplo de código em TypeScript.

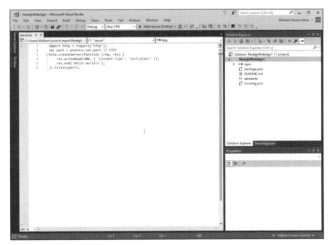

Figura 7.2 – Tela do editor de códigos do Visual Studio 2017.

Uma terceira opção, também da Microsoft, é o editor de códigos Visual Studio Code, que já utilizamos anteriormente no desenvolvimento das aplicações AngularJS. Em virtude disso, esta é a ferramenta que também utilizaremos na criação dos exemplos TypeScript deste livro. Veja na Figura 7.3 um exemplo de código TypeScript escrito nele.

Introdução à Linguagem TypeScript   123

Figura 7.3 – Tela do editor de códigos do Visual Studio Code.

Uma vez que o código TypeScript é compilado para JavaScript, as diversas características inerentes a TypeScript fazem com que o compilador gere um código que seja compatível com JavaScript para que possa ser executado no navegador. A Figura 7.4 ilustra o processo envolvido nesta transformação.

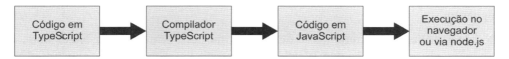

Figura 7.4 – Processo de compilação e execução de código TypeScript.

 ## 7.2 Tipos de dados, variáveis e constantes

Conforme já mencionado, a linguagem TypeScript é fortemente tipada, forçando o programador a declarar antecipadamente as variáveis que seu código usará.

Nessa declaração, devemos informar, além do nome da variável, o tipo de dado que ela deverá armazenar. A Tabela 7.1 relaciona os tipos disponíveis em TypeScript.

Tabela 7.1 – Tipos de dados da linguagem TypeScript.

Tipo de dado	Descrição
number	Valores numéricos de ponto flutuante. Não existe um tipo para valor inteiro em TypeScript.
string	Cadeia de caracteres alfanuméricos delimitadas por aspas (") ou apóstrofo (').

continua

	continuação
boolean	Valores lógicos True ou False.
enum	Permite a definição de um conjunto de valores numéricos em que cada elemento recebe uma identificação para maior legibilidade.
any	Indica que qualquer tipo de dado pode ser atribuído à variável. Por exemplo, uma variável deste tipo pode armazenar um valor numérico em um determinado momento e uma string em outro ponto do código.
void	Tecnicamente, não é um tipo de dado, mas sim uma declaração de sua ausência. Utilizado na declaração de funções que não retornam um valor.

Para declarar uma variável, utilizamos o comando **var** ou **let** seguido de uma cadeia de caracteres que representa seu nome, conforme demonstrado no seguinte exemplo:

```
var codigoOperacao: number = 900;
let tipoMovimento: string = "SAIDA";
```

A formação do nome de variáveis precisa seguir algumas regras: necessariamente, deve iniciar com uma letra do alfabeto ou com o símbolo de sublinado (_); os demais caracteres do nome podem ser letras ou números; não podem ser utilizados caracteres acentuados ou Ç; não podem ser utilizados símbolos gráficos, como $, #, & etc.; o nome não pode ser igual ao de um comando, uma classe, um método, uma função ou uma palavra reservada da linguagem.

Podemos utilizar uma combinação de letras minúsculas e maiúsculas. No entanto, é preciso levar em consideração que TypeScript diferencia letras minúsculas e maiúsculas, ou seja, é *case sensitive*. Isso significa que as variáveis denominadas **ValorTotalCompra** e **valortotalcompra**, por exemplo, são tratadas como duas variáveis distintas.

A diferença entre os comandos de declaração **var** e **let** reside na visibilidade da variável. Com o comando **var**, a variável possui uma visibilidade em nível de função (se estiver fora de qualquer função, sua visibilidade será global). Já variáveis declaradas com o comando **let** possuem visibilidade limitada ao bloco que as declarou, que pode ser uma função, um bloco de códigos dentro de uma estrutura de controle (**if**, **switch**, **while** ou **do/while**) ou até mesmo global (se estiver fora de qualquer bloco). Veja na listagem a seguir um exemplo:

```
function calcularPrecoVenda(precoCusto: number): number {
    var precoVenda: number;

    if (precoVenda <= 100) {
        let margemLucro10: number = 10;
        precoVenda = precoCusto * (1+( margemLucro10/100));
    }
    else if ((precoVenda > 100) && (precoVenda <= 500)) {
```

```
        let margemLucro5: number = 5;
        precoVenda = precoCusto * (1+( margemLucro5/100));
    }
    else {
        let margemLucro2: number = 2;
        precoVenda = precoCusto * (1+( margemLucro2/100));
    }

    return precoVenda;
}
```

Nesse exemplo, a variável **precoVenda** é visível em todo o código da função **calcularPrecoVenda()**. Já as variáveis **margemLucro10**, **margemLucro5** e **margemLucro2** possuem visibilidade apenas dentro do bloco de instruções delimitado pela estrutura **if/elseif/else**.

Uma característica interessante de TypeScript é a notação de tipo estático opcional, que permite à linguagem definir o tipo de dado da variável a partir do valor que lhe foi atribuído. Veja o seguinte exemplo:

```
var codigoMovimento = 150;
var mensagemCupom = "Agradeçemos a preferência! Volte sempre...";
```

No primeiro caso, para a variável **codigoMovimento** é definido o tipo **number**, pois a ela foi atribuído um valor numérico. Já para a segunda variável, o tipo é **string**. Esse processo é conhecido, ainda, como inferência de tipo.

As constantes, diferentemente das variáveis, armazenam valores que não podem ser alterados durante a execução do programa. Elas são declaradas com o comando **const** e podem ser globais ou locais a uma função ou bloco de código. A seguir temos um exemplo de declaração de constante:

```
const PI: number = 3.14159265;
```

A atribuição do valor ocorre apenas na primeira vez que a linha de declaração for executada, sendo que esse valor permanece inalterado durante toda a execução do programa.

 ## 7.3 Matrizes, enumerações, uniões e definição de tipos

As matrizes são um recurso muito útil, existentes em praticamente todas as linguagens de programação, e que possibilitam o armazenamento de diversos valores utilizando um único nome de referência. Em TypeScript, uma matriz pode ser declarada de duas formas. Na primeira, especificamos o par de símbolos [] à frente do tipo de dados, como mostra o seguinte exemplo:

```
var despesaMensal: number[];
```

A segunda forma utiliza um tipo genérico chamado **Array**, com o tipo de dados da matriz declarado entre os símbolos <>. Veja o exemplo a seguir:

```
var despesaMensal: Array<number>;
```

Os valores de cada elemento da matriz podem ser especificados diretamente na própria declaração, como mostra o seguinte exemplo:

```
var codigoOperacao: number[] = [101,200,320,448];
var tipoMovimento: Array<string> = ["Entrada", "Saída", "Estorno"];
```

Para acessar um elemento específico dentro da matriz, seja para atribuir ou ler um valor, precisamos passar seu índice, representado por um número entre os colchetes. Por exemplo, para atribuir o valor 100 ao quinto elemento da matriz **codigoImposto**, teríamos o seguinte código:

```
codigoImposto[5] = 100;
```

É importante deixar claro que os elementos da matriz somente podem receber valores do mesmo tipo de dado com o qual ela foi declarada. Isso significa que uma matriz do tipo **number** somente aceita valores numéricos em seus elementos.

A exceção a essa regra é o tipo **any**, com o qual é possível atribuir valores de diferentes tipos a cada elemento, como mostra o exemplo a seguir:

```
var matrizValores: any[] = ["001.002.003-04",412,true,280.50];
```

Como vimos, as matrizes são muito úteis para o armazenamento de uma série de dados. Mas, em certas situações, precisamos de uma série de valores que possam ser mais facilmente identificados dentro de nossos programas, o que pode ser conseguido por meio da nomeação deles. Por exemplo, em vez de termos valores numéricos para indicar um tipo de natureza de operação (venda, devolução, entrada etc.), poderíamos utilizar identificadores textuais.

TypeScript oferece um tipo de dado denominado **enum** (enumerado) que tem essa função. A declaração de um tipo enumerado deve seguir a sintaxe apresentada no seguinte exemplo:

```
enum naturezaOperacao {Entrada, Devolucao, Venda, Perda, Estorno, SimplesRemessa};
```

Depois de definido o tipo enumerado, ele pode ser empregado na declaração de variáveis, como no seguinte exemplo:

```
var operacao: naturezaOperacao;
operacao = naturezaOperacao.Entrada;
```

Para fechar este tópico, vejamos o conceito de uniões. Esse tipo de dado é declarado com o comando **union**, e tem um funcionamento similar ao tipo *union* existente nas linguagens C e C++. Com ele é possível atribuir um valor de dois ou mais tipos a uma mesma variável. Por exemplo, podemos ter uma variável numérica (tipo **number**) que pode armazenar apenas um valor ou uma matriz de valores, conforme demonstrado a seguir:

```
var indiceCalculo: number | number[];
indiceCalculo = 10;
indiceCalculo = [5,8,12];
```

Esse pequeno código declara uma variável **indiceCalculo** do tipo **union** e em seguida atribui um único valor numérico e depois uma matriz de valores. Isso funciona perfeitamente, mas ocasionará um erro na compilação se for tentada a atribuição de um valor que não seja numérico, como uma string, por exemplo.

Assim como ocorre nas linguagens C e C++, TypeScript oferece o recurso de definirmos apelidos para tipos de dados primitivos. Não é uma modificação do tipo, mas sim uma forma de referenciá-lo com outro nome. Veja o exemplo a seguir:

```
type coordenadas: number;
type textoMensagem: string;
type codigoRetorno: Array<number>;
var posicaoX, posicaoY: coordenadas;
var mensagem: textoMensagem = "Aguarde o processamento...";
var retornos: codigoRetorno = [10,21,34,58];
```

As duas primeiras linhas definem um novo nome para os tipos de dados **number** e **string**. A terceira faz a mesma coisa, só que redefinindo o tipo **Array<number>**. Em seguida, são declaradas variáveis utilizando esses nomes.

 ## 7.4 Operadores

Assim como em outras linguagens, TypeScript oferece um conjunto bastante amplo de operadores para execução de cálculos e operações lógicas/relacionais com os valores armazenados nas variáveis.

O primeiro grupo de operadores que veremos é o aritmético, os tipos de operadores mais conhecidos e utilizados. A Tabela 7.2 relaciona-os.

Tabela 7.2 – Operadores aritméticos.

Operador	Descrição
+	Adição
-	Subtração
*	Multiplicação
/	Divisão
%	Resto de uma divisão inteira

Os quatro primeiros operadores são de conhecimento de todos. O problema inicia com o quinto operador (%). Ele é utilizado para se calcular uma divisão de números inteiros e obter o resto dessa divisão, caso exista. Um exemplo de uso bastante comum é para verificar se um ano é bissexto ou não. Se ele for bissexto, pode ser dividido de forma exata por 4, ou seja, sem haver resto. Veja na listagem a seguir o código de uma função que efetua esta verificação e retorna **true** ou **false**.

```
function AnoBissexto(ano: number): boolean
{
    if ((ano % 4) == 0)
        return true;
    else
        return false;
}
```

O operador de subtração também pode ser adicionado à esquerda de uma variável numérica para tornar seu valor positivo em negativo e vice-versa. O efeito é o mesmo obtido com a multiplicação por -1.

O próximo grupo de operadores é utilizado na avaliação de expressões lógicas, e eles são conhecidos como operadores relacionais ou de comparação, uma vez que permitem comparar uma variável com um valor constante ou com outra variável. A Tabela 7.3 lista esse grupo.

Tabela 7.3 – Operadores relacionais.

Operador	Descrição
==	Operador de igualdade. Avalia se os valores de ambos operandos são iguais.
===	Operador de igualdade exata. Avalia se os valores e os tipos de dados de ambos operandos são os mesmos.
!=	Operador de diferença. Avalia se os valores de ambos os operandos são diferentes.
>	Operador maior que. Avalia se o valor do operando à esquerda é maior que o valor do operando à direita.
<	Operador menor que. Avalia se o valor do operando à esquerda é menor que o valor do operando à direita.
>=	Operador maior ou igual. Avalia se o valor do operando à esquerda é maior ou igual ao valor do operando à direita.
<=	Operador menor ou igual. Avalia se o valor do operando à esquerda é menor ou igual ao valor do operando à direita.

Ao lado dos operadores relacionais temos os operadores lógicos que permitem avaliar duas ou mais expressões, retornando um valor verdadeiro (true) ou falso (false) como resultado. Os operadores desse grupo estão listados na Tabela 7.4.

Tabela 7.4 – Operadores lógicos.

Operador	Descrição
&&	Operador E (AND). Retorna verdadeiro se ambas as expressões forem avaliadas como verdadeiras, caso contrário, retorna falso.
||	Operador Ou (OR). Retorna falso se ambas as expressões forem avaliadas como falsas. Se uma delas (ou ambas) for verdadeira, o resultado é verdadeiro.
!	Operador Não (NOT). Inverte o retorno de uma expressão, fazendo com que falso vire verdadeiro, e vice-versa.

Embora não sejam muito utilizados na linguagem TypeScript, principalmente por serem ineficientes nela, os operadores de bits permitem a manipulação individual de bits dentro de um byte. Com eles é possível, por exemplo, ativar um bit (colocando-o no estado 1) ou desativá-lo (colocando-o em 0). Também é possível deslocar um ou mais bits para a esquerda ou para a direita e inverter todos os bits de um byte. Veja a relação na Tabela 7.5.

Tabela 7.5 – Operadores de manipulação de bits.

Operador	Descrição
&	Operador AND Bit. Executa uma operação lógica AND entre cada bit dos bytes passados como operandos.
|	Operador OR Bit. Executa uma operação lógica OR entre cada bit dos bytes passados como operandos.
^	Operador XOR Bit. Executa uma operação lógica XOR entre cada bit dos bytes passados como operandos.
~	Operador NOT Bit. Inverte todos os bits do byte passado como operando.
<<	Operador de deslocamento à esquerda. Desloca o número de bits especificado para a esquerda.
>>	Operador de deslocamento à direita. Desloca o número de bits especificado para a direita.
>>>	Operador de deslocamento à direita com zeros à esquerda. Desloca o número de bits especificado para a direita zerando os bits à esquerda.

Por fim, temos os operadores de atribuição de valores. Eles compreendem todos os operadores que utilizamos para atribuir um valor a uma variável, ou mesmo alterar o que já se encontra nela. Eles estão listados na Tabela 7.6.

Tabela 7.6 – Operadores de atribuição.

Operador	Descrição
=	Operador de igual. Atribui à variável o valor que se encontra à direita do operador.
++	Operador de incremento. Aumenta o valor numérico de uma variável em uma unidade.
--	Operador de decremento. Diminui o valor numérico de uma variável em uma unidade.
+=	Operador de adição/atribuição. Adiciona ao valor numérico de uma variável o valor passado como operando à direita.
-=	Operador de subtração/atribuição. Subtrai do valor numérico de uma variável o valor passado como operando à direita.
*=	Operador de multiplicação/atribuição. Multiplica o valor numérico de uma variável pelo valor passado como operando à direita.

/=	Operador de divisão/atribuição. Divide o valor numérico de uma variável pelo valor passado como operando à direita.
%=	Operador de resto/atribuição. Calcula o resto da divisão do operando da esquerda pelo operando da direita e o atribui ao primeiro.

Os operadores de incremento (++) e decremento (--) são utilizados quando desejamos aumentar ou diminuir o valor de uma variável em uma unidade. Veja o exemplo a seguir:

```
var numero: number = 1;
numero++;
numero++;
numero--;
```

Podemos obter o mesmo resultado se executarmos uma operação de assinalamento, conforme demonstra o exemplo de código a seguir, que equivale ao anterior:

```
var numero: number = 1;
numero = numero + 1;
numero = numero + 1;
numero = numero - 1;
```

No exemplo anterior, na segunda e terceira linhas, somamos ao valor da variável número o valor 1, o que efetivamente aumenta em uma unidade o valor da variável em cada linha. Essa operação de soma pode ser substituída pelo operador += (adição/atribuição). O mesmo pode-se dizer da última linha, que diminui o valor em uma unidade. O código equivalente que utiliza esses operadores é apresentado a seguir:

```
var numero: number = 1;
numero += 1;
numero += 1;
numero -= 1;
```

Todos os outros operadores que combinam um operador aritmético com o sinal de igual (=) têm o mesmo princípio de funcionamento, ou seja, efetuam a operação matemática correspondente no valor da variável referenciada à esquerda e depois atribuem o novo valor à própria variável.

7.5 Estruturas de controle

O TypeScript oferece, assim como JavaScript, dois tipos de estruturas de controle, assim denominadas: estruturas de decisão (ou condicionais) e estruturas de repetição. As estruturas de decisão permitem que trechos de códigos sejam executados ou não, de acordo com o resultado obtido da avaliação de uma ou mais expressões lógicas. Essas expressões utilizam os operadores apresentados no tópico anterior.

Já as estruturas de repetição, também conhecidas como laços de repetição, tornam possível a execução de um bloco de código um número específico de vezes, também levando em consideração o resultado de uma expressão lógica.

Estruturas de decisão

Conforme mencionado anteriormente, com as estruturas de decisão nossos programas podem, com base no resultado de uma expressão lógica, executar ou não uma linha de código ou um bloco formado por várias linhas. Nesse último caso, as linhas de código precisam estar entre chaves.

A expressão lógica pode envolver variáveis, matrizes, valores constantes, operadores relacionais e/ou lógicos. Se a expressão retornar um valor verdadeiro (true) o trecho de código é executado, caso contrário ele é descartado, sendo que o fluxo de execução passa diretamente para a linha seguinte à estrutura. Veja o exemplo apresentado a seguir, no qual é testado o valor da variável **quantidadeEstoque** para, no caso de ser menor que 10, executar uma rotina que emite um pedido de compra.

```
if (quantidadeEstoque < 10)
    EmitirPedidoCompra();
```

Em TypeScript, a expressão (ou expressões) lógica de avaliação da estrutura condicional **if** deve ser envolvida por parênteses. Mesmo que apenas uma linha de código deva ser executada pela estrutura **if**, opcionalmente, podemos inseri-la entre chaves, da seguinte forma:

```
if (quantidadeEstoque < 10) {
    EmitirPedidoCompra();
}
```

Se forem várias linhas, existe a obrigatoriedade de envolver todo o conjunto entre chaves.

Existem algumas variações desta estrutura, como, por exemplo, a possibilidade de execução de um código alternativo no caso de a expressão retornar um valor falso. Para isso, utilizamos a cláusula **else**, como mostra o seguinte exemplo:

```
if (valorCompra > 200)
    desconto = 10;
else
    desconto = 5;
```

Se o valor da compra, armazenado na variável **valorCompra**, for maior que R$200,00, o programa considera que o percentual de desconto deve ser de 10%, caso contrário, o desconto será de 5%.

Podemos ter estruturas **if** aninhadas, em que a estrutura interna depende do resultado da externa para ser executada. Veja o exemplo a seguir:

```
if (documentoFiscal == dfCFe)
    if (documentoCliente == dcCPF)
        GravaCPF();
```

É necessário bastante cuidado quando tivermos estruturas aninhadas e empregarmos a cláusula **else**. O **else** sempre está ligado ao último comando **if** que não possui o seu próprio **else**. Dessa forma, se pretendemos que o **else** esteja vinculado ao comando **if** externo, em uma estrutura aninhada, devemos envolver toda a estrutura condicional interna entre chaves. O fragmento de código a seguir ilustra este tipo de situação:

```
if (usuarioLogado) {
    if (usuarioBloqueado)
        MensagemAviso("Bloqueado acesso a esta operação!");
}
else {
    MensagemAviso("Você precisa efetuar o login!");
}
```

Podemos utilizar, ainda, um encadeamento de **if** e **else** para efetuar um teste sequencial de vários valores. Por exemplo, ao ser selecionada uma opção de menu, o seguinte código pode ser utilizado para executar a rotina adequada:

```
if (opcaoMenu == 1)
    CadastrarCliente();
else if (opcaoMenu == 2)
    CadastrarFornecedor();
else if (opcaoMenu == 3)
    CadastrarProduto();
else if (opcaoMenu == 4)
    EmitirPedido();
else if (opcaoMenu == 5)
    ImprimirRelatorio();
```

A segunda estrutura condicional é a **switch**, e seu funcionamento se baseia na comparação de uma variável com uma lista de possíveis valores. Ela permite apenas avaliar a igualdade, sendo que devemos utilizar a estrutura **if** caso seja necessário outro tipo de comparação.

O exemplo anterior, que empregou a estrutura **if/else**, pode ser convertido no código apresentado a seguir, mais legível e fácil de entender:

```
switch (opcaoMenu) {
    case 1: CadastrarCliente();
        break;
    case 2: CadastrarFornecedor();
        break;
    case 3: CadastrarProduto();
        break;
    case 4: EmitirPedido();
        break;
    case 5: ImprimirRelatorio();
}
```

O funcionamento dessa estrutura se baseia na comparação do valor da variável com cada uma das constantes especificadas na cláusula **case**. Quando houver uma coincidência, o trecho de código correspondente, que pode ser formado por uma única linha ou por um bloco de linhas, é executado. É importante ressaltar que, após a última linha do trecho de código, deve vir o comando **break**, para indicar seu fim. Sem ele, a execução continua no próximo **case** da estrutura.

Há uma alternativa para a estrutura **if/else**, conhecida como operador ternário, assim denominado por trabalhar com três operandos. A sua sintaxe é a seguinte:

variável = <expressão_lógica> ? <retorno_verdadeiro> : <retorno_falso>;

Para programadores C, C++, C#, Java e PHP, essa construção é familiar. A **<expressão_lógica>** é avaliada e, caso seja verdadeira, à variável é atribuído o valor representado por **<retorno_verdadeiro>**, caso contrário será o valor de **<retorno_falso>**.

O código a seguir retorna na variável **maiorNumero** o maior valor entre dois números:

```
var numero1 = 120;
var numero2 = 340;
var maioNumero = numero1 > numero2 ? numero1 : numero2;
console.log(maioNumero);
```

Estruturas de repetição

Existem situações em que precisamos executar uma mesma linha ou grupo de linhas várias vezes. Para isso, a linguagem TypeScript oferece quatro estruturas de repetição: **for**, **while**, **do/while** e **for...in**.

A estrutura **for** é utilizada quando sabemos antecipadamente quantas vezes o código deverá ser executado. Ela faz uso de uma variável numérica, que serve de contador de repetição, para controlar o número de vezes que passou pela execução. A expressão que define a quantidade de repetições é definida por três seções: na primeira, devemos inicializar a variável de controle com um valor; a segunda é uma expressão lógica que define o limite de execução; e a terceira contém uma expressão aritmética que atualiza o valor da variável de controle do laço. Veja o exemplo a seguir:

```
for (contador = 1;contador <= 100;contador++) {
    console.log(contador * 8);
}
```

Esta estrutura é bastante flexível, sendo possível não especificar explicitamente cada uma das três seções. Por exemplo, podemos inicializar a variável fora do laço, da seguinte forma:

```
contador = 1;
for (;contador <= 100;contador++) {
    console.log(contador * 8);
}
```

O código a seguir, por outro lado, contém a expressão de atualização da variável de controle dentro do próprio corpo do laço:

```
contador = 1;
for (;contador <= 100;) {
    console.log(contador * 8);
    contrador++;
}
```

Note que, mesmo na ausência de alguma das seções, o ponto e vírgula deve ser especificado para indicar qual seção da expressão de controle está vazia.

Com a estrutura **while**, temos apenas a expressão lógica que controla a repetição, sendo que a inicialização da variável de controle deve ser efetuada antes do início do laço, e a atualização do seu valor deve ser inserida dentro do corpo, como mostra o exemplo a seguir, uma versão do anterior utilizando o laço **while**:

```
Contador = 1;
while (contador <= 100) {
   console.log(contador * 8);
   contador++;
}
```

O laço **do/while** tem um funcionamento similar a **while**, com a diferença que a avaliação da expressão lógica que controla a repetição é executada no fim, após a execução do bloco de linhas. Isso significa que haverá ao menos uma execução do bloco. Veja a seguir o exemplo anterior convertido para uso de **do/while**:

```
Contador = 1;
do {
   console.log(contador * 8);
   contador++;
} while (contador <= 100) {
```

As três estruturas estudadas anteriormente atendem perfeitamente a muitas situações. Porém, quando pretendemos varrer uma matriz ou coleção de dados para acessar seus elementos individualmente, o laço **for/in** é a melhor escolha. Com ele, não é necessário saber a quantidade de elementos que a matriz/coleção possui, pois o laço é executado até que todos os elementos tenham sido lidos.

O código apresentado a seguir declara uma matriz com cinco elementos do tipo numérico. Em seguida, por meio de uma estrutura **for/in**, todos estes elementos são exibidos na área de console do navegador. A variável denominada **elemento** recebe, em cada passagem pela iteração do laço, o índice do elemento atual. Ele é utilizado para acessar cada elemento da matriz na exibição em tela.

```
var matriz: number[] = [10,20,30,40,50];

for (var elemento in matriz) {
   console.log(matriz[elemento]);
}
```

No próximo capítulo veremos como construir funções para desempenhar tarefas específicas, e também desenvolveremos algumas pequenas aplicações para entender melhor o processo de escrita/compilação/execução de código escrito em TypeScript.

Exercícios

1. Descreva as funções das três camadas que compõem a linguagem TypeScript.
2. Assinale a alternativa que contém tipos de dados disponíveis em TypeScript.

    (a) Float, Char e Boolean
    (b) String, Pointer e Integer
    (c) Int, Double e Single
    (d) Number, String e Boolean
    (e) Pointer, Array e Vector

3. Qual é a diferença entre os comandos de declaração var e let?
4. Descreva a diferença entre matrizes e enumerações.
5. Quais são os operadores disponíveis em TypeScript?
6. Descreva a diferença entre os operadores lógicos e de manipulação de bits.
7. Considerando o fragmento de código apresentado a seguir, qual deve ser o valor armazenado na variável percentualDesconto se o valor total da compra for R$120,00?

```
if (valorTotalCompra <= 100) {
    percentualDesconto = 2;
}
else if ((valorTotalCompra > 100) && (valorTotalCompra <= 200)) {
    percentualDesconto = 5;
}
else if ((valorTotalCompra > 200) && (valorTotalCompra <= 400)) {
    percentualDesconto = 8;
}
else {
    percentualDesconto = 10;
}
```

8. Entre as estruturas de repetição disponíveis em TypeScript, qual executa a avaliação da expressão lógica de controle do laço no fim do bloco?

8

Funções

Neste capítulo estudaremos como compilar e executar uma aplicação escrita em TypeScript utilizando a plataforma Node.js.

O outro assunto que veremos, e o foco principal do capítulo, são as funções. Serão abordados desde os aspectos fundamentais até as características mais avançadas, como passagem de parâmetros, funções recursivas e sobrecarga de funções.

 ## 8.1 Compilação e execução de código TypeScript

Este primeiro tópico é dedicado ao estudo do processo de compilação e execução de um aplicativo TypeScript. Para isso, utilizaremos a plataforma Node.js, o que significa que não haverá necessidade de criar uma página HTML só para rodar o aplicativo.

Utilizando o ícone **New Folder** ( ) do Visual Studio Code, adicione uma nova pasta denominada **typescript** e, dentro dela, crie um arquivo com o nome **exemplo01.ts**. O código deste arquivo deve ser o apresentado na seguinte listagem:

```
const PI: number = 3.14159265;
var volumeCilindro: number;

volumeCilindro = (PI * (5 * 5)) * 3;

console.log("Volume do cilindro: "+volumeCilindro+" cm3");
```

Depois de gravar o arquivo, abra uma janela do prompt de comando do Windows (ou o PowerShell), acesse a pasta em que se encontra o arquivo e execute o comando **ts exemplo01.ts**. Se tudo ocorrer bem, ou seja, se a compilação for executada com sucesso, você verá uma tela igual à da Figura 8.1. Note que nenhuma mensagem informando o sucesso é exibida. No caso de ocorrer algum erro no processo de compilação, uma mensagem é apresentada com informação sobre o problema encontrado (Figura 8.2).

```
Prompt de Comando                                    —   □   ×
C:\Apache24\htdocs\typescript>tsc exemplo01.ts
C:\Apache24\htdocs\typescript>_
```

Figura 8.1 – Compilação de código TypeScript efetuada com sucesso.

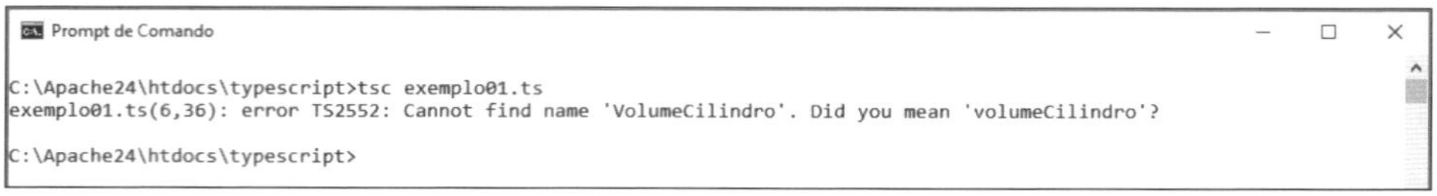

140 Desenvolvimento de Aplicações Web com Angular

```
C:\Apache24\htdocs\typescript>tsc exemplo01.ts
exemplo01.ts(6,36): error TS2552: Cannot find name 'VolumeCilindro'. Did you mean 'volumeCilindro'?

C:\Apache24\htdocs\typescript>
```

Figura 8.2 – Compilação de código TypeScript com erro relatado.

Havendo sucesso na compilação do programa, você poderá ver que um arquivo de mesmo nome, mas com a extensão **.js**, é criado na pasta (Figura 8.3). Este é o arquivo em JavaScript gerado pela compilação. Se você abri-lo em um editor de códigos, poderá ver seu conteúdo, que deve ser o exibido pela listagem a seguir:

```
var PI = 3.14159265;
var volumeCilindro;
volumeCilindro = (PI * (5 * 5)) * 3;
console.log("Volume do cilindro: " + volumeCilindro + " cm3");
```

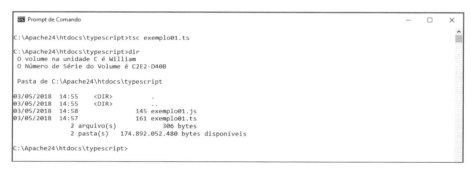

Figura 8.3 – Arquivo em JavaScript gerado pelo compilador da linguagem TypeScript.

Você também pode ver esse arquivo listado no painel Explorer do Visual Studio Code (Figura 8.4).

Para executar este pequeno programa, precisamos invocar o Node.js. Na linha de comando do prompt, digite *node* seguido do nome do arquivo com a extensão **.js**, da seguinte forma: **node exemplo01.js**. O resultado pode ser visto na Figura 8.5.

Figura 8.4 – Painel Explorer com a lista de arquivos.

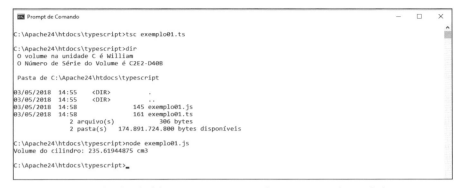

Figura 8.5 – Resultado obtido com a execução do programa via Node.js.

Outra possibilidade é utilizar uma janela de comando aberta no próprio Visual Studio Code. Para isso, clique com o botão direito sobre o nome do arquivo que é listado no painel Explorer e escolha a opção **Open in Command Prompt** (Figura 8.6).

Uma nova janela é exibida na parte inferior do editor de códigos (Figura 8.7). Também é apresentada uma caixa de diálogo à direita dessa janela, que nos permite configurar o processador de comandos que desejamos utilizar. Com um clique no botão Customize, abre-se o painel da Figura 8.8 no topo da tela. No caso do Windows, podemos escolher entre o **Prompt de Comando** tradicional, o **PowerShell** ou o **Git Bash**. O padrão é o definido pelo próprio Windows.

A Figura 8.9 exibe a tela com os processos de compilação e execução do exemplo já finalizados.

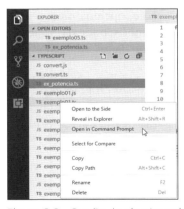

Figura 8.6 – Opção de abertura de janela de comando no Visual Studio Code.

Figura 8.7 – Janela de comando com opção para customização.

Figura 8.8 – Opções de configuração do processador de comandos.

Figura 8.9 – Compilação e execução do aplicativo exemplo na janela de comandos do Visual Studio Code.

8.2 Conceito, declaração e uso de funções

Existem situações nas quais precisamos executar o mesmo código em diferentes partes do programa, o que pode levar à sua duplicação de forma desnecessária. Em linguagens mais antigas, como o BASIC dos micros das décadas de 1980/1990, a solução era criar sub-rotinas que podiam ser invocadas inúmeras vezes.

A partir desse conceito, as linguagens mais modernas passaram a oferecer a possibilidade de definição de uma função (em algumas linguagens também temos os procedimentos, como Pascal). Sendo assim, uma função nada mais é que um recurso disponível nas linguagens de programação que possibilitam o reaproveitamento de código.

Em TypeScript, uma função é declarada com a palavra reservada **function**, seguida por uma cadeia de caracteres que representa o nome da função e, opcionalmente, uma lista de parâmetros especificados entre parênteses. Uma função também pode retornar um valor à rotina chamadora, que deve ser compatível com os tipos de dados oferecidos pela linguagem.

Para vermos como declarar e utilizar uma função dentro dos nossos programas, vamos criar um exemplo bastante simples, que calcula o valor dos juros rendidos com a aplicação de uma taxa sobre um valor principal. A fórmula matemática para este cálculo é a seguinte:

J = (C x i x t) / 100

Sendo:

J = valor dos juros calculados
C = valor principal ou capital
i = taxa de juros no período
t = período ou tempo de aplicação (pode ser em dias, meses ou anos)

Crie um novo arquivo, nomeando-o como **exemplo02.ts** e com o código apresentado a seguir:

```
function CalcularJuros(capital: number, taxa: number, tempo: number):
string {
    var juros = (capital * taxa * tempo) / 100;
    return juros.toLocaleString('pt-BR', {minimumFractionDigits: 2});
}

console.log("R$ 2500,00, a 2% ao ano, durante 5 anos => R$ "+
CalcularJuros(2500,2,5));
```

O código inicia com a declaração de uma função denominada **CalcularJuros**(), que recebe como parâmetros três valores numéricos e retorna também um valor numérico.

A função em si possui um código bastante simples, formado por uma expressão matemática que reproduz a fórmula descrita anteriormente. Para retornar o valor calculado, utilizamos o comando `return` seguido da variável que contém o valor a ser retornado. Este deve ser formatado de maneira que sejam apresentadas duas casas decimais, o que é obtido por meio do método `toLocaleString`, que recebe como parâmetros uma cadeia de caracteres que indica o idioma (em nosso caso "pt-BR", de português do Brasil) e um objeto que pode conter diversas propriedades de configuração. Em nosso exemplo, utilizamos a propriedade `minimumFractionDigits`, ajustada com o valor 2; assim, definimos que o número mínimo de casas decimais (após a vírgula) deve ser de dois dígitos. Uma vez que esse método converte o valor numérico em uma cadeia de caracteres, a função **CalcularJuros**() deve retornar um valor do tipo string.

A exibição do resultado calculado pela função fica a cargo da última linha, que também é responsável pela sua chamada. Veja na Figura 8.10 a tela do prompt de comando com a compilação e a execução do programa.

Figura 8.10 – Resultado da execução do programa.

A função que vimos possui um nome bem definido em sua declaração. Esse tipo de função chamamos de função nomeada. No entanto, TypeScript oferece a possibilidade de criarmos funções sem nomes, conhecidas como funções anônimas. Neste tipo, o código da função é atribuído a uma variável, que utilizamos no lugar do nome da função.

A listagem a seguir contém o código do exemplo anterior modificado para uso com uma função anônima:

```
var calcularJuros = function (capital: number, taxa: number, tempo:
number): string {
```

```
    var juros = (capital * taxa * tempo) / 100;
    return juros.toLocaleString('pt-BR', {minimumFractionDigits: 2});
}

console.log("R$ 2500,00, a 2% ao ano, durante 5 anos => R$"+
calcularJuros(2500,2,5));
```

Note a atribuição do código da função a uma variável de memória. Após a palavra reservada **function**, não especificamos qualquer nome, mas apenas os parâmetros necessários e o código em si. A chamada é realizada por meio de uma referência ao nome da variável, com os parâmetros listados entre parênteses, de modo similar ao que faríamos com uma chamada normal de função. O resultado da execução deste exemplo é o mesmo visto anteriormente.

Outra forma de definir uma função anônima é com um método denominado função seta. Neste tipo, também atribuímos a uma variável o código da função, mas empregando uma sintaxe ligeiramente diferente. Em primeiro lugar, é necessário declarar os parâmetros e o tipo de retorno da variável, antes de especificar o código propriamente dito. Veja o exemplo anterior convertido para uso deste recurso:

```
var calcularJuros : (capital: number, taxa: number, tempo: number) =>
string = function(capital: number, taxa: number, tempo: number) {
    var juros = (capital * taxa * tempo) / 100;
    return juros.toLocaleString('pt-BR', {minimumFractionDigits: 2});
}

console.log("R$ 2500,00, a 2% ao ano, durante 5 anos => R$"+
calcularJuros(2500,2,5));
```

É importante notar que não especificamos o tipo de retorno da função, uma vez que isso está implícito na declaração da variável.

 ## 8.3 Parâmetros de funções

Nos exemplos do tópico anterior, já fizemos uso de parâmetros utilizados pelas funções para receberem valores com os quais elas deveriam trabalhar. Nos citados exemplos, sempre tivemos a passagem de todos os parâmetros esperados pela função. No entanto, podem ocorrer situações nas quais desejamos passar apenas alguns dos parâmetros. Para esses casos, TypeScript oferece a possibilidade de definirmos parâmetros opcionais.

Para especificar que um parâmetro é opcional, devemos precedê-lo com o ponto de interrogação (?). O exemplo a seguir ilustra esse tipo de declaração:

```
function Potencia(base: number, expoente?: number): number {
    var resultado = 1;

    if (expoente == undefined) {
        resultado = base * base;
    }
    else {
        for (var contador: number = 1;contador <= expoente;contador++) {
            resultado = resultado * base;
        }
    }

    return resultado;
}
```

Essa função calcula a potência de um dado número. Para isso, ela espera dois parâmetros: o primeiro representa a base, ou seja, o número a ser elevado a uma potência; o segundo é a própria potência. Esse último parâmetro é opcional e, se não for passado, o próprio código da função se responsabiliza por assumir como padrão o valor 2, ou seja, eleva a base ao quadrado.

Inicialmente, a função verifica se o segundo parâmetro não foi passado, o que é possível por meio de um teste de seu valor. Se ele for igual a **undefined**, então nenhum valor foi passado nesse parâmetro, e assim assume-se uma potência de 2. Caso contrário, ou seja, se for passado o valor da potência no segundo parâmetro, o código efetuará o cálculo utilizando uma estrutura de repetição **for**.

É importante ressaltar que os parâmetros opcionais devem ser posicionados no fim da lista de parâmetros. Essa exigência se deve ao fato de que se o parâmetro opcional for inserido antes de qualquer parâmetro requerido (não opcional), o compilador não poderá identificar qual parâmetro desejamos omitir.

A função poderia ser invocada em uma das duas formas possíveis, como demonstra o fragmento de código a seguir:

```
console.log("4^2 = "+Potencia(4));
console.log("4^3 = "+Potencia(4,3));
O código completo deste exemplo é apresentado a seguir:
function Potencia(base: number, expoente?: number): number {
    var resultado = 1;

    if (expoente == undefined) {
        resultado = base * base;
    }
    else {
        for (var contador: number = 1;contador <= expoente;contador++) {
            resultado = resultado * base;
        }
```

```
        }

        return resultado;
}
console.log("4^2 = "+Potencia(4));
console.log("4^3 = "+Potencia(4,3));
```

Ainda em relação a parâmetros opcionais, podemos utilizar uma técnica que torna desnecessário o teste para identificar se o parâmetro foi ou não passado na chamada da função. Ela é conhecida como parâmetro com valor padrão. No caso de o parâmetro não ser passado, é assumido automaticamente o valor padrão especificado na declaração.

Para usar parâmetro com valor padrão, o código do exemplo anterior teria de ser modificado para o seguinte:

```
function Potencia(base: number, expoente: number = 2): number {
    var resultado = 1;

    for (var contador: number = 1;contador <= expoente;contador++) {
        resultado = resultado * base;
    }

    return resultado;
}

console.log("4^2 = "+Potencia(4));
console.log("4^3 = "+Potencia(4,3));
```

Depois de gravar o arquivo, abra a janela de comando do Visual Studio Code, compile e execute o programa para ver o resultado (Figura 8.11).

Figura 8.11 – Resultado da execução do programa.

Além dos parâmetros opcionais, TypeScript oferece também parâmetros variáveis. Nesse caso, podemos omitir todos os parâmetros ou passar apenas alguns deles. Vamos pegar como exemplo a trivial função de cálculo de média de notas escolares, como mostra o código a seguir:

```
function MediaNotas(nota1: number, nota2: number, nota3: number, nota4:
number): number {
    return (nota1 + nota2 + nota3 + nota4) / 4;
}

console.log("Nota 1. trimestre: 8");
console.log("Nota 2. trimestre: 7");
console.log("Nota 3. trimestre: 9.5");
console.log("Nota 4. trimestre: 8.5");
console.log("Média: "+MediaNotas(8,7,9.5,8.5));
```

Ao ser gravado, compilado e executado, o código deve retornar como resultado à tela da Figura 8.12.

Figura 8.12 – Resultado da execução do programa de cálculo de média.

O inconveniente dessa função é que precisamos passar todos os parâmetros. No caso de notas que não possuem valor, é necessário passar o valor 0 para que ela funcione. O ideal é podermos especificar apenas as notas que efetivamente existem.

A listagem a seguir apresenta o código anterior alterado para receber um número de parâmetros variável:

```
function MediaNotas(...notas: number[]): number {
    var soma: number = 0;

    for(var contador = 0; contador < notas.length; contador++){
        soma += notas[contador];
    }

    return (soma / notas.length);
}

console.log("Nota 1. trimestre: 8");
console.log("Nota 2. trimestre: 7");
console.log("Nota 3. trimestre: 9.5");
console.log("Nota 4. trimestre: 8.5");
console.log("Média: "+MediaNotas(8,7,9.5,8.5));
```

Esse código gera o mesmo resultado visto anteriormente. Mas há grandes diferenças entre eles. A primeira é na declaração da lista de parâmetros, que agora é composta apenas por um denominado **notas** que é precedido por reticências. Ele é declarado como uma matriz do tipo **number**.

O corpo da função declara uma variável que conterá o valor da soma de todas as notas. Essa soma é efetuada por um laço **for**, que repete um número de vezes de acordo com o valor da propriedade **length** do parâmetro **notas**. Ela contém o número de elementos existentes na matriz de dados representada pelo parâmetro.

Por fim, o resultado da média é retornado por meio da expressão matemática **soma / notas.length**.

Vamos testar o código passando apenas as notas do primeiro e segundo trimestre. Para isso, altere-o de modo que fique assim:

```
function MediaNotas(...notas: number[]): number {
    var soma: number = 0;

    for(var contador = 0; contador < notas.length; contador++){
        soma += notas[contador];
    }

    return (soma / notas.length);
}

console.log("Nota 1. trimestre: 8");
console.log("Nota 2. trimestre: 7");
console.log("Média: "+MediaNotas(8,7));
```

A Figura 8.13 exibe o resultado após a execução do programa.

Figura 8.13 – Resultado da execução do programa de cálculo de média com parâmetros variáveis.

8.4 Sobrecarga de funções

Sendo uma linguagem orientada a objetos, TypeScript também oferece a sobrecarga de funções. Esse recurso permite que uma mesma função tenha diferentes assinaturas, ou seja, tipos ou número de parâmetros distintos ou mesmo o tipo de retorno diferente. Dessa forma, criamos múltiplas versões de uma mesma função.

O código listado a seguir ilustra bem o processo empregado na declaração de funções sobrecarregadas:

```
function ImprimirMensagem(textoMensagem: string): boolean;
function ImprimirMensagem(codigoMensagem: number): boolean;
function ImprimirMensagem(valor: (string | number)): boolean  {
    var retorno: boolean = true;

    switch(typeof valor) {
        case "string": console.log(valor);
                       break;
        case "number": switch(valor) {
                           case 1: console.log("Natureza de operação inválida!");
                                   break;
                           case 2: console.log("Classificação fiscal inválida!");
                                   break;
                           case 3: console.log("Código de município inválido!");
                                   break;
                           case 4: console.log("CPF inválido!");
                                   break;
                           case 5: console.log("CNPJ inválido!");
                                   break;
                           case 6: console.log("I.E. inválido!");
                                   break;
                           default: console.log("Parâmero inválido!");
                                    retorno = false;
                       }
                       break;
        default: console.log("Parâmetro inválido!");
                 retorno = false;
    }

    return retorno;
}

ImprimirMensagem(4);
ImprimirMensagem("Usuário não autorizado!");
```

Primeiro, devemos declarar a assinatura das diferentes versões. Em nosso exemplo, essas declarações definem duas versões da função denominada **ImprimirMensagem()**, uma recebendo um parâmetro do tipo string e outra com um parâmetro do tipo number.

Além dessas declarações, precisamos também de uma terceira que contém a implementação do código que executa as tarefas das funções sobrecarregadas. Note a sintaxe utilizada na especificação do parâmetro. Devemos listar entre parênteses todos os tipos utilizados pelas assinaturas de diferentes versões da função.

Para saber qual versão foi invocada, é efetuado um teste no tipo de dado do parâmetro passado. Se for uma string, o código simplesmente imprime o valor contido no parâmetro. Se for um valor numérico, o código da função utiliza uma segunda estrutura **switch** para determinar o texto da mensagem a ser exibida, de acordo com o valor do parâmetro.

Veja na Figura 8.14 o resultado que deve ser obtido com esse código.

Figura 8.14 – Resultado da execução do programa de funções sobrecarregadas.

8.5 Recursividade

Se você procurar em algum dicionário a palavra recursão, provavelmente encontrará uma explicação informando que é um termo que permite definir algo em torno de si mesmo. Em programação, isso significa que podemos efetuar cálculos a partir do resultado anteriormente obtido.

Para entender melhor, vamos recorrer ao conceito matemático mais comum para demonstrar o processo de recursão, mais especificamente, uso de funções recursivas: o fatorial de um número. Para isso, inicie um novo arquivo e digite o código apresentado a seguir:

```
function Fatorial(numero: number): number {
    var resultado: number;

    if (numero == 1)
       return 1;
    else {
         resultado = Fatorial(numero - 1) * numero;
         return resultado;
    }
}

console.log("Fatorial de 5 é: "+Fatorial(5));
```

O fatorial de um número, representado na matemática pela notação **n!**, corresponde a todos os produtos obtidos pela multiplicação entre os valores anteriores até o número especificado (inclusive). Em outras palavras, o fatorial do número 4 é igual a 1 X 2 X 3 X 4, ou seja, 24.

Nossa função Fatorial(), que utiliza o conceito de recursão, chama a si mesma em cada iteração, passando como parâmetro o valor anterior subtraído de um. Precisamos de uma forma de encerrar essas chamadas recursivas, caso contrário teremos uma execução infinita da função. Isso é conseguido com um teste do parâmetro recebido que, se for igual a 1, retorna da função, em um processo de trás para frente, similar à retirada de pratos de uma pilha.

Ao ser compilado e executado, o código deve gerar como resultado a tela da Figura 8.15.

Figura 8.15 – Resultado da execução do programa de fatorial.

Aprenderemos no próximo capítulo a programação orientada a objetos em TypeScript, desde a definição de classes, com suas propriedades e métodos, até o uso de herança em classes derivadas e declaração de interfaces.

Exercícios

1. Descreva o conceito de função em TypeScript.

2. Assinale a alternativa que contenha um exemplo de declaração correta de função.

   (a) function CalcularPrecoVenda(precoCusto:number,margemLucro: number): number
   (b) function CalcularPrecoVenda:number(precoCusto: number, margemLucro: number)
   (c) function CalcularPrecoVenda(precoCusto:number;margemLucro:number):number
   (d) function CalcularPrecoVenda(precoCusto,margemLucro);
   (e) function CalcularPrecoVenda(precoCusto,margemLucro: number): number;

3. Desenvolva uma função para converter polegadas em centímetros. A função precisa assumir como padrão o valor 1 se nenhum parâmetro for passado. Para efetuar a conversão, basta multiplicar o valor em polegada por 2,54.

4. Altere a função Fatorial() para que ela possa calcular o fatorial utilizando um laço de repetição em vez da recursividade.

9

Orientação a Objetos com TypeScript

Estudaremos neste capítulo diversos assuntos relacionados à orientação a objetos na linguagem TypeScript, como definição de classes, uso de herança, definição e implementação de interfaces, polimorfismo e uso de propriedades.

Vamos começar com uma pequena introdução ao paradigma da programação orientada a objetos.

9.1 Fundamentos de Programação Orientada a Objetos

Embora não seja o objetivo deste livro apresentar em detalhes a Programação Orientada a Objetos, vamos abordar, mesmo que de forma superficial, os fundamentos dessa técnica de desenvolvimento para que fiquem mais claros determinados assuntos e termos que serão vistos mais à frente neste capítulo.

A Programação Orientada a Objetos não é uma técnica recente, pois surgiu no final dos anos 1970, quando foi desenvolvida a linguagem Smalltalk, por uma equipe de profissionais do Centro de Pesquisas da Xerox, em Palo Alto (PARC — Palo Alto Research Center). Ela foi a primeira linguagem a utilizar o conceito de classes e objetos para agrupar dados e elementos funcionais em uma mesma estrutura de programação.

Diferentemente de outras técnicas de programação, como a modular e a estruturada, na orientação a objetos, as estruturas contém tanto membros de dados (variáveis) quanto membros funcionais (funções, também chamadas de métodos), e tornam mais fácil abstrair os conceitos físicos do mundo real que precisam ser modelados em programas de computador. A essas estruturas damos o nome de classes.

As classes são como novos tipos de dados definidos pelo programador, o que significa que podemos declarar variáveis desse tipo da mesma forma que fazemos com os tipos primitivos, como strings e números. No programa, essas variáveis são tratadas como objetos ou instâncias de classes.

Nas linguagens de programação não orientadas a objeto, os dados e as rotinas (funções e procedimentos) que lidam com eles estavam dissociados, ou seja, não havia uma ligação entre ambos. Normalmente, as funções e os procedimentos precisavam receber esses dados como parâmetros para trabalhar com eles. Em linguagens orientadas a objetos, o código está estritamente vinculado aos dados da classe, podendo acessá-los livremente (salvo em casos específicos) sem necessidade de utilizar mecanismos externos, como passagem de parâmetros.

No passado, o processo de desenvolvimento de um sistema utilizando a programação estruturada envolvia, basicamente, a definição de rotinas responsáveis pela execução de tarefas essenciais, que eram agrupadas em um módulo principal para gerenciar as chamadas de cada uma dessas rotinas conforme a demanda.

Podia-se empregar uma das duas técnicas conhecidas na época:

→ *Top-Down* (De cima para baixo): Com base em uma estrutura grande, partia-se para a definição de estruturas menores que proporcionavam maior facilidade de manutenção. Grosso modo, um enorme código era decomposto em rotinas menores que apresentavam independência entre si.
→ *Bottom-Up* (De baixo para cima): Diversas rotinas pequenas e independentes eram definidas e posteriormente agrupadas em uma estrutura maior responsável pela execução como um todo.

Já na Programação Orientada a Objetos, o desenvolvimento de um sistema se baseia na abstração do problema que deve ser transformado em uma estrutura computacional. Em outras palavras, todas as características e operações que precisam ser desempenhadas pelo sistema informatizado são extraídas a partir de uma rigorosa análise, resultando um modelo conceitual. Veja no diagrama da Figura 9.1 as três fases principais que compõem esse processo.

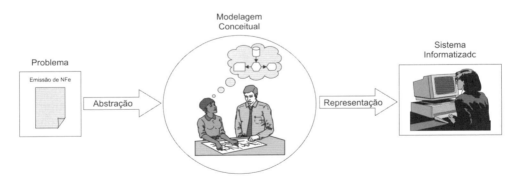

Figura 9.1 – Fases do processo de desenvolvimento com orientação a objetos.

Uma classe pode gerar vários objetos, uma vez que ela é a representação de uma entidade do mundo real que possui características e que também pode executar algum tipo de ação. Pense, por exemplo, em uma classe que representa um carro. Ela deve ter como características cor, tipo de carroceria, número de portas, tipo de tração, cilindrada do motor etc. Também tem comportamentos, como acendimento dos faróis, liga/desliga do motor, giro do volante, andar, parar etc. Essa classe pode gerar diversos objetos, cada um representando um modelo de carro diferente, como exemplifica a Figura 9.2.

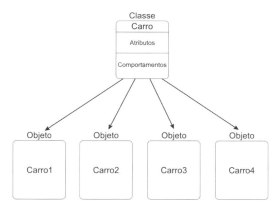

Figura 9.2 – Relação entre classes e objetos.

 ## 9.2 Classes

Conforme mencionado no tópico anterior, as classes são as bases da programação orientada a objetos. Isso significa que, para desenvolvermos uma aplicação utilizando essa técnica, precisamos, em primeiro lugar, definir a estrutura das classes que serão necessárias.

Vamos voltar à nossa aplicação de locação de veículos, criada nos tópicos que abordaram o Angular JS. Suponha que precisemos criar uma classe capaz de manipular as informações pertinentes aos veículos, ou seja, todas aquelas que o aplicativo utilizava no formato de matrizes. Para refrescar a memória, as informações são: marca, modelo, placa, tipo de carroceria, cor, ano-modelo, tipo de combustível, data de inclusão no cadastro, valor da diária.

Para declarar uma classe em TypeScript, utilizamos a palavra reservada **class**, seguida de uma cadeia de caracteres que representa seu nome e, entre chaves, o corpo da classe propriamente dito, que é composto por declaração de variáveis e funções, comumente conhecidas como métodos. Nossa classe para armazenamento dos dados de veículos da aplicação para locadora seria o seguinte:

```
class Veiculo {
    private marcaVeiculo: string;
    private modeloVeiculo: string;
    private placaVeiculo: string;
    private tipoVeiculo: string;
    private corVeiculo: string;
    private anoVeiculo: number;
    private combustívelVeiculo: string;
    private dataInclusao: string;
    private valorDiaria: number;
}
```

A palavra reservada **private** antes das variáveis define que elas são privadas à classe, o que significa que não podem ser acessadas por rotinas que não pertençam à própria classe.

Do jeito que ela está, essa classe não tem qualquer utilidade. Precisamos adicionar um método especial chamado construtor, responsável por atribuir valores às variáveis quando um objeto dessa classe for criado na memória. Lembre-se: uma classe é apenas um tipo de dado, sendo assim, não reserva espaço na memória. Essa alocação de memória ocorrerá apenas quando os objetos forem criados.

Um construtor de classe é definido como uma função, por meio da palavra reservada **constructor**, da seguinte forma:

```
constructor(marcaVeiculo: string, modeloVeiculo: string, placaVeiculo:
string, tipoVeiculo: string, corVeiculo: string, anoVeiculo: number,
combustívelVeiculo: string, dataInclusao: string, valorDiaria: number) {
    this.marcaVeiculo = marcaVeiculo;
    this.modeloVeiculo = modeloVeiculo;
    this.placaVeiculo = placaVeiculo;
    this.tipoVeiculo = tipoVeiculo;
    this.corVeiculo = corVeiculo;
    this.anoVeiculo = anoVeiculo;
    this.combustivelVeiculo = combustivelVeiculo;
    this.dataInclusao = dataInclusao;
    this.valorDiaria = valorDiaria;
}
```

Uma vez que os parâmetros possuem nomes iguais aos das variáveis da classe, precisamos utilizar a palavra reservada **this** na atribuição dos valores. Essa palavra reservada indica ao método que estamos referenciando um elemento (variável ou função) da própria classe. Esse recurso é muito utilizado para não precisarmos criar nomes estranhos para os parâmetros dos métodos da classe.

Vamos aprimorar nossa classe com o acréscimo de validações a alguns dados. São eles: número da placa do veículo, data de inclusão no cadastro, valor da diária. Para o número da placa e data de inclusão, faremos uso de expressões regulares na validação. O número da placa deverá seguir o formato AAA-9999, enquanto a data pode ter um dos seguintes formatos: 99/99/9999 ou 99-99-9999. Já a validação do valor da diária consiste apenas em verificar se ele é maior que zero.

A listagem a seguir apresenta o código das três funções que desempenham essas tarefas. Elas devem vir após o método construtor da classe.

```
validarPlaca(placa: string): boolean {
    var expressaoRegular = /^[A-Z,a-z]{3}-\d{4}$/;

    if (expressaoRegular.test(placa)) {
        return true;
    }
```

```
        else {
            return false;
        }
    }

    validarData(data: string): boolean {
        var expressaoRegular = /^[0-9]{2}[-\/][0-9]{2}[-\/][0-9]{4}$/;

        if (expressaoRegular.test(data)) {
            return true;
        }
        else {
            return false;
        }
    }

    validarDiaria(valor: number): boolean {
        if (valor <= 0) {
            return false;
        }
        else {
            return true;
        }
    }
```

Como é possível notar, a declaração das expressões regulares segue o mesmo padrão que vimos ao estudar o AngularJS anteriormente.

O método **test()** é utilizado para fazer a validação do valor passado como parâmetro. As três funções retornam o valor **false** se a validação falhar.

O código dessas funções poderia ser simplificado para o apresentado na listagem a seguir. A adoção de código que utiliza uma estrutura **if** foi escolhida para torná-lo mais claro e de fácil entendimento, mesmo não sendo a opção mais profissional.

```
validarPlaca(placa: string): boolean {
    var expressaoRegular = /^[A-Z,a-z]{3}-\d{4}$/;

    return expressaoRegular.test(placa);
}

validarData(data: string): boolean {
    var expressaoRegular = /^[0-9]{2}[-\/][0-9]{2}[-\/][0-9]{4}$/;

    return expressaoRegular.test(data);
}

validarDiaria(valor: number): boolean {
    return (valor <= 0);
}
```

A expressão regular para validação da placa do veículo especifica que a numeração deve iniciar com três letras do alfabeto, seguidas de um traço (-) e mais quatro dígitos numéricos. Já a expressão regular para a data determina que ela deve conter dois dígitos numéricos (para o dia), mais um traço ou barra de divisão (- ou /), dois dígitos numéricos que representam o mês, outro traço ou barra de divisão, e quatro dígitos para o ano. Sendo assim, a data pode assumir um dos seguintes formatos: DD-MM-AAAA ou DD/MM/AAAA.

Pois bem, as funções de validação foram adicionadas à classe, mas nos resta chamá-las apropriadamente. O melhor local é no próprio construtor, após a atribuição dos valores dos parâmetros, da seguinte maneira:

```
if (!this.validarPlaca(placaVeiculo)) {
    throw new Error("Placa do veículo inválida!");
}

if (!this.validarData(dataInclusao)) {
    throw new Error("Data de inclusão inválida!");
}

if (!this.validarDiaria(valorDiaria)) {
    throw new Error("Valor da diária inválido!");
}
```

As instruções **if** invocam as funções e, se o valor retornado por elas for **false**, lança uma exceção que exibe uma mensagem ao usuário adequadamente.

A listagem a seguir contém o código completo dessa nossa classe, inclusive com código que cria um objeto e exibe seus dados:

```
class Veiculo {
    private marcaVeiculo: string;
    private modeloVeiculo: string;
    private placaVeiculo: string;
    private tipoVeiculo: string;
    private corVeiculo: string;
    private anoVeiculo: number;
    private combustivelVeiculo: string;
    private dataInclusao: string;
    private valorDiaria: number;

    constructor(marcaVeiculo: string, modeloVeiculo: string, placaVeiculo: string,
                tipoVeiculo: string, corVeiculo: string, anoVeiculo: number,
                combustivelVeiculo: string, dataInclusao: string,
                valorDiaria: number) {
```

```typescript
        this.marcaVeiculo = marcaVeiculo;
        this.modeloVeiculo = modeloVeiculo;
        this.placaVeiculo = placaVeiculo;
        this.tipoVeiculo = tipoVeiculo;
        this.corVeiculo = corVeiculo;
        this.anoVeiculo = anoVeiculo;
        this.combustivelVeiculo = combustivelVeiculo;
        this.dataInclusao = dataInclusao;
        this.valorDiaria = valorDiaria;

        if (!this.validarPlaca(placaVeiculo)) {
            throw new Error("Placa do veículo inválida!");
        }

        if (!this.validarData(dataInclusao)) {
            throw new Error("Data de inclusão inválida!");
        }

        if (!this.validarDiaria(valorDiaria)) {
            throw new Error("Valor da diária inválido!");
        }
    }

    validarPlaca(placa: string): boolean {
        var expressaoRegular = /^[A-Z,a-z]{3}-\d{4}$/;

        if (expressaoRegular.test(placa)) {
            return true;
        }
        else {
            return false;
        }
    }

    validarData(data: string): boolean {
        var expressaoRegular = /^[0-9]{2}[-\/][0-9]{2}[-\/][0-9]{4}$/;

        if (expressaoRegular.test(data)) {
            return true;
        }
        else {
            return false;
        }
    }

    validarDiaria(valor: number): boolean {
        if (valor <= 0) {
            return false;
        }
        else {
            return true;
```

```
            }
      }
}
var veiculo = new Veiculo("Mercedes-Benz",
"C-180",
"MBZ-0123",
"Sedã",
"Prata",
2017,
"Diesel",
"15/05/2018",
180);

console.log(veiculo);
```

Grave esse código com o nome **exemplo11.ts** e depois compile e o execute. Você deverá ver uma tela similar à da Figura 9.3.

Figura 9.3 – Resultado da execução do exemplo11.

Analisando nossa classe, ela executa algumas tarefas que não lhe dizem respeito. Por exemplo, a validação do número da placa, da data de inclusão e do valor da diária. Essas operações deveriam ser executadas pelos próprios campos, mas, da forma que a classe está estruturada, não é possível. O que precisamos fazer é desmembrar a classe em outras que contenham a definição desses campos e suas respectivas operações de validação.

Dessa forma, teremos uma classe para a placa do veículo, uma para a data de inclusão e outra para o valor da diária. Grave o arquivo renomeando-o como **exemplo12.ts**. Altere o código acrescentando as classes listadas a seguir:

```
class Placa {
    private numeroPlaca: string;

    constructor(numeroPlaca: string) {
        this.numeroPlaca = numeroPlaca;
```

```typescript
        if(!this.validarPlaca(numeroPlaca)) {
            throw new Error("Placa do veículo inválida!");
        }
    }

    validarPlaca(placa: string): boolean {
        var expressaoRegular = /^[A-Z,a-z]{3}-\d{4}$/;

        return expressaoRegular.test(placa);
    }

    getPlaca():string {
        return this.numeroPlaca;
    }
}

class Data {
    private dataInclusao: string;

    constructor(dataInclusao: string) {
        this.dataInclusao = dataInclusao;

        if(!this.validarData(dataInclusao)) {
            throw new Error("Data de inclusão inválida!");
        }
    }

    validarData(data: string): boolean {
        var expressaoRegular = /^[0-9]{2}[-\/][0-9]{2}[-\/][0-9]{4}$/;

        return expressaoRegular.test(data);
    }

    getData():string {
        return this.dataInclusao;
    }
}

class Diaria {
    private valorDiaria: number;

    constructor(valorDiaria: number) {
        this.valorDiaria = valorDiaria;

        if(!this.validarDiaria(valorDiaria)) {
            throw new Error("Valor da diária inválido!");
        }
    }

    validarDiaria(valor: number): boolean {
```

```
        return valor > 0;
    }

    getDiaria():number {
        return this.valorDiaria;
    }
}
```

Além da função de validação dos dados, as classes também ganharam um método com o nome iniciando com a expressão "get". Esses métodos têm por objetivo retornar o valor armazenado na variável membro da classe uma vez que, por ser privada, essa variável não pode ser acessada fora da classe.

A classe **Veiculo** também precisa ser alterada para o seguinte:

```
class Veiculo {
    private marcaVeiculo: string;
    private modeloVeiculo: string;
    private placaVeiculo: Placa;
    private tipoVeiculo: string;
    private corVeiculo: string;
    private anoVeiculo: number;
    private combustivelVeiculo: string;
    private dataInclusao: Data;
    private valorDiaria: Diaria;

    constructor(marcaVeiculo: string, modeloVeiculo: string,
placaVeiculo: Placa, tipoVeiculo: string, corVeiculo: string,
anoVeiculo: number,              combustivelVeiculo: string,
dataInclusao: Data, valorDiaria: Diaria) {
        this.marcaVeiculo = marcaVeiculo;
        this.modeloVeiculo = modeloVeiculo;
        this.placaVeiculo = placaVeiculo;
        this.tipoVeiculo = tipoVeiculo;
        this.corVeiculo = corVeiculo;
        this.anoVeiculo = anoVeiculo;
        this.combustivelVeiculo = combustivelVeiculo;
        this.dataInclusao = dataInclusao;
        this.valorDiaria = valorDiaria;
    }

    public getMarcaVeiculo(): string {
        return this.marcaVeiculo;
    }

    public getModeloVeiculo(): string {
        return this.modeloVeiculo;
    }

    public getPlacaVeiculo(): string {
```

```
        return this.placaVeiculo.getPlaca();
    }

    public getTipoVeiculo(): string {
        return this.tipoVeiculo;
    }

    public getCorVeiculo(): string {
        return this.corVeiculo;
    }

    public getAnoVeiculo(): number {
        return this.anoVeiculo;
    }

    public getCombustivelVeiculo(): string {
        return this.combustivelVeiculo;
    }

    public getDataInclusao(): string {
        return this.dataInclusao.getData();
    }

    public getValorDiaria(): number {
        return this.valorDiaria.getDiaria();
    }
}
```

Como se pode perceber, as variáveis **placaVeiculo**, **dataInclusao** e **valorDiaria** agora são declaradas como instâncias das classes definidas anteriormente. O mesmo ocorre com os respectivos parâmetros do método construtor da classe.

Agora, a validação dos dados desses atributos não é mais responsabilidade da classe **Veiculo**, mas sim das classes que os definem.

Métodos de acesso aos valores dos atributos da classe também foram adicionados, o que nos permite, agora, exibi-los individualmente. A parte final do código desse exemplo é apresentada na seguinte listagem:

```
var veiculo = new Veiculo("Mercedes-Benz",
"C-180",
new Placa("MBZ-0123"),
"Sedã",
"Prata",
2017,
"Diesel",
new Data("15/05/2018"),
new Diaria(180));
```

```
console.log(veiculo.getMarcaVeiculo()+"\n"+
        veiculo.getModeloVeiculo()+"\n"+
        veiculo.getPlacaVeiculo()+"\n"+
        veiculo.getTipoVeiculo()+"\n"+
        veiculo.getCorVeiculo()+"\n"+
        veiculo.getAnoVeiculo()+"\n"+
        veiculo.getCombustivelVeiculo()+"\n"+
        veiculo.getDataInclusao()+"\n"+
        veiculo.getValorDiaria()+"\n");
```

Em vez de ser exibido o conteúdo do objeto denominado **veiculo**, como antes, utilizamos chamadas aos métodos responsáveis pela exibição do conteúdo de cada uma das suas variáveis.

Ao ser compilado e executado, esse código deve gerar como resultado a tela da Figura 9.4.

Figura 9.4 – Resultado da execução do exemplo12.

9.3 Herança de classes

Na Programação Orientada a Objetos, existe uma característica das classes que se comporta de forma similar ao que ocorre com os seres vivos na natureza, denominada herança. Resumidamente falando, a herança é um recurso oferecido pelas classes que torna possível estender suas funcionalidades por meio da definição de outras classes que herdam todas as suas características.

Nesse processo, a classe que doa suas características é denominada classe base, enquanto a classe que herda é denominada classe derivada. Podemos acrescentar novos atributos e métodos à classe derivada ou mesmo alterar os que são herdados da classe base, se isso for permitido.

Em orientação a objetos, a definição de uma classe base é denominada de generalização, uma vez que ela contém os atributos e comportamentos que são genéricos a outras classes. Já o processo de derivação da classe base é conhecido como especialização, pois as classes derivadas possuem uma estrutura especializada/específica para os objetivos a que se destinam.

Suponha como exemplo a necessidade de desenvolver um aplicativo que manipula dados de clientes e fornecedores. Ambas as entidades possuem muitas características em comum, como nome, endereço, telefone e e-mail. Outras são específicas para cada tipo de cadastro. Clientes, considerando que somente serão pessoas físicas, devem ter informações de número do RG e CPF, ao passo que fornecedores, sendo somente pessoas jurídicas, devem ter CNPJ e Inscrição Estadual.

Nesse caso, devemos criar uma classe genérica que contenha tudo que seja comum a ambos os tipos de pessoas (física e jurídica). Graficamente, essa classe teria a estrutura ilustrada na Figura 9.5.

Classe: Pessoa
```
nome
endereco: (logradouro,
           numero,
           complemento,
           bairro,
           cidade,
           estado,
           cep)
telefone
email
```

Figura 9.5 – Estrutura básica da classe para armazenamento de dados de pessoas.

Ao analisar a estrutura dessa classe, podemos observar que existe um atributo (endereço) que pode ser desmembrado em uma nova classe, conforme demonstrado no diagrama da Figura 9.6.

Classe: Endereco
```
logradouro
numero
complemento
bairro
cidade
estado
cep
```

Figura 9.6 – Estrutura básica da classe para armazenamento de dados de endereço.

A partir do atributo **cep** dessa classe, também podemos gerar outra para assim ser possível criar um método de validação do CEP fornecido. A listagem a seguir contém o código que define essa classe:

```typescript
class CEP {
    private cep: string;

    constructor(cep: string) {
        this.cep = cep;
```

```
            if(!this.validarCEP(cep)) {
                throw new Error("CEP inválido!");
            }
        }

        validarCEP(cep: string): boolean {
            var expressaoRegular = /^\d{5}-\d{3}$/;

            return expressaoRegular.test(cep);
        }

        get():string {
            return this.cep;
        }
}
```

O método **get()** é um método especial, já que permite obter valor da única variável membro da classe, no caso **cep**. No exemplo anterior, foram definidos vários métodos que executavam a mesma operação, um para cada variável membro.

Com isso, podemos definir finalmente a estrutura da classe denominada **Endereco**, que é mostrada na listagem a seguir:

```
class Endereco {
    private logradouro: string;
    private numero: string;
    private complemento: string;
    private bairro: string;
    private cidade: string;
    private estado: string;
    private cep: CEP;

    constructor(logradouro: string, numero: string, complemento: string, bairro: string,
        cidade: string, estado: string, cep: CEP) {
        this.logradouro = logradouro;
        this.numero = numero;
        this.complemento = complemento;
        this.bairro = bairro;
        this.cidade = cidade;
        this.estado = estado;
        this.cep = cep;
    }
}
```

Já a próxima listagem apresenta o código da classe **Pessoa**:

```
class Pessoa {
    private nome: string;
    private endereco: Endereco;
    private telefone: string;
    private email: string;

    constructor(nome: string, endereco: Endereco, telefone: string,
email: string) {
        this.nome = nome;
        this.endereco = endereco;
        this.telefone = telefone;
        this.email = email;
    }
}
```

Agora estamos prontos para criar as duas classes que herdam da classe **Pessoa** todas as suas características e funcionalidades. Essas classes terão atributos e métodos específicos. A primeira classe derivada será destinada ao armazenamento de dados de pessoa física, o que significa que ela terá como atributos adicionais o número do RG, número do CPF, sexo e data de nascimento. Esses dois últimos atributos serão definidos a partir de outras classes, para que seja possível validar seus dados. Veja a listagem a seguir que contém a definição delas:

```
class Sexo {
    private sexo: string;

    constructor(sexo: string) {
        this.sexo = sexo;

        if(!this.validarSexo(sexo)) {
            throw new Error("Sexo inválido!");
        }
    }

    validarSexo(sexo: string): boolean {
        return ((sexo.toUpperCase() == "M") || (sexo.toUpperCase() ==
"F"));
    }

    get():string {
        return this.sexo;
    }
}

class Data {
```

```
    private dataInclusao: string;

    constructor(dataInclusao: string) {
        this.dataInclusao = dataInclusao;

        if(!this.validarData(dataInclusao)) {
            throw new Error("Data de inclusão inválida!");
        }
    }

    validarData(data: string): boolean {
        var expressaoRegular = /^\d{2}[-\/]\d{2}[-\/]\d{4}$/;

        return expressaoRegular.test(data);
    }

    get():string {
        return this.dataInclusao;
    }
}
```

A função de validação da classe **Sexo** verifica se o valor do parâmetro passado ao construtor é a letra M (masculino) ou F (feminino). Note que o método **toUpperCase()** é utilizado para converter o valor para letra maiúscula.

A validação da classe **Data** é similar à empregada anteriormente na classe **Veiculo**, ou seja, é verificado se o formato da cadeia de caracteres que representa a data está dentro do padrão aceitável.

Para derivar uma classe em outra, utilizamos a palavra reservada **extends** seguida do nome da classe base. Vamos definir duas classes a partir de Pessoa, sendo que a primeira deve ter a seguinte estrutura:

```
class PessoaFisica extends Pessoa {
    private numeroRG: string;
    private numeroCPF: string;
    private sexo: Sexo;
    private dataNascimento: Data;

    constructor(nome: string, endereco: Endereco, telefone: string,
email: string, numeroRG: string, numeroCPF: string, sexo: Sexo,
dataNascimento: Data) {
        super(nome,endereco,telefone,email);
        this.numeroRG = numeroRG;
        this.numeroCPF = numeroCPF;
        this.sexo = sexo;
        this.dataNascimento = dataNascimento;
    }
}
```

A segunda classe derivada tem por objetivo o armazenamento de dados de pessoas jurídicas. Sua estrutura deve ser a seguinte:

```
class PessoaJuridica extends Pessoa {
    private cnpj: string;
    private inscricaoEstadual: string;
    private inscricaoMunicipal: string;
    private cnae: string;

    constructor(nome: string, endereco: Endereco, telefone: string, email: string, cnpj: string, inscricaoEstadual: string, inscricaoMunicipal: string, cnae: string) {
        super(nome,endereco,telefone,email);
        this.cnpj = cnpj;
        this.inscricaoEstadual = inscricaoEstadual;
        this.inscricaoMunicipal = inscricaoMunicipal;
        this.cnae = cnae;
    }
}
```

Na Figura 9.7 podemos ver um diagrama UML, que representa a relação entre a classe base e as classes derivadas.

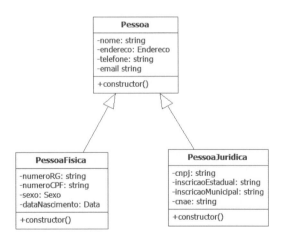

Figura 9.7 – Relação entre classe base e classes derivadas.

Para testar essas classes, adicione ao final do arquivo as linhas de código mostradas a seguir:

```
var cliente = new PessoaFisica("William Pereira Alves",
new Endereco("R. Alfa", "205","","Centro","São Paulo","SP",new
```

```
CEP("01000-001")),
"(11) 9999-9999",
"meuemail@meuprovedor.com.br",
"10.200.300",
"111.222.333-44",
new Sexo("M"),
new Data("16/07/1967"));

var fornecedor = new PessoaJuridica("Distribuidora de Livros BookNews",
new Endereco("Av. da Saudade","100","","Jd. Aclimação","Atibaia","SP",new
CEP("12940-000")),
"(99) 1234-4567",
"contatos@sitebooknews.com.br",
"11.222.333/4444-55",
"111.222.333.444",
"",
"1000-00-0");

console.log(cliente);
console.log(fornecedor);
```

O código completo é apresentado a seguir. Grave o arquivo com o nome **exemplo13.ts** e em seguida compile-o e execute-o. O resultado deve ser o exibido pela Figura 9.8.

```
class CEP {
    private cep: string;

    constructor(cep: string) {
        this.cep = cep;

        if(!this.validarCEP(cep)) {
            throw new Error("CEP inválido!");
        }
    }

    validarCEP(cep: string): boolean {
        var expressaoRegular = /^\d{5}-\d{3}$/;

        return expressaoRegular.test(cep);
    }

    get():string {
        return this.cep;
    }
}

class Endereco {
    private logradouro: string;
    private numero: string;
```

```typescript
    private complemento: string;
    private bairro: string;
    private cidade: string;
    private estado: string;
    private cep: CEP;

    constructor(logradouro: string, numero: string, complemento: string, bairro: string,
        cidade: string, estado: string, cep: CEP) {
        this.logradouro = logradouro;
        this.numero = numero;
        this.complemento = complemento;
        this.bairro = bairro;
        this.cidade = cidade;
        this.estado = estado;
        this.cep = cep;
    }
}

class Pessoa {
    private nome: string;
    private endereco: Endereco;
    private telefone: string;
    private email: string;

    constructor(nome: string, endereco: Endereco, telefone: string, email: string) {
        this.nome = nome;
        this.endereco = endereco;
        this.telefone = telefone;
        this.email = email;
    }
}

class Sexo {
    private sexo: string;

    constructor(sexo: string) {
        this.sexo = sexo;

        if(!this.validarSexo(sexo)) {
            throw new Error("Sexo inválido!");
        }
    }

    validarSexo(sexo: string): boolean {
        return ((sexo.toUpperCase() == "M") || (sexo.toUpperCase() == "F"));
    }

    get():string {
        return this.sexo;
```

```
    }
}

class Data {
    private dataInclusao: string;

    constructor(dataInclusao: string) {
        this.dataInclusao = dataInclusao;

        if(!this.validarData(dataInclusao)) {
            throw new Error("Data de inclusão inválida!");
        }
    }

    validarData(data: string): boolean {
        var expressaoRegular = /^\d{2}[-\/]\d{2}[-\/]\d{4}$/;

        return expressaoRegular.test(data);
    }

    get():string {
        return this.dataInclusao;
    }
}

class PessoaFisica extends Pessoa {
    private numeroRG: string;
    private numeroCPF: string;
    private sexo: Sexo;
    private dataNascimento: Data;

    constructor(nome: string, endereco: Endereco, telefone: string,
email: string, numeroRG: string, numeroCPF: string, sexo: Sexo,
dataNascimento: Data) {
        super(nome,endereco,telefone,email);
        this.numeroRG = numeroRG;
        this.numeroCPF = numeroCPF;
        this.sexo = sexo;
        this.dataNascimento = dataNascimento;
    }
}

class PessoaJuridica extends Pessoa {
    private cnpj: string;
    private inscricaoEstadual: string;
    private inscricaoMunicipal: string;
    private cnae: string;

    constructor(nome: string, endereco: Endereco, telefone:
string, email: string, cnpj: string, inscricaoEstadual: string,
inscricaoMunicipal: string, cnae: string) {
        super(nome,endereco,telefone,email);
```

```
            this.cnpj = cnpj;
            this.inscricaoEstadual = inscricaoEstadual;
            this.inscricaoMunicipal = inscricaoMunicipal;
            this.cnae = cnae;
        }
}

var cliente = new PessoaFisica("William Pereira Alves",
new Endereco("R. Alfa", "205","","Centro","São Paulo","SP",new
CEP("01000-001")),
"(11) 9999-9999",
"meuemail@meuprovedor.com.br",
"10.200.300",
"111.222.333-44",
new Sexo("M"),
new Data("16/07/1967"));

var fornecedor = new PessoaJuridica("Distribuidora de Livros BookNews",
new Endereco("Av. da Saudade","100","","Jd. Aclimação","Atibaia","SP",new
CEP("12940-000")),
"(99) 1234-4567",
"contatos@sitebooknews.com.br",
"11.222.333/4444-55",
"111.222.333.444",
"",
"1000-00-0");

console.log(cliente);
console.log(fornecedor);
```

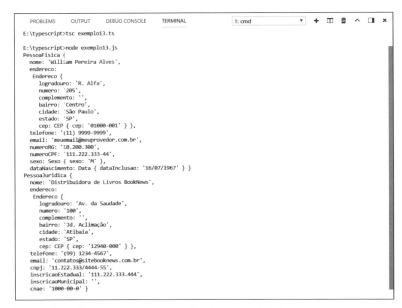

Figura 9.8 - Resultado da execução do exemplo13.

9.4 Interfaces

Em orientação a objetos, as interfaces são mecanismos que nos permitem definir atributos e métodos cujos códigos devem ser implementados em uma classe. Uma interface age como um contrato, que estabelece regras a serem seguidas pela classe que a implementa (assina o contrato).

Outra forma de entender as interfaces é imaginar que elas definem a assinatura dos métodos, ou seja, seus nomes, os parâmetros que recebem e o valor retornado por eles, se houver algum. É responsabilidade das classes implementar os códigos desses métodos de acordo com essa assinatura.

É importante destacar que, em TypeScript, uma classe pode estender somente uma classe, mas pode implementar várias interfaces.

Vamos criar um exemplo que contenha uma interface e classes para cálculo de áreas de algumas figuras geométricas (quadrado, retângulo, trapézio e triângulo). Comecemos pela interface que contém apenas a declaração de um método denominado **calcularArea()**. O código é apresentado a seguir:

```
interface ICalculoAreaPoligono {
    calcularArea(): number;
}
```

Uma interface é declarada pela palavra reserva **interface** seguida do seu nome. Embora não haja um padrão para essa nomeação, é um consenso geral iniciar o nome de uma interface com a letra I (i maiúsculo), para diferenciar do nome de uma classe.

Da mesma forma que utilizamos a palavra reservada **extends** para indicar que uma classe deriva (estende) de outra, a implementação de uma interface por uma classe se dá pela palavra reservada **implements**, conforme mostram as classes da seguinte listagem:

```
class Quadrado implements ICalculoAreaPoligono {
    private altura: number;
    private largura: number;

    constructor(altura: number, largura: number) {
        this.altura = altura;
        this.largura = largura;
    }

    calcularArea(): number {
        return this.altura * this.largura;
    }
}
```

```
class Trapezio implements ICalculoAreaPoligono {
    private altura: number;
    private largura: number;

    constructor(altura: number, baseMenor: number, baseMaior: number) {
        this.altura = altura;
        this.largura = baseMenor + baseMaior;
    }

    calcularArea(): number {
        return (this.altura * this.largura) / 2;
    }
}
class Triangulo implements ICalculoAreaPoligono {
    private altura: number;
    private largura: number;

    constructor(altura: number, largura: number) {
        this.altura = altura;
        this.largura = largura;
    }

    calcularArea(): number {
        return (this.altura * this.largura) / 2;
    }
}
```

Note que cada classe implementa o método **calcularArea()** da interface **ICalculoAreaPoligono** de forma específica, de acordo com as fórmulas matemáticas já conhecidas.

Acrescente a esse novo exemplo as linhas de código a seguir:

```
var quadrado = new Quadrado(5,5);
var retangulo = new Quadrado(5,3);
var triangulo = new Triangulo(3,6);
var trapezio = new Trapezio(4,3,5);

console.log("Área do quadrado: "+quadrado.calcularArea());
console.log("Área do retângulo: "+retangulo.calcularArea());
console.log("Área do triângulo: "+triangulo.calcularArea());
console.log("Área do trapézio: "+trapezio.calcularArea());
```

Grave o exemplo com nome de arquivo **exemplo14.ts** e depois o execute. Como resultado, deve-se ter uma tela similar à da Figura 9.9.

Figura 9.9 – Resultado da execução do exemplo14.

Nosso próximo exemplo fará uso das duas técnicas, extensão de classe e implementação de interface. Crie um novo arquivo no Visual Studio Code com o nome **exemplo15.ts** e digite o código da listagem apresentada a seguir:

```
interface ICalculoVolume {
    calcularVolume(): number;
}

class Valores {
    private raioCilindro: number;
    private alturaCilindro: number;

    set raio(valor: number) {
        this.raioCilindro = valor;
    }

    get raio() {
        return this.raioCilindro;
    }

    set altura(valor: number) {
        this.alturaCilindro = valor;
    }

    get altura() {
        return this.alturaCilindro;
    }
}

class Cilindro extends Valores implements ICalculoVolume {
    calcularVolume(): number {
        return 3.1415 * this.raio * this.raio * this.altura;
    }
}

var cilindro = new Cilindro();
cilindro.raio = 5;
cilindro.altura = 10;

console.log("Volume do cilindro com raio = "+cilindro.raio+" e altura = "+ cilindro.altura+" => "+cilindro.calcularVolume());
```

Esse novo exemplo contém uma interface denominada **ICalculoVolume**, bastante similar à interface do exemplo anterior, e uma classe base que contém atributos e métodos a serem herdados.

A classe possui métodos acessores (**get** e **set**) para ler e gravar dados nas variáveis membros. Vale ressaltar que métodos acessores são declarados com as palavras reservadas `get` e `set` e um nome que tenha relação com a variável membro da classe, para facilitar sua identificação. O método `set` faz com que um valor seja atribuído à variável, enquanto o método `get` retorna o valor previamente armazenado. Para quem conhece a linguagem C#, esse conceito é bastante familiar.

O uso desses métodos acessores se assemelha ao de uma variável, ou seja, podemos ler ou atribuir um valor do mesmo modo que fazemos com variáveis, sem o emprego da sintaxe comum de um método ou função. Essa característica pode ser identificada no trecho de código reproduzido a seguir:

```
var cilindro = new Cilindro();
cilindro.raio = 5;
cilindro.altura = 10;

console.log("Volume do cilindro com raio = "+cilindro.raio+" e altura = "+ cilindro.altura+" => "+cilindro.calcularVolume());
```

Uma vez que a classe **Cilindro** herda atributos e métodos de **Valores**, nada precisa ser definido, a não ser a implementação do método **calcularVolume()**.

Um cuidado deve ser tomado com esse exemplo ou qualquer outro código que possua classes que definam métodos acessores. Ocorre que esses recursos estão disponíveis somente para a versão 5 ou superior do ECMAScript. Sendo assim, se você tentar compilar o código apenas com o comando `tsc`, verá a mensagem da Figura 9.10. Para compilar código com esse recurso, precisamos especificar o parâmetro `-t es5` do comando `tsc`, como mostra a Figura 9.11. Isso informa que o código JavaScript gerado seguirá o padrão da versão ECMAScript 5. Na mesma Figura 9.11 podemos ver o resultado da execução do aplicativo.

Figura 9.10 – Erro na compilação de código com métodos acessores.

Figura 9.11 – Compilação com parâmetro de configuração do ECMAScript 5 e execução do exemplo.

9.5 Métodos estáticos e polimorfismo

Em certas situações, podemos desejar ter classes que permitam a execução de seus métodos sem a necessidade de se declarar uma instância. Em TypeScript isso é possível por meio de métodos estáticos, que são declarados com a palavra reservada **static** precedendo o nome.

Vamos criar um pequeno exemplo que contém uma classe cujos métodos permitem a conversão de algumas unidades medidas. Crie um novo arquivo de nome **exemplo16.ts** e digite as seguintes linhas de código:

```
class ConversaoUnidade {
    static polegada_centimetro(valor: number) : number {
        return valor * 2.54;
    }
    static centimetro_polegada(valor: number) : number {
        return valor * 0.3937;
    }

    static milha_quilometro(valor: number) : number {
        return valor * 1.609;
    }

    static quilometro_milha(valor: number) : number {
        return valor * 0.6214;
    }

    static galao_litro(valor: number) : number {
        return valor * 3.7854117;
    }

    static litro_galao(valor: number) : number {
        return valor * 0.2642;
    }

    static libra_quilograma(valor: number) : number {
        return valor * 0.4536;
    }

    static quilograma_libra(valor: number) : number {
        return valor * 2.205;
    }

    static acre_hectare(valor: number) : number {
        return valor * 0.4047;
    }

    static hectare_acre(valor: number) : number {
        return valor * 2.471;
    }
}
```

```
console.log("5 pol. equivalem a "+ConversaoUnidade.polegada_
centimetro(5)+ " cm");
```

Note que todos os métodos foram declarados como sendo estáticos, o que permite invocá-los por meio de uma referência direta à classe, sem a necessidade de um objeto. A última linha da listagem apresenta o exemplo de chamada de um método estático. O resultado da execução desse exemplo é mostrado na Figura 9.12.

Figura 9.12 – Resultado da execução do exemplo de método estático.

Para finalizar o capítulo, vamos aplicar o conceito de polimorfismo, que consiste na capacidade de termos um mesmo método com várias assinaturas. Isso nos possibilita criar versões diferentes sem ter de inventar nomes pouco convencionais para os métodos.

Em Programação Orientada a Objetos, esse conceito está intimamente ligado à sobrecarga de funções e métodos. Já vimos anteriormente como criar funções sobrecarregadas, e o processo é idêntico para métodos de classes, como veremos no próximo exemplo.

Crie um novo arquivo nomeado como **exemplo17.ts**. Seu conteúdo deve ser o apresentado pela seguinte listagem:

```
interface IImpressao {
    imprimir(valor: number): void;
    imprimir(valor: string): void;
    imprimir(valor: (string | number)): void;
}

class ImpressaoValores implements IImpressao {
    private valorString: string;
    private valorNumber: number;

    imprimir(valor: number);
    imprimir(valor: string);
    imprimir(valor: (string | number)) {
        switch(typeof valor) {
            case "string": console.log("Texto da mensagem: "+valor);
                           break;
            case "number": console.log("Código da mensagem: "+valor);
        }
    }
}
```

```
var imprimeValor = new ImpressaoValores;
imprimeValor.imprimir("William Pereira Alves");
imprimeValor.imprimir(1800);
```

Assim como nas funções sobrecarregadas, precisamos declarar as diferentes assinaturas dos métodos, além de uma que contenha a implementação propriamente dita. Em nosso exemplo, o método **imprimir()** da interface **IImpressao** possui duas versões, uma que recebe um parâmetro do tipo **number** e outra para um parâmetro do tipo **string**.

A classe **ImpressaoValores** precisa redeclarar essas duas versões e ainda implementar o código do método final. Ele consiste em uma estrutura de decisão switch que verifica qual o tipo de dados do parâmetro **valor** e, com base nisso, exibe a mensagem corretamente.

As três últimas linhas do código servem para demonstrar a chamada ao método sobrecarregado, e que deve resultar a tela da Figura 9.13.

Figura 9.13 – Resultado da execução do exemplo de método sobrecarregado.

O próximo capítulo, que encerra o estudo da programação em linguagem TypeScript, abordará as classes genéricas, os decoradores (**decorators**) e o uso de funções e métodos assíncronos com **async** e **await**.

 Exercícios

1. O que difere a programação orientada a objetos da programação estruturada e/ou modular?
2. Descreva o conceito de classe dentro da programação orientada a objetos.
3. O que você entende por herança de classes?
4. Crie uma hierarquia de classes que representa um controle de contas a pagar e a receber. A classe base das contas deverá ter os atributos e métodos acessores listados a seguir:

```
Classe Contas
Atributos:
dataLancamento: string;
     valorLancamento: number;
```

```
        numeroDocumento: string;
        dataVencimento: string;
Métodos:
        get DataLancamento;
        set DataLancamento;
        get ValorLancamento;
        set ValorLancamento;
        get NumeroDocumento;
        set NumeroDocumento;
        get DataVencimento;
        set DataVencimento;
```

A classe de contas a pagar deve adicionar à classe base os seguintes atributos e métodos acessores:

```
Classe ContasPagar
Atributos:
        nomeFavorecido: string;
        dataPagamento: string;
        valorPago: number;
Métodos:
        get NomeFavorecido;
        set NomeFavorecido;
        get DataPagamento;
        set DataPagamento;
        get ValorPago;
        set ValorPago;
```

A classe de contas a receber deve adicionar à classe base os seguintes atributos e métodos acessores:

```
Classe ContasReceber
Atributos:
        nomeCliente: string;
        dataRecebimento: string;
        valorRecebido: number;
Métodos:
        get NomeCliente;
        set NomeCliente;
        get DataRecebimento;
        set DataRecebimento;
        get ValorRecebido;
        set ValorRecebido;
```

Lembre-se de adicionar um método construtor a cada classe.

5. Altere o exemplo15.ts acrescentando à classe ConversaoUnidade métodos estáticos para conversão de temperatura de Celsius para Fahrenheit e de Fahrenheit para Celsius. Pesquise na internet as fórmulas utilizadas em cada conversão.

10

Decoradores, Classes Genéricas e Funções Assíncronas

Este capítulo trata do uso de um recurso denominado decorador para alterar as definições de classes de forma dinâmica durante a execução. Também demonstra como criar classes genéricas que podem trabalhar com mais de um tipo de dado.

Encerrando o estudo sobre a linguagem TypeScript, é apresentada a criação e o uso de funções assíncronas por meio de objetos Promise e da declaração de funções com `async` e `await`.

 ## 10.1 Conceito de decoradores

Os decoradores (*decorators*) da linguagem TypeScript agem de forma similar aos atributos de C# ou anotações de Java, ou seja, eles oferecem uma maneira de modificar as definições de uma classe. Como vimos, essas definições descrevem os atributos da classe (suas propriedades) e quais operações ela pode executar (seus métodos). No entanto, essa estrutura somente se encontra disponível quando a classe é instanciada pelo programa por meio da declaração de um objeto.

Com os decoradores é possível, em tempo de execução, inserir códigos na estrutura da classe antes mesmo que qualquer instância seja criada. Eles podem ser utilizados tanto na definição de classes quanto na definição de propriedades e métodos. Veremos neste livro o uso de cada um desses tipos.

Os decoradores foram propostos para serem um padrão na versão 7 do ECMAScript.

O processo de uso de decoradores se resume, basicamente, na definição de uma função e sua posterior inserção no ponto desejado, utilizando para isso o símbolo de arroba (@). Nesse ponto, o código da função é inserido e executado, tudo de forma transparente ao usuário final.

A função deve conter alguns parâmetros, que dependem do tipo de decorador a ser utilizado e cujos valores são passados automaticamente no momento da execução.

Mas, antes de começar para valer o estudo sobre decoradores, é preciso preparar nosso ambiente para que os exemplos possam ser compilados e executados adequadamente.

Com o Visual Studio Code aberto, crie uma nova pasta com o nome **proj_cap10** dentro da pasta **typescript**. Isso é necessário porque os exemplos que criamos na pasta typescript possuem classes com o mesmo nome, o que ocasionará uma série de mensagens de erro de compilação em virtude das configurações que efetuaremos aqui.

Acesse a aba **TERMINAL** do painel de console do Visual Studio Code, mude-a para a pasta criada anteriormente e, então, execute o comando `tsc --init`. Isso faz com que seja criado um arquivo denominado **tsconfig.json**, o qual possui diversos parâmetros de configuração do próprio compilador TypeScript. Veja na Figura 10.1 o resultado da execução desse comando.

Figura 10.1 – Resultado da execução do comando tsc --init.

Precisamos alterar alguns parâmetros desse arquivo. Clique nele para abri-lo no editor do Visual Studio Code (Figura 10.2). Altere a linha com a expressão `"target": "es5"` para `"target": "es6"`; dessa forma o compilador TypeScript compilará os códigos no padrão da versão 6 do ECMAScript. Sem essa configuração, alguns exemplos que criaremos posteriormente apresentarão erro na compilação.

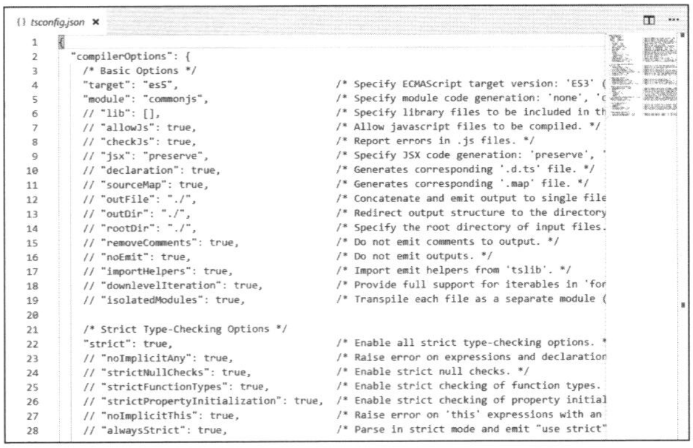

Figura 10.2 – Conteúdo do arquivo de configuração tsconfig.json.

Comente a linha que possui a expressão `"esModuleInterop": true`, acrescentando duas barras de divisão à esquerda. Já a linha com a expressão `// "experimentalDecorators": true` precisa ser alterada para `"experimentalDecorators": true` de forma a torná-la ativa. Veja a seguir o código completo após as alterações nessas três linhas, que se encontram destacadas em negrito:

```
{
  "compilerOptions": {
    /* Basic Options */
    "target": "es6",                          /* Specify ECMAScript
target version: 'ES3' (default), 'ES5', 'ES2015', 'ES2016',
'ES2017','ES2018' or 'ESNEXT'. */
    "module": "commonjs",                     /* Specify module code
generation: 'none', 'commonjs', 'amd', 'system', 'umd', 'es2015', or
'ESNext'. */
    // "lib": [],                             /* Specify library files
to be included in the compilation. */
    // "allowJs": true,                       /* Allow javascript files
to be compiled. */
    // "checkJs": true,                       /* Report errors in .js
files. */
    // "jsx": "preserve",                     /* Specify JSX code
generation: 'preserve', 'react-native', or 'react'. */
    // "declaration": true,                   /* Generates corresponding
'.d.ts' file. */
    //"sourceMap": true,                      /* Generates corresponding
'.map' file. */
    // "outFile": "./",                       /* Concatenate and emit
output to single file. */
    // "outDir": "./",                        /* Redirect output
structure to the directory. */
    // "rootDir": "./",                       /* Specify the root
directory of input files. Use to control the output directory structure
with --outDir. */
    // "removeComments": true,                /* Do not emit comments to
output. */
    // "noEmit": true,                        /* Do not emit outputs. */
    // "importHelpers": true,                 /* Import emit helpers
from 'tslib'. */
    // "downlevelIteration": true,            /* Provide full support
for iterables in 'for-of', spread, and destructuring when targeting
'ES5' or 'ES3'. */
    // "isolatedModules": true,               /* Transpile each file as
a separate module (similar to 'ts.transpileModule'). */

    /* Strict Type-Checking Options */
    "strict": true,                           /* Enable all strict type-
checking options. */
    // "noImplicitAny": true,                 /* Raise error on
expressions and declarations with an implied 'any' type. */
    // "strictNullChecks": true,              /* Enable strict null
checks. */
    // "strictFunctionTypes": true,           /* Enable strict checking
of function types. */
    // "strictPropertyInitialization": true,  /* Enable strict checking
of property initialization in classes. */
    // "noImplicitThis": true,                /* Raise error on 'this'
```

```
expressions with an implied 'any' type. */
    // "alwaysStrict": true,                   /* Parse in strict mode
and emit "use strict" for each source file. */

    /* Additional Checks */
    // "noUnusedLocals": true,                 /* Report errors on unused
locals. */
    // "noUnusedParameters": true,             /* Report errors on unused
parameters. */
    // "noImplicitReturns": true,              /* Report error when not
all code paths in function return a value. */
    // "noFallthroughCasesInSwitch": true,     /* Report errors for
fallthrough cases in switch statement. */

    /* Module Resolution Options */
    // "moduleResolution": "node",             /* Specify module
resolution strategy: 'node' (Node.js) or 'classic' (TypeScript pre-1.6).
*/
    // "baseUrl": "./",                        /* Base directory to
resolve non-absolute module names. */
    // "paths": {},                            /* A series of entries
which re-map imports to lookup locations relative to the 'baseUrl'. */
    // "rootDirs": [],                         /* List of root folders
whose combined content represents the structure of the project at
runtime. */
    // "typeRoots": [],                        /* List of folders to
include type definitions from. */
    // "types": [],                            /* Type declaration files
to be included in compilation. */
    // "allowSyntheticDefaultImports": true,   /* Allow default imports
from modules with no default export. This does not affect code emit,
just typechecking. */
    //"esModuleInterop": true                  /* Enables
emit interoperability between CommonJS and ES Modules via
creation of namespace objects for all imports. Implies
'allowSyntheticDefaultImports'. */
    // "preserveSymlinks": true,               /* Do not resolve the real
path of symlinks. */

    /* Source Map Options */
    // "sourceRoot": "./",                     /* Specify the location
where debugger should locate TypeScript files instead of source
locations. */
    // "mapRoot": "./",                        /* Specify the location
where debugger should locate map files instead of generated locations.
*/
    // "inlineSourceMap": true,                /* Emit a single file with
source maps instead of having a separate file. */
    // "inlineSources": true,                  /* Emit the
source alongside the sourcemaps within a single file; requires
'--inlineSourceMap' or '--sourceMap' to be set. */
```

```
    /* Experimental Options */
    "experimentalDecorators": true        /* Enables experimental
support for ES7 decorators. */
    // "emitDecoratorMetadata": true,     /* Enables experimental
support for emitting type metadata for decorators. */
  }
}
```

A última configuração é necessária para que o compilador TypeScript possa compilar corretamente os decoradores, uma vez que sua implementação ainda é experimental e não suportada pelas versões abaixo da 7. Sem essa configuração, surgiram erros durante a compilação, como os mostrados na Figura 10.3.

Figura 10.3 – Mensagens de erro de compilação sem a configuração correta do arquivo tsconfig.json.

O próximo passo é ativar um recurso do Visual Studio Code que efetua automaticamente a compilação de todos os códigos contidos na pasta corrente. Qualquer alteração efetuada no código-fonte força uma nova recompilação. Isso significa que não há mais a necessidade de executar o comando **tsc** no painel de console. Esse recurso é ativado por meio da opção **Tasks → Run Build Task** (Figura 10.4).

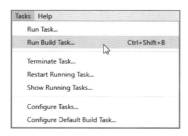

Figura 10.4 – Menu de opções Tasks.

Uma pequena janela é apresentada (Figura 10.5), a partir da qual deve ser selecionada a opção **tsc: watch - proj_cap10\tsconfig.json**. Dessa forma, o compilador TypeScript (**tsc**) é carregado na memória com os parâmetros definidos no arquivo de configuração **tsconfig.json**. O painel de console do Visual Studio Code deve exibir as mensagens da Figura 10.6.

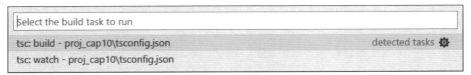

Figura 10.5 – Opções do menu Run Build Task.

Figura 10.6 – Mensagens de retorno da execução do comando tsc: watch.

Devemos estar cientes de que, no caso de o Visual Studio Code ser fechado, será necessário executar novamente o comando **tsc: watch** para que os códigos sejam compilados automaticamente.

Para acessar novamente a linha de comando do painel de console, necessária para podermos executar os exemplos, clique na caixa de combinação da parte superior e escolha a opção **1: cmd** (Figura 10.7).

Figura 10.7 – Seleção da janela de comandos do painel de console.

Passemos, finalmente, ao estudo dos decoradores com a criação do primeiro exemplo.

 ## 10.2 Criação e uso de decoradores

Vimos no tópico anterior que há três tipos de decoradores: de classes, de propriedades, de métodos. Veremos inicialmente o primeiro tipo, os decoradores de classes.

Selecione a pasta **proj_cap10** e crie um novo arquivo no Visual Studio Code dentro dela. Nomeie o arquivo como **exemplo18.ts**. O código desse exemplo deve ser o apresentado a seguir:

```
function mensagemExemplo18(parametro: Function) {
    console.log("Decorator foi executado!");
```

Decoradores, Classes Genéricas e Funções Assíncronas 189

```typescript
}
@mensagemExemplo18
class exemplo18 {
    private nome: string;
    private codigo: number;

    constructor(nome: string, codigo: number) {
        this.nome = nome;
        this.codigo = codigo;
    }

    exibe() {
        console.log("Nome: "+this.nome+"\n"+
                    "Código: "+this.codigo);
    }
}
var objeto18 = new exemplo18("William",1234);
objeto18.exibe();
```

Como visto anteriormente, um decorador é uma referência a uma função previamente definida, e isso ocorre em nosso exemplo logo nas primeiras linhas, nas quais encontramos a função denominada **mensagemExemplo18()**. Essa função simplesmente exibe na tela, via comando **console.log()**, uma mensagem de texto.

A aplicação do decorador à classe é obtida por meio da linha que contém a expressão **@mensagemExemplo18**, antes da declaração da classe propriamente dita. Note que não é passado qualquer parâmetro à função, uma vez que isso é algo implícito em tempo de execução.

A classe em si também é bastante simples, pois consiste apenas em dois atributos, o construtor da classe e um método denominado **exibe()**.

Nas duas últimas linhas de código temos a declaração de uma instância dessa classe e a chamada ao método **exibe()**.

Uma vez que o Visual Studio Code está preparado para efetuar a compilação automaticamente, podemos acessar o painel de console e executar o exemplo após ter gravado o arquivo. Digite o comando **node exemplo18.js** e tecle [ENTER] para executá-lo. O resultado a ser obtido pode ser visto na Figura 10.8.

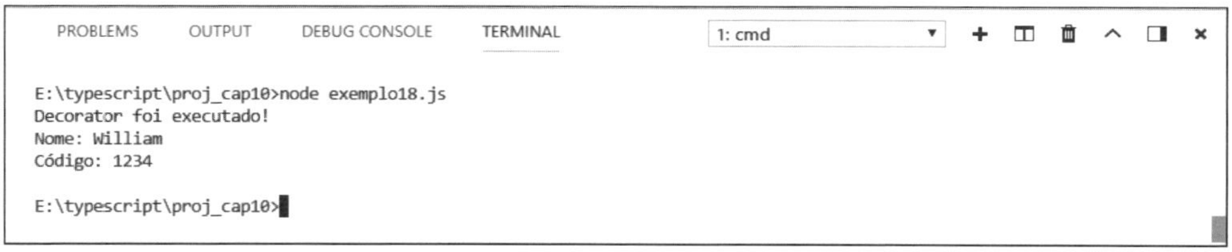

```
E:\typescript\proj_cap10>node exemplo18.js
Decorator foi executado!
Nome: William
Código: 1234

E:\typescript\proj_cap10>
```

Figura 10.8 – Resultado da execução do arquivo exemplo18.js.

É importante notar que a primeira linha de texto exibida na tela foi produzida pelo decorador da classe e não por algum método pertencente a ela. A função vinculada ao decorador foi executada antes mesmo da declaração da classe.

Por outro lado, a linha que contém a declaração do decorador não pode existir sem a presença, na sequência, de uma definição de classe. Qualquer outro tipo de declaração após a aplicação do decorador gerará um erro na compilação do código.

A função vinculada ao decorador tem um parâmetro do tipo **Function**, que na verdade é uma interface. No entanto a passagem do valor a esse parâmetro é automática. Esse é o exemplo mais simples de decorador de classe.

Mesmo se não tivéssemos as linhas de declaração da instância da classe e da chamada do método **exibe()**, o texto "Decorator foi executado!" seria exibido do mesmo jeito. Isso demonstra, mais uma vez, que o decorador (ou, mais precisamente, sua função associada) sempre é executado antes da definição da classe, não importando se há uma instância dela.

A título de curiosidade, veja a seguir a listagem do código em JavaScript gerado pelo compilador TypeScript para esse exemplo:

```
"use strict";
var __decorate = (this && this.__decorate) || function (decorators, target, key, desc) {
    var c = arguments.length, r = c < 3 ? target : desc === null ? desc = Object.getOwnPropertyDescriptor(target, key) : desc, d;
    if (typeof Reflect === "object" && typeof Reflect.decorate === "function") r = Reflect.decorate(decorators, target, key, desc);
    else for (var i = decorators.length - 1; i >= 0; i--) if (d = decorators[i]) r = (c < 3 ? d(r) : c > 3 ? d(target, key, r) : d(target, key)) || r;
    return c > 3 && r && Object.defineProperty(target, key, r), r;
};
function mensagemExemplo18(constructor) {
    console.log("Decorator foi executado!");
}
let exemplo18 = class exemplo18 {
    constructor(nome, codigo) {
        this.nome = nome;
        this.codigo = codigo;
    }
    exibe() {
        console.log("Nome: " + this.nome + "\n" +
            "Código: " + this.codigo);
    }
};
exemplo18 = __decorate([
    mensagemExemplo18
], exemplo18);
var objeto18 = new exemplo18("William", 1234);
objeto18.exibe();
```

Nosso próximo exemplo também é um decorador de classe, mas que recebe como parâmetro uma cadeia de caracteres a ser exibida em tela. A função desse decorador é ligeiramente diferente da existente no exemplo anterior. Comumente ele é denominado *fábrica de decorador*, tendo em vista que ele retorna uma função. Esta técnica é necessária quando precisamos de um decorador que receba parâmetros, e é conhecida como empacotamento de função (*wrapping function*).

Para nosso exemplo, a função do decorador terá o seguinte código:

```
function mensagem19(texto: string) {
    return function (parametro: Function) {
        console.log(texto);
    }
}
```

Ela recebe um parâmetro do tipo string e devolve uma função anônima, cujo corpo consiste apenas na execução do comando `console.log()` para exibir o texto recebido como parâmetro.

A aplicação do decorador exige que o parâmetro seja passado. Veja a seguir como fica a definição da classe com seu decorador:

```
@mensagem19("Esta é a mensagem do decorator...")
class exemplo19 {
    private nome: string;
    private codigo: number;

    constructor(nome: string, codigo: number) {
        this.nome = nome;
        this.codigo = codigo;
    }

    exibe() {
        console.log("Nome: "+this.nome+"\n"+
                    "Código: "+this.codigo);
    }
}
```

O código completo desse exemplo, denominado **exemplo19.ts**, se encontra na seguinte listagem:

```
function mensagem19(texto: string) {
    return function (parametro: Function) {
        console.log(texto);
    }
```

```
}

@mensagem19("Esta é a mensagem do decorator...")
class exemplo19 {
    private nome: string;
    private codigo: number;

    constructor(nome: string, codigo: number) {
        this.nome = nome;
        this.codigo = codigo;
    }

    exibe() {
        console.log("Nome: "+this.nome+"\n"+
                    "Código: "+this.codigo);
    }
}

var objeto19 = new exemplo19("William",1234);
objeto19.exibe();
```

A Figura 10.9 apresenta o resultado da execução do exemplo. Como é possível notar, o texto passado como parâmetro é o exibido na tela. Vale destacar que poderíamos ter mais de um parâmetro no decorador.

Figura 10.9 – Resultado da execução do arquivo exemplo19.js.

Vamos estudar mais um exemplo que, ainda, se refere a um decorador de classe. Por meio dele poderemos ver o conteúdo que é atribuído ao parâmetro que o decorador recebe automaticamente.

Crie um novo arquivo denominado **exemplo20.ts** com o código mostrado a seguir:

```
function mensagemExemplo20(parametro: Function) {
    console.log("Decorator foi executado!"+"\n"+
                "Estrutura da classe:"+"\n"+
                parametro);
}

@mensagemExemplo20
class exemplo20 {
```

Decoradores, Classes Genéricas e Funções Assíncronas

```
    private nome: string;
    private codigo: number;

    constructor(nome: string, codigo: number) {
        this.nome = nome;
        this.codigo = codigo;
    }

    exibe() {
        console.log("Nome: "+this.nome+"\n"+
                    "Código: "+this.codigo);
    }
}
var objeto20 = new exemplo20("William",1234);
objeto20.exibe();
```

A função do decorador é similar ao nosso primeiro exemplo, ou seja, ela recebe um parâmetro do tipo **Function** e possui em seu corpo uma chamada a `console.log()` para exibir informações na tela. Entre as informações exibidas pela função está o valor armazenado no seu parâmetro. O restante do código não possui diferença em relação ao primeiro exemplo, exceto pelo nome da classe e da instância dela.

Ao ser executado o código, o resultado deve ser o da Figura 10.10. Conforme pode ser visto, ao parâmetro da função decorador é passada toda a estrutura da classe à qual ela está vinculada. E esse é o valor exibido em tela.

Figura 10.10 – Resultado da execução do arquivo exemplo20.js.

A função de um decorador tem capacidade para acrescentar propriedades a uma classe e até atribuir valores a elas, tudo de forma dinâmica, ou seja, quando da execução do código. Para isso, precisamos também definir uma *fábrica de decorador*, com a função anônima adicionando a nova propriedade à classe por meio de uma chamada a `prototype`.

Crie um novo exemplo denominado **exemplo21.ts** e digite o código apresentado a seguir:

```
function mensagemExemplo21(valor: string) {
    return function(parametro: Function) {
        parametro.prototype.propriedade = valor;
        console.log("Nome da classe: "+parametro.name);
    }
}

@mensagemExemplo21("ativar_log")
class exemplo21 {
    private nome: string;
    private codigo: number;

    constructor(nome: string, codigo: number) {
        this.nome = nome;
        this.codigo = codigo;
    }

    get Nome() {
        return this.nome;
    }

    get Codigo() {
        return this.codigo;
    }
}
var objeto21 = new exemplo21("William",1234);
console.log("Nome: "+objeto21.Nome+"\n"+
        "Código: "+objeto21.Codigo+"\n"+
        "Valor propriedade: "+(<any>objeto21).propriedade);
```

A função do decorador adiciona à classe uma propriedade denominada **minhaPropriedade** e lhe atribui a cadeia de caracteres passada como parâmetro. Note a sintaxe utilizada, que envolve o nome do parâmetro do tipo **Function**, o membro **prototype** e o nome da nova propriedade.

Outra característica dessa função é a exibição do nome da classe à qual o decorador está vinculado, utilizando para isso a propriedade **name** do parâmetro da função anônima.

Agora podemos acessar essa propriedade em nosso programa como se ela tivesse sido definida em código dentro da classe. O código que efetua esse acesso à propriedade demanda certo cuidado em relação à sintaxe empregada, tendo em vista que é necessário efetuar uma conversão de dados com um *cast* do parâmetro da função anônima para o tipo **any**. Essa necessidade advém do fato de não termos declarado a propriedade na definição da classe, o que leva o compilador a não saber qual é o tipo de dado dela.

```
console.log("Nome: "+objeto21.Nome+"\n"+
        "Código: "+objeto21.Codigo+"\n"+
        "Valor propriedade: "+(<any>objeto21).propriedade);
```

Decoradores, Classes Genéricas e Funções Assíncronas 195

Com a execução desse exemplo, deve-se ter a tela da Figura 10.11.

```
E:\typescript\proj_cap10>node exemplo21.js
Nome da classe: exemplo21
Nome: William
Código: 1234
Valor propriedade: ativar_log

E:\typescript\proj_cap10>
```

Figura 10.11 – Resultado da execução do arquivo exemplo21.js.

Vejamos agora o uso de decorador de propriedade de classe. Ele segue o mesmo conceito visto antes, com a diferença que ele é vinculado a um atributo da classe, em vez de ser à classe propriamente dita.

Digite o código da listagem, apresentada a seguir, em um novo arquivo denominado **exemplo22.ts**:

```typescript
function classe22(constructor: Function) {
    console.log("Nome da classe: "+constructor.name);
    console.log("Estrutura da classe: "+constructor);
}

function propriedade22(idClasse: any, idPropriedade: string) {
    console.log("Nome da propriedade: "+idPropriedade);
}

@classe22
class exemplo22 {
    @propriedade22
    private codigo: number;
    private nome: string;

    constructor( codigo:number, nome: string) {
        this.codigo = codigo;
        this.nome = nome;
    }

    get Codigo() {
        return this.codigo;
    }

    get Nome() {
        return this.nome;
    }
}
var objeto22 = new exemplo22(12345,"William");
console.log("Código: "+objeto22.Codigo+"\n"+
            "Nome: "+objeto22.Nome);
```

Neste exemplo temos duas funções de decorador, a primeira para ser aplicada à classe, e a segunda para a propriedade. O decorador de classe exibe o nome da classe e sua estrutura. Já o decorador de propriedade exibe o nome da propriedade que foi adicionada.

É preciso analisar em maiores detalhes essa segunda função, pois ela possui parâmetros diferentes daquela que corresponde a um decorador de classe. Ela exige dois parâmetros, sendo o primeiro (do tipo **any**) destinado ao armazenamento do nome da classe, e o segundo (do tipo **string**) para ser passado o nome da propriedade que desejamos acessar.

Na definição da estrutura da classe, o atributo **codigo** é precedido pelo decorador **@propriedade22**. A estrutura da classe em si é similar às anteriores, contando apenas com dois métodos acessores (*getter*) além da especificação do decorador de propriedades.

Ao ser executado o exemplo, você deverá ter como resultado a tela da Figura 10.12. Note que o decorador de propriedades funciona apenas para a propriedade que o segue. Se ele for posicionado antes do atributo **nome**, este será a texto visto na primeira linha, no lugar de **codigo**.

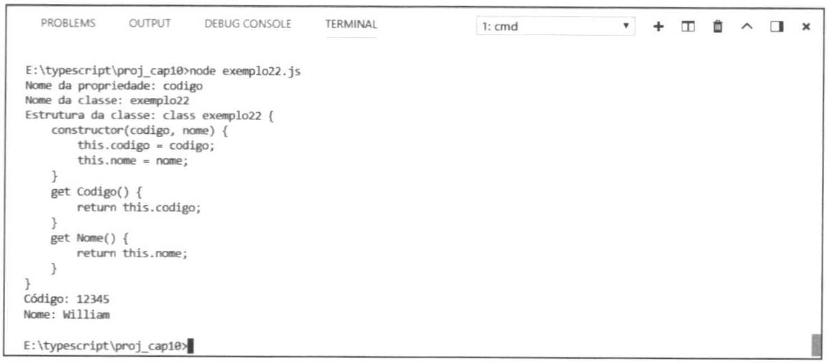

Figura 10.12 – Resultado da execução do arquivo exemplo22.js.

Uma peculiaridade que deve ser mencionada é a ordem de chamada dos decoradores, que é inversa à que foi especificada no código. Podemos ver pelo resultado da execução do exemplo que o decorador de propriedades é executado antes do decorador de classe.

Nosso último exemplo de decoradores define um decorador de métodos de uma classe. Vamos utilizar o exemplo anterior acrescentando as linhas e aplicando as alterações apresentadas em destaque na listagem a seguir:

```
function classe23(constructor: Function) {
    console.log("Nome da classe: "+constructor.name);
    console.log("Estrutura da classe: "+constructor);
}

function propriedade23(idClasse: any, idPropriedade: string) {
    console.log("nome da propriedade: "+idPropriedade);
}
```

```
function metodo23(idClasse: any, idMetodo: string, descritorMetodo?:
PropertyDescriptor) {
    console.log("Nome do método: "+idMetodo);
}

@classe23
class exemplo23 {
    @propriedade23
    private codigo: number;
    private nome: string;

    constructor(codigo:number, nome: string) {
        this.codigo = codigo;
        this.nome = nome;
    }

    get Codigo() {
        return this.codigo;
    }

    get Nome() {
        return this.nome;
    }

    @metodo23
    exibir(texto: string) {
        console.log(texto+"!\n"+this.codigo+" - "+this.nome);
    }
}

var objeto23 = new exemplo23(12345,"William");
objeto23.exibir("Olá, bom dia");
console.log("Código: "+objeto23.Codigo+"\n"+
            "Nome: "+objeto23.Nome);
```

Agora temos um novo decorador cuja função é nomeada como **metodo23()**. Por ser um decorador de métodos, a função precisa de três parâmetros, sendo os dois primeiros obrigatórios e o último opcional, daí a declaração com o símbolo ? pós-fixado. O primeiro parâmetro tem semelhança com o do decorador de propriedade, ou seja, é do tipo **any** e deve receber a classe à qual está vinculado. O segundo parâmetro recebe o nome do método e o terceiro, uma cadeia de caracteres que o descreve. Vale ressaltar que esse último parâmetro somente é populado se o código for compilado para versão 5 do ECMAScript ou superior.

Grave o arquivo com o nome **exemplo23.ts** e depois o execute. Deve ser apresentada a tela da Figura 10.13.

```
PROBLEMS    OUTPUT    DEBUG CONSOLE    TERMINAL        1: cmd

E:\typescript\proj_cap10>node exemplo23.js
nome da propriedade: codigo
Nome do método: exibir
Nome da classe: exemplo23
Estrutura da classe: class exemplo23 {
    constructor(codigo, nome) {
        this.codigo = codigo;
        this.nome = nome;
    }
    get Codigo() {
        return this.codigo;
    }
    get Nome() {
        return this.nome;
    }
    exibir(texto) {
        console.log(texto + "!\n" + this.codigo + " - " + this.nome);
    }
}
Olá, bom dia!
12345 - William
Código: 12345
Nome: William

E:\typescript\proj_cap10>
```

Figura 10.13 – Resultado da execução do arquivo exemplo23.js.

Novamente, vale destacar a ordem de execução dos decoradores. Por estarem dentro da definição da classe, os decoradores de propriedade e de método são executados na ordem em que forem declarados. Só então o decorador de classe é executado. Em outras palavras, em termos de precedência ou hierarquia de execução, o que está dentro da classe tem prioridade sobre o que está fora dela.

Porém ocorre que, dentro da mesma classe de decoradores, a ordem de execução também é inversa. Por exemplo, se tivermos dois decoradores de propriedade e os especificarmos para um mesmo atributo da classe, eles serão executados em ordem inversa. Se forem especificados em atributos diferentes, a ordem permanece a que foi definida no código. O mesmo vale para decoradores de métodos.

 ## 10.3 Classes genéricas

Embora seja abordada neste livro a criação e o uso de classes genéricas, o termo genérico se aplica também às interfaces, sendo que sua melhor definição seria um recurso oferecido por TypeScript que torna possível a escrita de códigos que podem trabalhar com qualquer tipo de dado ou de objeto.

Para essa definição ficar mais clara, vamos supor como exemplo a necessidade de escrever uma função que executa a operação de adição de números ou a concatenação de cadeias de caracteres. Isso nos leva à definição de uma classe parametrizada, que pode tratar tanto valores numéricos quanto alfanuméricos.

A parametrização de uma classe é obtida com a adição da expressão **<T>** ao nome da classe, da seguinte forma:

```
class NomeClasse<T> {
}
```

Os métodos e funções da classe podem utilizar esse parâmetro para agirem adequadamente.

O código do nosso exemplo denominado **exemplo24.ts** deve ter o conteúdo apresentado a seguir:

```
class UnirValores<T> {
    concatenar(valores: Array<T>): string {
        var retorno: string = "";
        var soma: number = 0;

        for (var contador = 0; contador < valores.length; contador++) {
            if ((contador > 0) && (contador < valores.length)) {
                retorno += ",";
            }

            if(typeof valores[contador] === "string") {
                retorno += valores[contador];
            }
            else if(typeof valores[contador] === "number") {
                soma += parseInt(valores[contador].toString());
            }
        }

        if (soma != 0) {
            retorno = soma.toString();
        }

        return retorno;
    }
}

var unirString = new UnirValores<string>();
var unirNumero = new UnirValores<number>();

var matrizString: string[] = ["10","20","30","40","50","60","70","80","90", "100"];
var matrizNumero: number[] = [10,20,30,40,50,60,70,80,90,100];
var valorString = unirString.concatenar(matrizString);
var valorNumero = unirNumero.concatenar(matrizNumero);

console.log("valorString: "+valorString);
console.log("valorNumero: "+valorNumero);
```

Por meio do parâmetro <T> da classe, o método **concatenar()** pode trabalhar com um entre dois tipos de matriz. Se o parâmetro for uma matriz de cadeia de caracteres, o método deve retornar uma nova string que é o resultado da concatenação de todas as cadeias da matriz. Sendo uma matriz de valores numéricos, o resultado é a soma de todos os seus elementos.

O parâmetro do método **concatenar()** é definido como sendo do tipo **Array<T>**, ou seja, uma matriz de dados genérica. No corpo do método, formado por um laço **for**, que varre toda a matriz, é verificado o tipo de dado do elemento atualmente lido. Se for uma string, o método efetua o processo de concatenação dos elementos. Se for um valor numérico, procede com a soma dos valores dos elementos.

```
if(typeof valores[contador] === "string") {
    retorno += valores[contador];
}
else if(typeof valores[contador] === "number") {
      soma += parseInt(valores[contador].toString());
}
```

É importante destacar que, para efetuar a soma dos valores numéricos, precisamos converter cada elemento em um tipo de dado numérico por meio da função **parseInt()**, caso contrário não será possível efetuar a operação. Esse problema não ocorre com a concatenação dos elementos do tipo string.

O código de teste da classe define dois objetos (um com o tipo **string** e outro com o tipo **number**) e duas matrizes, que são passadas ao método **concatenar()** dos dois objetos. E o resultado é, por fim, exibido na tela. Veja a Figura 10.14.

```
var unirString = new UnirValores<string>();
var unirNumero = new UnirValores<number>();

var matrizString: string[] = ["10","20","30","40","50","60","70","80","90","100"];
var matrizNumero: number[] = [10,20,30,40,50,60,70,80,90,100];
var valorString = unirString.concatenar(matrizString);
var valorNumero = unirNumero.concatenar(matrizNumero);

console.log("valorString: "+valorString);
console.log("valorNumero: "+valorNumero);
```

Figura 10.14 – Resultado da execução do exemplo de classe genérica.

10.4 Funções assíncronas

Neste último tópico, vamos estudar a criação e uso de funções assíncronas, uma característica da linguagem TypeScript que torna possível a execução de duas ou mais funções (ou métodos) de forma que uma possa ser executada sem a necessidade de outra ter finalizado sua execução.

Essa característica é importante e é um recurso muito útil nos casos que demandam um código com processamento mais demorado. Dessa forma, a função executa sua tarefa liberando o sistema para efetuar outras operações que não necessitam do resultado gerado por ela.

Para suportar esse tipo de recurso, TypeScript oferece as promessas e as palavras reservadas **async** e **await**.

Para o perfeito funcionamento dos exemplos que criaremos neste tópico, é imprescindível que o Node esteja atualizado para a versão 4 ou superior, pois é necessário o *runtime* do ECMAScript 6 para rodar os exemplos. Caso tenham sido seguidas todas as orientações constadas no Capítulo 1, o Node já estará devidamente atualizado. Para confirmar a versão do Node instalada, execute o seguinte comando no painel de console do Visual Studio Code:

node -v

Antes de passarmos ao estudo das promessas, vamos criar um pequeno exemplo que demonstre a execução de funções de forma concorrente. Nosso exemplo terá duas funções, sendo que uma invoca a outra, passando-lhe como parâmetro uma terceira função para ser executada como uma *callback*. Callback é um termo aplicado a funções que são passadas como parâmetros para serem executadas após a ocorrência de algum evento. Um uso muito comum é na chamada de AJAX, quando o servidor devolver uma resposta que deve ser tratada pela função callback.

Crie um novo arquivo na pasta **proj_cap10** denominado **exemplo25.ts**. Seu código deverá ser o seguinte:

```
function funcaoSecundaria(funcaoAuxiliar: Function) {
    function gastaTempo() {
        console.log("Início da execução da função gastaTempo()...");
        funcaoAuxiliar();
        console.log("Fim da execução da função gastaTempo()...");
    }

    console.log("Execução de funcaoSecundaria...");
    setTimeout(gastaTempo,2000);
}

function funcaoPrimaria() {
    function espera() {
```

```
        console.log("Execução da função espera()...");

        for (let contador=1;contador <= 10;contador++) {
            console.log("Contador: "+contador);
        }
    }

    console.log("Execução de funções assíncronas.\n\n");
    console.log("Execução de funcaoPrimaria()...");
    funcaoSecundaria(espera);
    console.log("Fim do processamento...");
}

funcaoPrimaria();
```

A função denominada **funcaoPrimaria()** define uma função callback nomeada como **espera()**, que simplesmente exibe um texto na tela e executa um loop **for** dez vezes. Essa função é passada como parâmetro à função **funcaoSecundaria()**, que, por sua vez, contém uma função denominada **gastaTempo()** responsável pela efetiva execução da função **espera()**.

A função **gastaTempo()** não é executada de imediato, mas após um breve intervalo de tempo de dois segundos. Isso é possível em virtude de ela ser passada a **setTimeout()** como primeiro parâmetro, sendo o segundo um valor expresso em milissegundos para definir o intervalo de tempo desejado. Ao fim deste, a função é executada.

O diagrama da Figura 10.15 demonstra, graficamente, o processo de funcionamento desse exemplo.

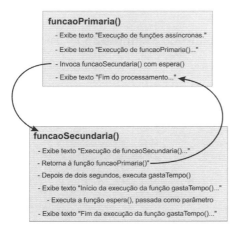

Figura 10.15 – Processo de funcionamento do exemplo de função callback.

O ponto mais crucial desse exemplo é a execução da função **gastaTempo()**, que executa a função callback **espera()**. Isso porque a execução não é efetuada da forma tradicional, ou seja, na sequência em relação a outras funções e partes do programa.

Quando **funcaoSecundaria()** é invocada, ela exibe um texto na tela e ajusta, via **setTimeout()**, um intervalo de dois segundos para a execução de **gastaTempo()**. Nesse ínterim, ela retorna à **funcaoPrimaria()** como se tivesse finalizado todas as suas tarefas, mas, na verdade, ainda resta ser executada a função **gastaTempo()** definida por ela.

Passados os dois segundos, o programa retorna à **gastaTempo()**, mesmo que o processo disparado por **funcaoPrimaria()** tenha finalizado. Assim, **espera()** é executada e só então o programa é encerrado como um todo. Veja na Figura 10.16 o resultado que deve ser obtido.

Figura 10.16 – Resultado da execução do exemplo de função callback.

Agora que vimos como usar funções callback, vamos estudar as promessas. Elas são conhecidas como uma técnica utilizada na padronização de chamada de funções assíncronas, responsáveis pela execução de operações nas quais o processamento e o resultado de uma função somente estão disponíveis depois de um determinado tempo.

Esse tipo de situação é muito comum quando precisamos acessar algum recurso do servidor, como um conjunto de dados em formato JSON ou XML, ou manipular um arquivo em disco (leitura e gravação). Essas operações podem demorar um tempo considerável, não sendo conveniente que o sistema fique parado esperando o término da sua execução. No exemplo anterior, foi possível perceber como contornar esse problema com funções callback, mas o processo em si é um tanto complexo e, às vezes, difícil de entender. As promessas oferecem uma forma de simplificar a execução desse tipo de função.

Uma promessa compreende um objeto criado por uma função que é capaz de receber como parâmetros duas funções callbacks. A primeira é responsável por indicar sucesso do processamento, enquanto a segunda indica um fracasso/erro durante o processamento. Veja um exemplo hipotético a seguir:

```
function funcaoPromessa(sucesso: ()=>void, fracasso: ()=>void) {
    .
    .
    .
    if(...) {
        sucesso();
    }
    else {
```

```
            fracasso();
    }
}
```

Essa função executa um processamento e verifica, por meio de uma estrutura **if**, se tudo correu sem problemas. Em caso afirmativo, invoca a função **sucesso()**, senão, invoca **fracasso()**.

Utilizamos essa função para criar a promessa, com o seguinte código exemplo:

```
function promessa(): Promise<void> {
    return new Promise<void>(funcaoProessa);
}
```

Essa função retorna um objeto do tipo **Promise**, passando como parâmetro ao seu construtor a função anteriormente definida. Esse formato de definição de uma promessa não será utilizado em nosso exemplo. Em vez disso, empregaremos uma sintaxe que agrupa tudo em um só bloco, da seguinte forma:

```
function promessa(): Promise<void> {
    return new Promise<void>((sucesso: ()=>void, fracasso: ()=>void)
{
        .
        .
        .
        if(...) {
            sucesso();
        }
        else {
            fracasso();
        }
    });
}
```

Nosso próximo exemplo, denominado **exemplo26.ts**, tem um código que define uma promessa. Veja a listagem a seguir:

```
function funcaoPromessa(status: number): Promise<string> {
    return new Promise<string>(
        (sucesso: (strMensagem: string) => void,
         erro: (strMensagem:string ) => void) => {
        function aguarda() {
            for (let contador=1;contador <= 10;contador++) {
                console.log("Contador: "+contador);
            }

            if(status == 1) {
                sucesso("Executado com sucesso!");
            }
            else {
```

```
                    erro("Erro na execução!");
            }
        }
        setTimeout(aguarda,2000);
    });
}
function executaPromessa() {
    console.log("Exemplo de função promise (promessa)");

    funcaoPromessa(1).then
        ((strMensagem: string) => { console.log("Retorno em caso de sucesso: 
"+ strMensagem); })
        .catch
        ((strMensagem: string) => { console.log("Retorno em caso de erro: "+ 
strMensagem); });
}
console.log("Executando executarPromessa()...");
executaPromessa();
console.log("Fim da execução de executarPromessa()...");
```

A função que define o objeto **Promise** é denominada `funcaoPromessa()`, e recebe como parâmetro um valor numérico. As funções callback `sucesso()` e `erro()` recebem uma cadeia de caracteres. O objeto em si contém uma função denominada `aguarda()`, que exibe uma sequência de números e depois testa o valor passado para a `funcaoPromessa()`. Se for 1, a função `sucesso()` é invocada, caso contrário, a função `erro()` é chamada. Note as cadeias de caracteres que elas têm como argumento.

É importante notar que a função `aguarda()` é executada depois de passados dois segundos, via `setTimeout()`.

Já a função `executaPromessa()` invoca a `funcaoPromessa()` passando o valor 1. Se o retorno for por meio da função `sucesso()`, então o bloco de código vinculado à cláusula `.then()` é executado. Em caso negativo, ou seja, a função `erro()` é que indica um retorno, o bloco da cláusula `.catch()` é executado.

À variável **strMensagem** é retornada uma cadeia de caracteres pelo objeto **Promise**, daí a especificação do tipo string na declaração **Promise<string>**. O valor dessa variável é exibido na tela. Ao executar o exemplo, você deve ver uma tela similar à da Figura 10.17.

Figura 10.17 – Resultado da execução de promessa com sucesso no processamento.

Esse teste foi executado quando tivemos um sucesso. Vamos alterar o valor passado para a função **funcaoPromessa()** de 1 para 2, e assim testar quando a promessa retorna falso. O resultado deve ser o mostrado pela Figura 10.18.

Figura 10.18 – Resultado da execução de promessa sem sucesso no processamento.

Agora estamos prontos para aplicar as palavras reservas **async** e **await**. Altere o código do arquivo anterior para o seguinte:

```
function funcaoPromessaAsync(status: number): Promise<string> {
    return new Promise<string>(
        (sucesso: (strMensagem: string) => void,
         erro: (strMensagem:string ) => void) => {
        function aguarda() {
            for (let contador=1;contador <= 10;contador++) {
                console.log("Contador: "+contador);
            }

            if(status == 1) {
                sucesso("Executado com sucesso!");
            }
            else {
                erro("Erro na execução!");
            }
        }

        setTimeout(aguarda,2000);
    });
}

async function executaPromessaAsync() {
    console.log("Exemplo de função promise (promessa)");

    try {
        await funcaoPromessaAsync(1);
    }
    catch(strMensagem) {
        console.log("Retorno em caso de erro: "+strMensagem);
    }
```

```
}

console.log("Executando executarPromessaAsync()...");
executaPromessaAsync();
console.log("Fim da execução de executarPromessaAsync()...");
```

A alteração mais profunda está concentrada na função **executaPromessaAsync()**, que agora é precedida pela palavra reservada async e também utiliza uma estrutura de tratamento de exceção **try/catch**. Ela é utilizada como forma de executar uma operação no caso de a promessa retornar um fracasso no processamento. Grave o arquivo com o nome **exemplo27.ts**. Ao ser executado, a tela da Figura 10.19 deve ser mostrada. Se o parâmetro da função **funcaoPromessaAsync()** for mudado para um valor diferente de 1, o resultado é o mostrado pela Figura 10.20.

Figura 10.19 – Resultado da execução de função async/await.

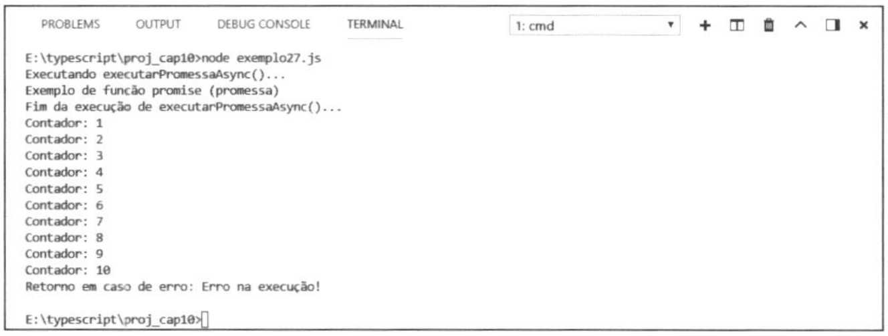

Figura 10.20 – Resultado da execução de função async/await com erro no processamento.

Vamos criar outro exemplo mais simples para demonstrar como podemos controlar a execução de uma função callback em uma promessa, fazendo com que o programa aguarde sua execução antes de prosseguir. Digite o seguinte código para o novo exemplo:

```
function fncPromessa() : Promise<void> {
    return new Promise<void> ((sucesso: () => void, erro: () => void) =>
{
        function processar() {
            console.log("Função processar() em execução...");
            sucesso();
        }
```

```
        setTimeout(processar, 2000);
    });
}

function invocaPromessa() {
    console.log("Invocando fncPromessa()...");
    fncPromessa();
    console.log("Execução de fncProcessao() finalizada...");
}

function executar() {
    console.log("Início da execução do programa...");
    invocaPromessa();
    console.log("Fim da execução do programa...");
}

executar();
```

Temos aqui uma função principal, denominada **executar()**, que executa a função **invocaPromessa()**, responsável por criar o objeto Promise por meio de **fncPromessa()**. Da forma que está, ao ser executado o exemplo, tem-se a tela da Figura 10.21. Como pode ser percebido, a função **processar()** pertencente à promessa é a última a ser executada, mesmo com o encerramento da execução de **executar()**.

Figura 10.21 – Resultado da execução de funções sem async/await.

Vamos alterar o código de forma que isso não ocorra, ou seja, a função **processar()** é executada normalmente e, somente após o seu encerramento, o processamento do restante do programa terá continuidade. As alterações são mostradas na seguinte listagem, em negrito:

```
function fncPromessa() : Promise<void> {
    return new Promise<void> ((sucesso: () => void, erro: () => void) =>
    {
        function processar() {
            console.log("Função processar() em execução...");
            sucesso();
        }

        setTimeout(processar, 2000);
    });
}
```

```
async function invocaPromessa() {
    console.log("Invocando fncPromessa()...");
    await fncPromessa();
    console.log("Execução de fncProcessao() finalizada...");
}

async function executar() {
    console.log("Início da execução do programa...");
    await invocaPromessa();
    console.log("Fim da execução do programa...");
}

executar();
```

A simples adição das palavras reservadas **async** e **await** já modifica toda a ordem de execução do código, como pode ser visto na Figura 10.22.

Figura 10.22 – Resultado da execução de funções com async/await.

Com isso, finalizamos nosso estudo da linguagem TypeScript. Tem muito mais coisas a se aprender, mas não há espaço neste livro para toda essa abordagem, e nem é o objetivo dele.

O próximo capítulo dá início ao estudo do Angular 6, que se estende até o fim.

 Exercícios

1. As funções do tipo decorador recebem parâmetros que variam em quantidade de acordo com o tipo utilizado. Descreva os parâmetros que devem constar na definição de decoradores de classe, de propriedade e de método.
2. Altere o código do exemplo24.ts de modo que ele possa somar os valores da matriz mesmo se eles forem passados como cadeias de caracteres.
3. Com base no exemplo28.ts, crie um programa que exiba os números de 1 a 10, duas vezes, sendo que cada uma delas deve ser por meio de uma função. Utilize async/await para obter o resultado corretamente.

11

Primeiros Passos com Angular 6

Com este capítulo iniciamos o estudo do Angular 6 no desenvolvimento de aplicações. Veremos como criar um projeto, iniciar o servidor Node.js para executar uma aplicação Angular 6 e também como efetuar alterações nos arquivos criados durante o processo de geração do projeto.

O capítulo finaliza com uma breve demonstração da execução desse mesmo processo no Ubuntu Linux.

11.1 Criando um projeto Angular 6

Diferentemente do processo empregado na construção de aplicações web com o AngularJS (Angular 1.x), o qual consistia apenas na referência ao framework dentro das páginas, desde a versão 2 o Angular exige a criação de um projeto no qual são instalados todos os arquivos necessários à sua execução. Isso é feito através de comandos digitados na janela de prompt de comando do Windows ou em uma sessão de terminal do Linux.

Crie uma pasta no disco rígido com o nome **ProjetosAngular**. Em seguida, abra a janela de prompt de comando e execute o comando `ng new exemplo01`. Isso faz com que sejam apresentadas diversas mensagens na tela informando a criação do projeto e instalação dos arquivos necessários (Figura 11.1). Ao fim desse processo, você verá uma tela similar à da Figura 11.2.

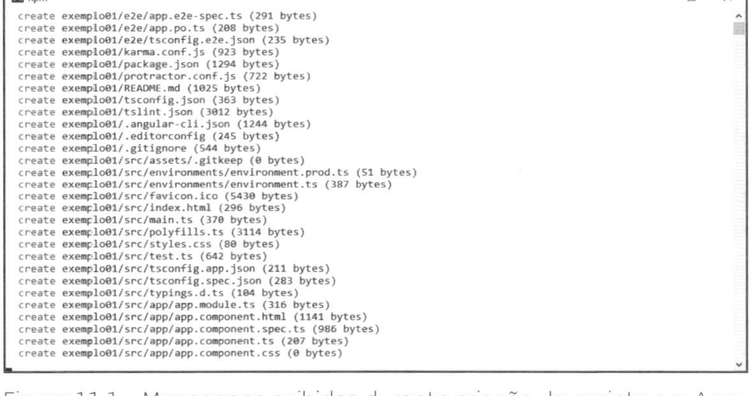

```
npm
create exemplo01/e2e/app.e2e-spec.ts (291 bytes)
create exemplo01/e2e/app.po.ts (208 bytes)
create exemplo01/e2e/tsconfig.e2e.json (235 bytes)
create exemplo01/karma.conf.js (923 bytes)
create exemplo01/package.json (1294 bytes)
create exemplo01/protractor.conf.js (722 bytes)
create exemplo01/README.md (1025 bytes)
create exemplo01/tsconfig.json (363 bytes)
create exemplo01/tslint.json (3012 bytes)
create exemplo01/.angular-cli.json (1244 bytes)
create exemplo01/.editorconfig (245 bytes)
create exemplo01/.gitignore (544 bytes)
create exemplo01/src/assets/.gitkeep (0 bytes)
create exemplo01/src/environments/environment.prod.ts (51 bytes)
create exemplo01/src/environments/environment.ts (387 bytes)
create exemplo01/src/favicon.ico (5430 bytes)
create exemplo01/src/index.html (296 bytes)
create exemplo01/src/main.ts (370 bytes)
create exemplo01/src/polyfills.ts (3114 bytes)
create exemplo01/src/styles.css (80 bytes)
create exemplo01/src/test.ts (642 bytes)
create exemplo01/src/tsconfig.app.json (211 bytes)
create exemplo01/src/tsconfig.spec.json (283 bytes)
create exemplo01/src/typings.d.ts (104 bytes)
create exemplo01/src/app/app.module.ts (316 bytes)
create exemplo01/src/app/app.component.html (1141 bytes)
create exemplo01/src/app/app.component.spec.ts (986 bytes)
create exemplo01/src/app/app.component.ts (207 bytes)
create exemplo01/src/app/app.component.css (0 bytes)
```

Figura 11.1 – Mensagens exibidas durante criação do projeto em Angular 6.

```
Prompt de Comando
npm WARN deprecated node-uuid@1.4.8: Use uuid module instead

> uws@9.14.0 install L:\ProjetosAngular\exemplo01\node_modules\uws
> node-gyp rebuild > build_log.txt 2>&1 || exit 0


> node-sass@4.9.0 install L:\ProjetosAngular\exemplo01\node_modules\node-sass
> node scripts/install.js

Cached binary found at C:\Users\William\AppData\Roaming\npm-cache\node-sass\4.9.0\win32-ia32-57_binding.node

> uglifyjs-webpack-plugin@0.4.6 postinstall L:\ProjetosAngular\exemplo01\node_modules\webpack\node_modules\uglifyjs-
webpack-plugin
> node lib/post_install.js


> node-sass@4.9.0 postinstall L:\ProjetosAngular\exemplo01\node_modules\node-sass
> node scripts/build.js

Binary found at L:\ProjetosAngular\exemplo01\node_modules\node-sass\vendor\win32-ia32-57\binding.node
Testing binary
Binary is fine
npm WARN optional SKIPPING OPTIONAL DEPENDENCY: fsevents@1.2.4 (node_modules\fsevents):
npm WARN notsup SKIPPING OPTIONAL DEPENDENCY: Unsupported platform for fsevents@1.2.4: wanted {"os":"darwin","arch":
"any"} (current: {"os":"win32","arch":"ia32"})

added 1219 packages in 333.942s
Project 'exemplo01' successfully created.

L:\ProjetosAngular>
```

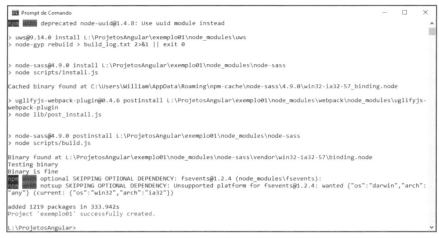

Figura 11.2 - Processo de criação do projeto finalizado.

Uma pasta denominada **exemplo01** foi criada dentro da pasta **ProjetosAngular**. Você pode acessá-la e visualizar seu conteúdo, como mostrado na Figura 11.3.

```
Prompt de Comando

L:\ProjetosAngular\exemplo01>dir
 O volume na unidade L é Disco4
 O Número de Série do Volume é 70D3-6130

 Pasta de L:\ProjetosAngular\exemplo01

30/05/2018  14:36    <DIR>          .
30/05/2018  14:36    <DIR>          ..
30/05/2018  14:31             1.244 .angular-cli.json
30/05/2018  14:31               245 .editorconfig
30/05/2018  14:31               544 .gitignore
30/05/2018  14:31    <DIR>          e2e
30/05/2018  14:31               923 karma.conf.js
30/05/2018  14:36    <DIR>          node_modules
30/05/2018  14:36           401.122 package-lock.json
30/05/2018  14:31             1.294 package.json
30/05/2018  14:31               722 protractor.conf.js
30/05/2018  14:31             1.025 README.md
30/05/2018  14:31    <DIR>          src
30/05/2018  14:31               363 tsconfig.json
30/05/2018  14:31             3.012 tslint.json
              10 arquivo(s)        410.494 bytes
               5 pasta(s)    1.992.368.128 bytes disponíveis

L:\ProjetosAngular\exemplo01>_
```

Figura 11.3 - Lista de pastas e arquivos do projeto.

O projeto já está pronto, mas não é possível executá-lo ainda. Em aplicações escritas com o AngularJS, podíamos simplesmente abrir o arquivo HTML em nosso navegador. Com o Angular 6, é necessário executar o servidor Node.js para que os códigos em TypeScript da aplicação sejam compilados para JavaScript.

Para iniciar esse servidor, execute o comando **`ng serve`** a partir da janela de prompt de comando. As mensagens da Figura 11.4 devem ser exibidas. Isso indica que o servidor está ativo e você pode acessar a aplicação digitando a URL *localhost:4200* no seu navegador. O resultado pode ser visto na Figura 11.5.

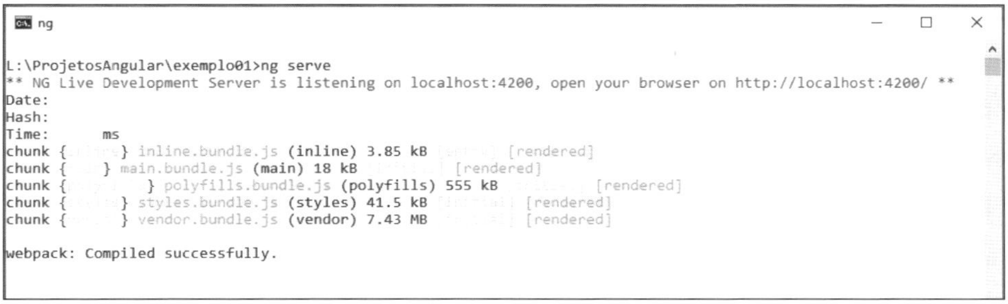

Figura 11.4 – Execução do servidor Node.js para executar aplicações Angular 6.

Feche o navegador e pare o servidor Node.js teclando [CTRL]+[C].

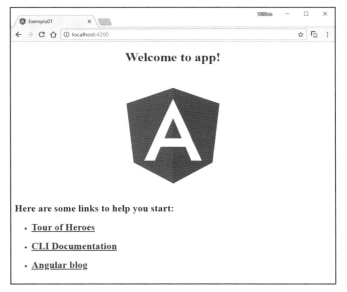

Figura 11.5 – Tela da aplicação criada em Angular 6.

 11.2 Personalização do projeto inicial

A base de uma aplicação web em Angular 6 está definida. Podemos efetuar alterações no projeto para personalizá-lo conforme nossa necessidade ou preferência. Mas, para isso, é necessário entender um pouco a estrutura de pastas e arquivos criada.

Dentro da estrutura de pastas do projeto existe uma denominada **src**, a qual contém todos os arquivos de código fonte da aplicação. Veja a Figura 11.6.

Podemos abrir o arquivo **index.html** em um editor de textos, como o Bloco de Notas ou mesmo com o Visual Studio Code, para editar seu conteúdo. A Figura 11.7 exibe o arquivo aberto no Visual Studio Code.

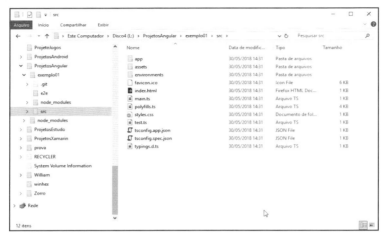

Figura 11.6 – Lista de pastas e arquivos da pasta src.

Figura 11.7 – Conteúdo do arquivo index.html exibido no Visual Studio Code.

Altere-o para que fique conforme indicado na seguinte listagem:

```
<!doctype html PUBLIC "-//W3C//DTD XHTML 1.0 Transitional//EN"
 "http://www.w3.org/TR/xhtml1/DTD/xhtml1-transitional.dtd">
```

```
<html xmlns="http://www.w3.org/1999/xhtml" xml:lang="pt-br" lang="pt-br">
<head>
  <meta http-equiv="Content-Type" content="text/html;charset=iso-8859-1" />
  <title>Primeiro exemplo de aplicação Angular 6</title>
  <base href="/">
  <meta name="viewport" content="width=device-width, initial-scale=1">
  <link rel="icon" type="image/x-icon" href="favicon.ico">
</head>
<body>
  <app-root></app-root>
</body>
</html>
```

Após efetuar a alteração, grave o arquivo.

Note que, no corpo da página, identificado pelo elemento **<body>**, existe apenas o par de tags **<app-root>** e **</app-root>**. Este é o componente raiz definido automaticamente pelo Angular CLI na criação do projeto. O código referente à sua implementação se encontra no arquivo **app.component.ts**, localizado na pasta **src\app**. A listagem a seguir exibe seu conteúdo:

```
import { Component } from '@angular/core';

@Component({
  selector: 'app-root',
  templateUrl: './app.component.html',
  styleUrls: ['./app.component.css']
})
export class AppComponent {
  title = 'app';
}
```

Nesse código encontramos a definição do nome do seletor/elemento (app-root), do arquivo HTML e da sua respectiva folha de estilo CSS, que formam o componente Angular, utilizado pela página que o referencia. Ele também exporta uma classe denominada **AppComponent**, que contém apenas um atributo denominado **title**. Altere o valor associado a esse atributo para Meu primeiro exemplo Angular 6. O código deve ficar, então, conforme mostrado a seguir:

```
import { Component } from '@angular/core';

@Component({
  selector: 'app-root',
```

```
  templateUrl: './app.component.html',
  styleUrls: ['./app.component.css']
})
export class AppComponent {
  title = ' Meu primeiro exemplo Angular 6';
}
```

Precisamos, ainda, alterar o arquivo **app.component.html**. Ele contém o código HTML, apresentado a seguir, correspondente ao conteúdo que deve ser exibido pelo navegador. Neste primeiro exemplo, ele simplesmente apresenta um título, uma imagem, uma legenda e três links. É importante notar o código da linha que define o título de página, pois ele faz referência a um elemento denominado `title`, o qual se encontra definido no arquivo **app.component.ts**. O vínculo entre esses dois arquivos se dá por meio da linha que contém a instrução `templateUrl:  './app.component.html'`, presente neste último.

```
<!--The content below is only a placeholder and can be replaced.-->
<div style="text-align:center">
  <h1>
    Welcome to {{title}}!
  </h1>
  <img width="300" src="data:image/svg+xml;base64,PHN2ZyB4bWxucz0i
aHR0cDovL3d3dy53My5vcmcvMjAwMC9zdmciIHZpZXdCb3g9IjAgMCAyNTAgMjUwIj4KI
CAgIDxwYXRoIGZpbGw9IiNERDAwMzEiIGQ9Ik0xMjUgMzBMMzEuOSA2My4ybDE0LjIg
MTIzLjFMMTI1IDIxMGw3OC45LTQzLjcgMTQuMi0xMjMuMXoiIC8+CiAgICA8cGF0aCBm
aWxsPSIjQzMwMDJGIiBkPSJNMTI1IDMwdjIyLjItLjFWMjEwbDc4LjktNDMuNyAxNC4y
LTEyMy4xTDEyNSAzMHoiIC8+CiAgICA8cGF0aCBmaWxsPSIjRkZGRkZGIiAg
ZD0iTTEyNSA1Mi4xTDY2LjggMTgyLjZoMjEuN2wxMS43LTI5LjJoNDkuNGwxMS43IDI5
LjJIMTgzTDEyNSA1Mi4xem0xNyA4My4zaC0zNGwxNy00MC45IDE3IDQwLjl6IiAvPgog
ICAgPC9nPgogIDwvc3ZnPg==">
</div>
<h2>Here are some links to help you start: </h2>
<ul>
  <li>
    <h2><a target="_blank" rel="noopener" href="https://angular.io/tutorial">Tour of Heroes</a></h2>
  </li>
  <li>
    <h2><a target="_blank" rel="noopener" href="https://github.com/angular/angular-cli/wiki">CLI Documentation</a></h2>
  </li>
  <li>
    <h2><a target="_blank" rel="noopener" href="https://blog.angular.io/">Angular blog</a></h2>
  </li>
</ul>
```

Altere esse código simplesmente traduzindo os textos, conforme indicado na seguinte listagem:

```
<!--The content below is only a placeholder and can be replaced.-->
<div style="text-align:center">
  <h1>
    Bem-vindo ao {{title}}!
  </h1>
  <img width="300" src="data:image/svg+xml;base64,PHN2ZyB4bWxuc
z0iaHR0cDovL3d3dy53My5vcmcvMjAwMC9zdmciIHZpZXdCb3g9IjAgMCAyNTAgMjUwI
j4KICAgIDxwYXRoIGZpbGw9IiNERAwMzEiIGQ9Ik0xMjUgMzBMMzEuOSA2My4ybDE0L
jIgMTIzLjFMMMTI1IDIzMGw3OC45LTQzLjcgMTQuMi0xMjMuMXoiIC8+CiAgICA8cGF0
aCBmaWxsPSIjQzMwMDJGIiBkPSJNMTI1IDMwdjIyLjItLjFMMjMwbDc4LjktNDMuNyAxN
C4yLTEyMy4xTDEyNSAzMHoiIC8+CiAgICA8cGF0aCAgZmlsbD0iI0ZGRkZGRiIgZD0iT
TEyNSA1Mi4xTDY2LjggMTgyLjZoMjEuNyAxMS43LTI5LjYgNDguNGwxMS43IDI5LjJIM
TgzTDEyNSA1Mi4xem0xNyA4My4zaC0zNGwxNy00MC45IDE3IDQwLjl6IiAvPgogIDwvc
3ZnPg==">
</div>
<h2>Aqui estão alguns links para ajudá-lo a começar: </h2>
<ul>
  <li>
    <h2><a target="_blank" rel="noopener" href="https://angular.io/
tutorial">Turnê dos Heróis</a></h2>
  </li>
  <li>
    <h2><a target="_blank" rel="noopener" href="https://github.com/
angular/angular-cli/wiki">Documentação CLI</a></h2>
  </li>
  <li>
    <h2><a target="_blank" rel="noopener" href="https://blog.angular.
io/">Blog do Angular</a></h2>
  </li>
</ul>
```

Depois de efetuar as alterações nesses arquivos, execute novamente o servidor Node.js, caso ele tenha sido encerrado. Abra a URL *localhost:4200* no seu navegador para visualizar a página, que deve ter uma aparência similar à da Figura 11.8.

Figura 11.8 – Página do projeto após as alterações.

11.3 Descrição dos principais arquivos

Neste tópico veremos a importância de alguns arquivos que são cruciais para o bom funcionamento da aplicação. O primeiro deles é o **tsconfig.json**, que já vimos anteriormente em nosso estudo da linguagem TypeScript e que se encontra na pasta raiz do projeto. A listagem a seguir apresenta seu conteúdo:

```
{
  "compileOnSave": false,
  "compilerOptions": {
    "outDir": "./dist/out-tsc",
    "sourceMap": true,
    "declaration": false,
    "moduleResolution": "node",
    "emitDecoratorMetadata": true,
    "experimentalDecorators": true,
    "target": "es5",
    "typeRoots": [
      "node_modules/@types"
    ],
    "lib": [
      "es2017",
      "dom"
    ]
  }
}
```

O segundo arquivo é denominado **package.json**, e seu conteúdo pode ser visto na listagem seguinte. Nele estão definidos todos os requisitos necessários à execução da nossa aplicação, como as dependências de módulos, título e versão da aplicação, entre outras configurações.

```json
{
  "name": "exemplo01",
  "version": "0.0.0",
  "license": "MIT",
  "scripts": {
    "ng": "ng",
    "start": "ng serve",
    "build": "ng build --prod",
    "test": "ng test",
    "lint": "ng lint",
    "e2e": "ng e2e"
  },
  "private": true,
  "dependencies": {
    "@angular/animations": "^5.2.0",
    "@angular/common": "^5.2.0",
    "@angular/compiler": "^5.2.0",
    "@angular/core": "^5.2.0",
    "@angular/forms": "^5.2.0",
    "@angular/http": "^5.2.0",
    "@angular/platform-browser": "^5.2.0",
    "@angular/platform-browser-dynamic": "^5.2.0",
    "@angular/router": "^5.2.0",
    "core-js": "^2.4.1",
    "rxjs": "^5.5.6",
    "zone.js": "^0.8.19"
  },
  "devDependencies": {
    "@angular/cli": "~1.7.1",
    "@angular/compiler-cli": "^5.2.0",
    "@angular/language-service": "^5.2.0",
    "@types/jasmine": "~2.8.3",
    "@types/jasminewd2": "~2.0.2",
    "@types/node": "~6.0.60",
    "codelyzer": "^4.0.1",
    "jasmine-core": "~2.8.0",
    "jasmine-spec-reporter": "~4.2.1",
    "karma": "~2.0.0",
    "karma-chrome-launcher": "~2.2.0",
    "karma-coverage-istanbul-reporter": "^1.2.1",
    "karma-jasmine": "~1.1.0",
    "karma-jasmine-html-reporter": "^0.2.2",
    "protractor": "~5.1.2",
    "ts-node": "~4.1.0",
```

```
    "tslint": "~5.9.1",
    "typescript": "~2.5.3"
  }
}
```

O gerenciador de pacotes **npm** utiliza este arquivo para baixar os módulos necessários que se encontram referenciados nas dependências. O arquivo também contém parâmetros para execução da aplicação propriamente dita.

O arquivo **main.ts**, localizado na pasta **src** e cujo código é exibido a seguir, tem por função fazer com que o Angular 6 carregue o arquivo de componente apresentado anteriormente. Note que ele ainda referencia os arquivos **app.module.ts** (pasta **src\app**) e **environment.ts** (pasta **src\environments**).

```
import { enableProdMode } from '@angular/core';
import { platformBrowserDynamic } from '@angular/platform-browser-dynamic';

import { AppModule } from './app/app.module';
import { environment } from './environments/environment';

if (environment.production) {
  enableProdMode();
}

platformBrowserDynamic().bootstrapModule(AppModule)
  .catch(err => console.log(err));
```

O arquivo **.angular-cli.json**, localizado na pasta raiz do projeto, contém as configurações necessárias para que o Angular CLI possa compilar os arquivos do projeto. A seguir, apresento seu conteúdo:

```
{
  "$schema": "./node_modules/@angular/cli/lib/config/schema.json",
  "project": {
    "name": "exemplo01"
  },
  "apps": [
    {
      "root": "src",
      "outDir": "dist",
      "assets": [
        "assets",
        "favicon.ico"
      ],
      "index": "index.html",
```

```
      "main": "main.ts",
      "polyfills": "polyfills.ts",
      "test": "test.ts",
      "tsconfig": "tsconfig.app.json",
      "testTsconfig": "tsconfig.spec.json",
      "prefix": "app",
      "styles": [
        "styles.css"
      ],
      "scripts": [],
      "environmentSource": "environments/environment.ts",
      "environments": {
        "dev": "environments/environment.ts",
        "prod": "environments/environment.prod.ts"
      }
    }
  ],
  "e2e": {
    "protractor": {
      "config": "./protractor.conf.js"
    }
  },
  "lint": [
    {
      "project": "src/tsconfig.app.json",
      "exclude": "**/node_modules/**"
    },
    {
      "project": "src/tsconfig.spec.json",
      "exclude": "**/node_modules/**"
    },
    {
      "project": "e2e/tsconfig.e2e.json",
      "exclude": "**/node_modules/**"
    }
  ],
  "test": {
    "karma": {
      "config": "./karma.conf.js"
    }
  },
  "defaults": {
    "styleExt": "css",
    "component": {}
  }
}
```

Podemos ver nesse arquivo a existência de definições do nome do projeto, das pastas e respectivos arquivos do projeto, além da referência aos arquivos de configuração JSON.

Há diversos outros arquivos, mas é inviável detalhar todos eles. Maiores informações podem ser obtidas ao acessar o endereço *angular.io/guide/quickstart*.

Como é possível perceber, há uma enorme diferença em relação ao que precisaríamos se fosse utilizado o AngularJS. Para obter o mesmo resultado, apenas o código da listagem mostrada a seguir seria suficiente.

```html
<!DOCTYPE html>
<html ng-app="Exemplo01">
  <head>
    <script src= "https://ajax.googleapis.com/ajax/libs/angularjs/1.6.9/angular.min.js" type="text/javascript"></script>
  </head>
  <body>
    <div ng-controller="MeuController">
      <h1>Bem-vindo ao {{title}}!</h1>
    </div>
    <h2>Aqui estão alguns links que ajudá-lo a começar: </h2>
    <ul>
      <li>
          <h2><a target="_blank" rel="noopener" href="https://angular.io/tutorial">Turnê dos Heróis</a></h2>
      </li>
      <li>
          <h2><a target="_blank" rel="noopener" href="https://github.com/angular/angular-cli/wiki">
                  Documentação CLI</a></h2>
      </li>
      <li>
          <h2><a target="_blank" rel="noopener" href="https://blog.angular.io/">Blog do Angular</a></h2>
      </li>
    </ul>
    <script type="text/javascript">
      var aplicacao = angular.module("Exemplo01",[]);
      aplicacao.controller("MeuController",function($scope) {
        var titulo = "Meu primeiro exemplo Angular";
        $scope.title = titulo;
      });
    </script>
  </body>
</html>
```

11.4 Utilizando o Ubuntu Linux

Vejamos agora, neste tópico final, a criação de um projeto em Angular 6 utilizando o Ubuntu Linux. Abra o terminal de console e crie um diretório denominado **ProjetosAngular** com o comando `mkdir ProjetosAngular`. Em seguida, acesse esse diretório com o comando `cd ProjetosAngular` (Figura 11.9).

Figura 11.9 – Criação e acesso do diretório de projetos Angular 6.

Em seguida, execute o comando `ng new exemplo01` para criar o projeto de nome **exemplo01**. Após ser finalizada a criação (Figura 11.10), acesse o diretório **exemplo01** e execute o servidor Node.js com o comando `ng serve` (Figura 11.11).

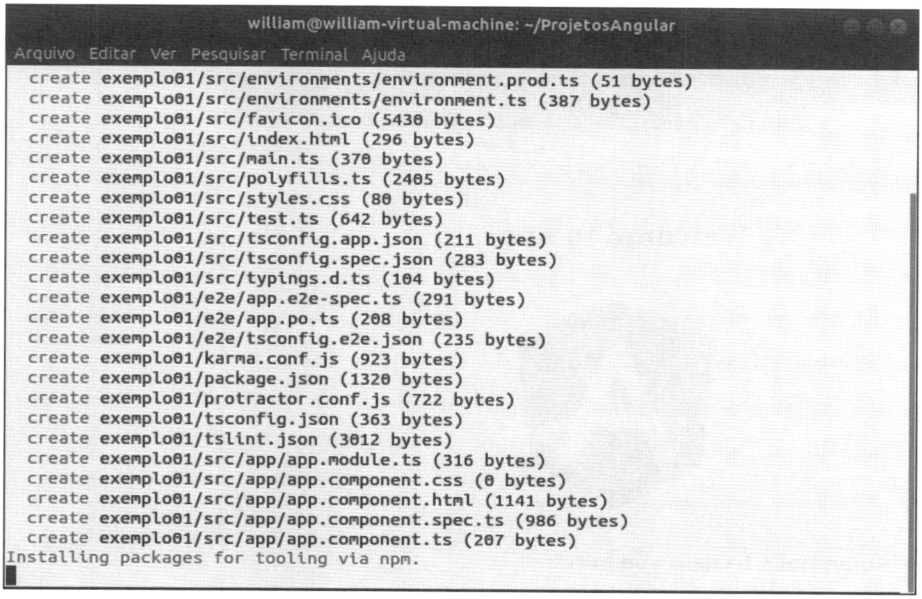

Figura 11.10 – Processo de criação do projeto finalizado.

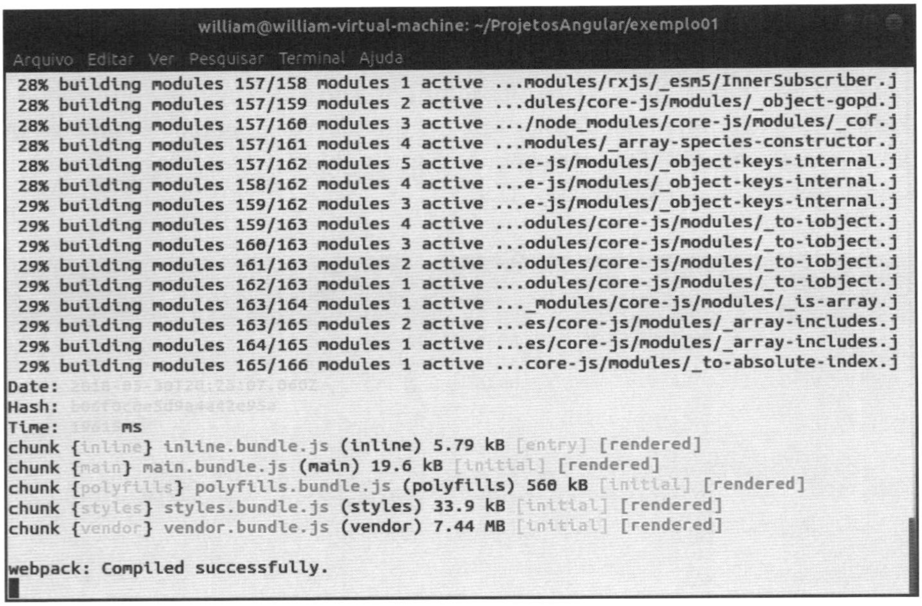

Desenvolvimento de Aplicações Web com Angular

Figura 11.11 – Execução do servidor Node.js.

Para visualizar a página da aplicação, execute o navegador e acesse a URL *localhost:4200*. Deve ser mostrada a tela da Figura 11.12.

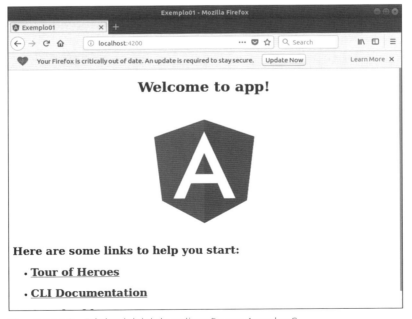

Figura 11.12 – Página inicial da aplicação em Angular 6.

Para editar os arquivos do projeto conforme demonstrado anteriormente, você pode utilizar o aplicativo de edição de textos GEdit, como mostra o exemplo da Figura 11.13.

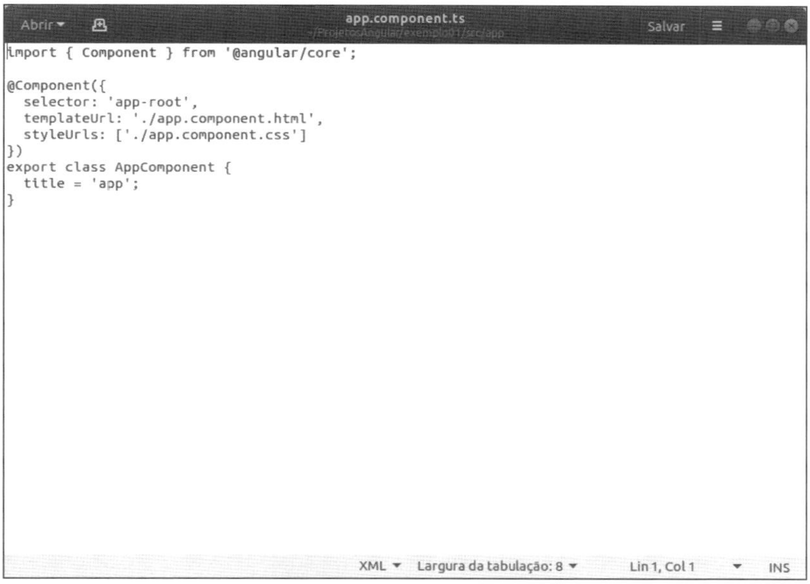

Abrir
app.component.ts
Salvar
import { Component } from '@angular/core';
@Component({
selector: 'app-root',
templateUrl: './app.component.html',
styleUrls: ['./app.component.css']
})
export class AppComponent {
title = 'app';
}
XML
Largura da tabulação: 8
Lin 1, Col 1
INS

Figura 11.13 - Código aberto no editor de texto GEdit.

Exercícios

1. Qual comando precisa ser executado para que uma aplicação em Angular 6 possa ser executada?
2. O que é necessário para executar uma aplicação em Angular 6 no navegador?
3. Em qual arquivo se encontra a definição do componente raiz, criado pelo Angular CLI?
4. Em qual arquivo se encontram as dependências de módulos?

12

Criação de Projetos com IDE

Vamos estudar neste capítulo o uso de uma ferramenta de programação que foi desenvolvida especificamente para ser utilizada em projetos de aplicações Angular a partir da versão 2.

O estudo inclui desde o processo de instalação do ambiente até a criação de um novo projeto com ele, além da edição de alguns arquivos e execução da aplicação.

 ## 12.1 Instalação de um ambiente de desenvolvimento

Temos que admitir que desenvolver um projeto em Angular 6, mesmo que seja de pequeno porte, empregando o método apresentado no capítulo anterior — criando-o de forma totalmente manual — é algo pouco produtivo. Pensando nisso, a comunidade de programadores, junto com a equipe de desenvolvimento do Angular, tem desenvolvido ferramentas para auxiliar esse trabalho. Neste livro, vamos demonstrar como usar o Angular IDE 2017, que é, na verdade, uma versão personalizada do conhecido Eclipse.

Este ambiente de desenvolvimento pode ser baixado a partir do endereço *angular.io* (Figura 12.1). Clique na opção **RESOURCES** para que seja mostrada a tela da Figura 12.2. Clique no item **Angular IDE by Webclipse** e uma nova página será apresentada (Figura 12.3).

Ao clicar no botão **Download Angular IDE**, a tela da Figura 12.4 surgirá em seguida, mostrando a versão do aplicativo que deve ser baixada de acordo com o seu sistema operacional. Clique no botão para que seja baixado o arquivo de instalação.

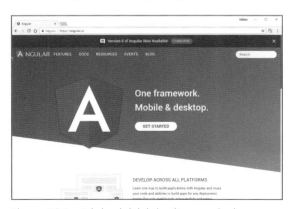

Figura 12.1 – Página inicial do site angular.io.

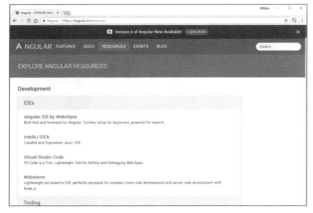

Figura 12.2 – Opções de ambientes de desenvolvimento.

Figura 12.3 – Site da ferramenta Angular IDE 2017.

Figura 12.4 – Página de download da ferramenta Angular IDE 2017.

Após o término do download, execute o arquivo para iniciar a instalação. A tela da Figura 12.5 deve ser mostrada. Clique no botão **Next** e, em seguida, aceite os termos de licença (Figura 12.6) e clique novamente em **Next** para que seja exibida a tela da Figura 12.7, a qual permite a especificação da pasta de instalação da ferramenta. Deixe configurado com o padrão e clique em **Next**. Na tela seguinte deve ser selecionada a versão desejada para instalação (Figura 12.8).

Figura 12.5 – Tela inicial do instalador do Angular IDE 2017.

Figura 12.6 – Tela de aceite dos termos de licença.

Figura 12.7 – Especificação da pasta de instalação.

Após finalizar a instalação, desmarque a caixa de seleção **Launch Angular IDE 2017 CI** e clique no botão **Finish** da tela mostrada pela Figura 12.9.

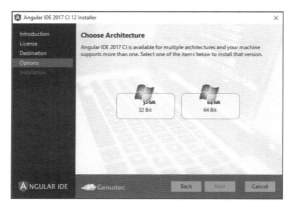

Figura 12.8 – Seleção entre versão de 32 ou 64 bits.

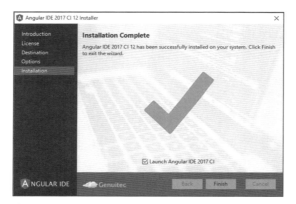

Figura 12.9 – Tela de informação do término da instalação.

 ## 12.2 Criação de um projeto com Angular IDE

Execute o ambiente de desenvolvimento Angular IDE clicando na opção **Angular IDE 2017 CI**, que se encontra no grupo de programas de mesmo nome. Após o programa ser carregado, a tela de saudações da Figura 12.10 é apresentada. Clique no botão **Next** para poder visualizar a próxima tela (Figura 12.11). Marque o último item da linha do tempo (**In Production**) para ativar o botão **Next**. Clique nele para avançar.

A tela seguinte (Figura 12.12) permite que selecionemos um entre dois temas de cores. Escolha um deles e clique em **Next** novamente.

Criação de Projetos com IDE 231

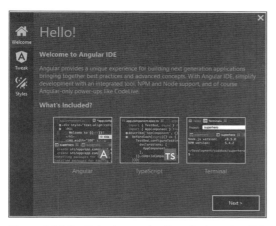

Figura 12.10 – Tela de saudações do Angular IDE.

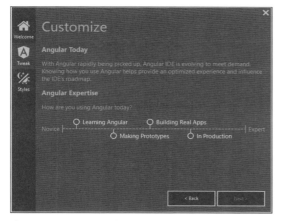

Figura 12.11 – Tela de personalização.

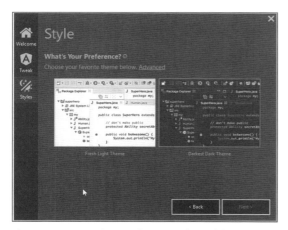

Figura 12.12 – Seleção de tema do ambiente.

Na tela final, mostrada na Figura 12.13, clique na opção **Turn it off**, localizada na última linha de texto. Com isso, essas telas de abertura serão desativadas nas próximas execuções do Angular IDE. Uma janela de mensagem será exibida para confirmação (Figura 12.14). Clique no botão **Use Classic dialog**. Após isso, a conhecida janela de especificação do workspace do Eclipse é apresentada (Figura 12.15). Selecione a pasta que criamos anteriormente (**ProjetosAngular**), por meio do botão **Browse**, e clique em **OK** para que a tela principal da ferramenta possa ser mostrada em seguida (Figura 12.16).

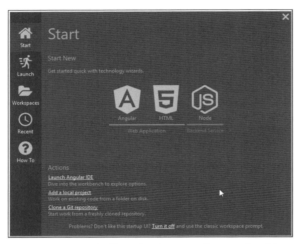

Figura 12.13 – Tela final de abertura do Angular IDE.

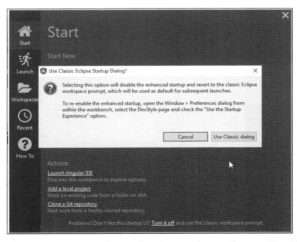

Figura 12.14 – Confirmação de uso da configuração clássica do Angular IDE.

Criação de Projetos com IDE   233

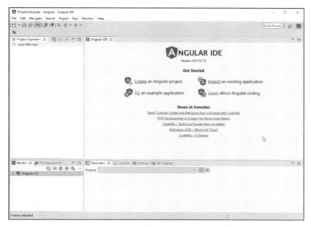

Figura 12.15 – Especificação da pasta de workspace para projetos.

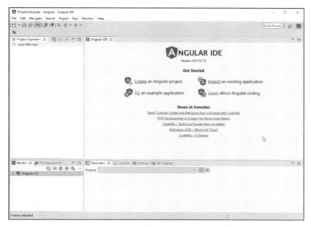

Figura 12.16 – Tela do ambiente de trabalho do Angular IDE.

Para criar um novo projeto, selecione a opção **File → New → Angular Project** (Figura 12.17). A caixa de diálogo da Figura 12.18 é aberta em seguida. Especifique um nome para o projeto na caixa de texto **Project name**. Escolha as versões do Angular CLI, do Node.js e do NPM adequadas (Figura 12.19).

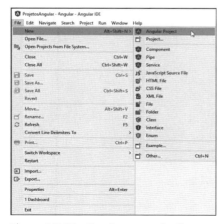

Figura 12.17 – Opção para criação de novo projeto.

Figura 12.18 – Tela de configuração do projeto.

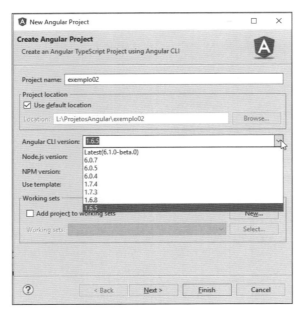

Figura 12.19 – Seleção da versão do Angular CLI.

Clique no botão **Next** para avançar. Na tela da Figura 12.20, clique em **Finish** para finalizar a criação do projeto. O processo durará alguns minutos, sendo que, ao seu término, poderão ser vistos no painel de gerenciamento de projetos as pastas e arquivos gerados (Figura 12.21).

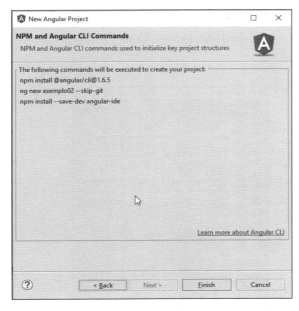

Figura 12.20 – Tela final de configuração do projeto.

Figura 12.21 – Ambiente de trabalho com gerenciador de projetos mostrando arquivos gerados.

O resultado da execução desse processo é o mesmo que obtivemos quando foi criado, no capítulo anterior, o projeto com o comando `ng new`. Para executar a aplicação, clique com o botão direito do mouse sobre o nome do projeto e escolha a opção **Run As → Angular Web Application** (Figura 12.22). O projeto será compilado e depois aberto no navegador, como mostra a Figura 12.23.

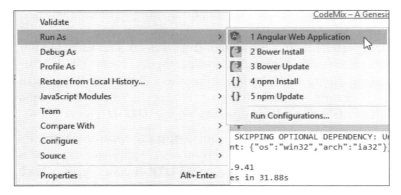

Figura 12.22 – Opção para execução da aplicação.

Depois de fechado o navegador, o servidor Node.js ainda continua ativo. Isso pode ser confirmado no painel denominado **Servers** do Angular IDE. Para interromper o servidor, clique no ícone **Stop Server** (⏹).

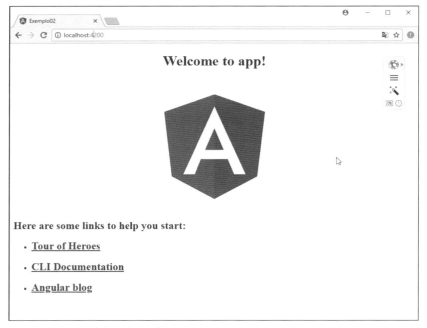

Figura 12.23 – Página da aplicação aberta no navegador.

12.3 Edição do projeto

Da mesma forma que fizemos no capítulo anterior, vamos alterar alguns arquivos desse projeto que acabamos de criar. Antes de iniciar as mudanças, é preciso efetuar uma configuração no projeto que permite definir o conjunto de caracteres a ser utilizado por ele; dessa forma, todos os caracteres acentuados da língua portuguesa serão exibidos corretamente. Clique com o botão direito sobre o nome do projeto e depois escolha a opção **Properties** (Figura 12.24) para abrir a caixa de diálogo da Figura 12.25. Selecione o botão de rádio **Other**, do grupo **Text file encoding**, e escolha a opção **UTF-8** (Figura 12.26).

Um processo similar deve ser executado com o arquivo **app.component.html**, da pasta **src\app**. Sendo assim, clique com o botão direito sobre esse arquivo e selecione a opção **Properties** (Figura 12.27). Escolha também a opção **UTF-8** para o grupo **Text file encoding** (Figura 12.28).

Criação de Projetos com IDE   237

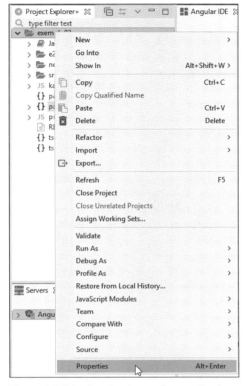

Figura 12.24 – Opção de configuração de propriedades do projeto.

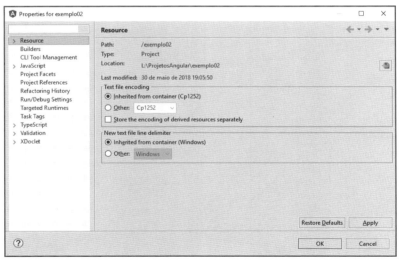

Figura 12.25 – Caixa de diálogo para configuração de propriedades do projeto.

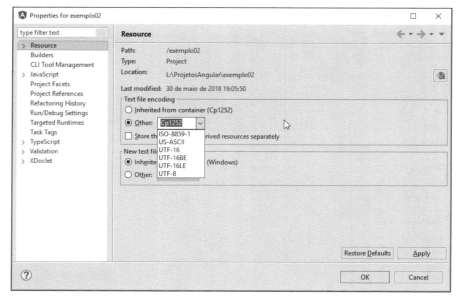

Figura 12.26 – Configuração de conjunto de caracteres.

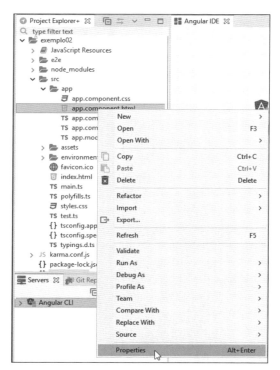

Figura 12.27 – Opção de configuração de propriedades de um arquivo.

Criação de Projetos com IDE   239

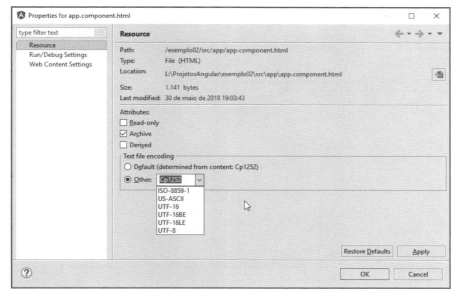

Figura 12.28 – Configuração de propriedades do arquivo app.component.html.

Depois de efetuar a alteração e clicar no botão **OK**, é solicitada a confirmação da operação por meio da caixa de mensagem da Figura 12.29.

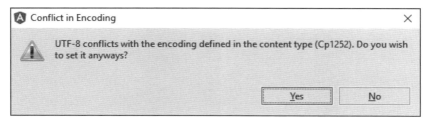

Figura 12.29 – Tela de confirmação da alteração no arquivo.

Para editar um arquivo, dê um clique duplo nele, assim o Angular IDE o abre no editor de códigos. Veja o exemplo da Figura 12.30, com o arquivo **index.html** da pasta **src** aberto.

Figura 12.30 – Edição do arquivo index.html.

Esse arquivo deve ser alterado para o seguinte:

```
<!doctype html PUBLIC "-//W3C//DTD XHTML 1.0 Transitional//EN"
 "http://www.w3.org/TR/xhtml1/DTD/xhtml1-transitional.dtd">
<html xmlns="http://www.w3.org/1999/xhtml" xml:lang="pt-br" lang="pt-br">
<head>
  <meta http-equiv="Content-Type" content="text/html;charset=iso-8859-1" />
  <title>Segundo exemplo de aplicação Angular 6</title>
  <base href="/">

  <meta name="viewport" content="width=device-width, initial-scale=1">
  <link rel="icon" type="image/x-icon" href="favicon.ico">
</head>
<body>
  <app-root></app-root>
</body>
</html>
```

O segundo arquivo a sofrer alterações é o **app.component.html** (pasta **src/app**). As linhas de código modificadas constam na listagem apresentada a seguir:

```
<!--The content below is only a placeholder and can be replaced.-->
<div style="text-align:center">
  <h1>
    Bem-vindo ao {{title}}!
  </h1>
  <img width="300" src="data:image/svg+xml;base64,PHN2ZyB4bWxuc
z0iaHR0cDovL3d3dy53My5vcmcvMjAwMC9zdmciIHZpZXdCb3g9IjAgMCAyNTAgMjUwI
j4KICAgIDxwYXRoIGZpbGw9IiNERDAwMzEiIGQ9Ik0xMjUgMzBMMzEuOSA2My4ybDE0L
jIgMTIzLjFMMTI1IDIzMGw3OC45LTQzLjcgcMTQuMi0xMjMuMXoiIC8+CiAgICA8cGF0
aCBmaWxsPSIjQzMwMDJGIiBkPSJNMTI1IDMwdjIyLjItLjFWMjMwbDc4LjktNDMuNyAxN
C4yLTEyMy4xTDEyNSAzMHoiIC8+CiAgICA8cGF0aCAgZmlsbD0iI0ZGRkZGRiIgZD0iT
TEyNSA_Mi4xTDY2LjggMTgyLjZoMjEuN2wxMS43LTI5LjJoNDkuNGwxMS43IDI5LjJJIM
TgzTDEyNSA1Mi4xem0xNyA4My4zaC0zNGwxNy00MC45IDE3IDQwLjl6IiAvPgogICDwvc
3ZnPg==">
</div>
<h2>Aqui estão alguns links que podem ajudá-lo a começar: </h2>
<ul>
  <li>
    <h2><a target="_blank" rel="noopener" href="https://angular.io/
tutorial">Turnê dos heróis</a></h2>
  </li>
  <li>
    <h2><a target="_blank" rel="noopener" href="https://github.com/
angular/angular-cli/wiki">
Documentação do CLI</a></h2>
  </li>
  <li>
    <h2><a target="_blank" rel="noopener" href="https://blog.angular.
io/">Blog do Angular</a></h2>
  </li>
</ul>
```

O arquivo **app.component.ts** também precisa ter a alteração indicada em negrito na próxima listagem:

```
import { Component } from '@angular/core';

@Component({
  selector: 'app-root',
  templateUrl: './app.component.html',
  styleUrls: ['./app.component.css']
})
export class AppComponent {
  title = 'Segundo Exemplo';
}
```

A última alteração é no arquivo **app.component.css**, e consiste na adição das linhas apresentadas a seguir.

```
div {
    background-color: grey;
}
h2 {
    color: blue;
}
a {
    font-family:times new roman;
    font-style:italic;
}
```

Com isso, definimos algumas regras que devem ser aplicadas aos elementos da página durante sua exibição. Grave tudo clicando no botão **Save All** ( ). Em seguida, execute novamente a aplicação e você deverá ver uma tela similar à da Figura 12.31.

Figura 12.31 - Visualização da página após alterações.

Exercícios

1. Altere o arquivo de folha de estilo app.component.css de modo que o elemento <h2> exiba o texto centralizado na página.
2. Altere esse mesmo arquivo app.component.css de forma que seja exibida a imagem Lamborghini_Hurracan.jpg, que se encontra no arquivo disponível para download no site da editora[1].

---

[1] O material suplementar deste livro está disponível no site www.altabooks.com.br (mediante busca pelo título do livro).

13

Fundamentos de Angular 6

Veremos neste capítulo como é a estrutura de uma aplicação Angular 6 e o que vem a ser componentes web, a base dessa estrutura.

 ## 13.1 Componentes

Uma aplicação Angular 6 é constituída de componentes web, os quais são projetados para a execução de tarefas específicas. Esses componentes são organizados em uma arquitetura na forma de árvore, sendo interligados entre si por meio de interfaces próprias.

Falando em termos mais técnicos, um componente web compreende elementos HTML e regras CSS encapsulados em um conjunto, de forma que o navegador possa saber como deve exibir o conteúdo ao usuário.

No campo de desenvolvimento de software, os componentes podem ser entendidos como pequenas unidades lógicas que, ao serem agrupadas, formam uma aplicação completa. As diversas rotinas dessa aplicação se comunicam com os componentes por meio de um recurso denominado interface, que funciona como uma porta entre a aplicação e o componente. Desse modo, a aplicação somente tem acesso àquilo que é necessário para utilizar o componente.

A aplicação sabe o que o componente faz, mas não sabe como ele faz. Essa característica permite que o componente tenha sua lógica alterada sem que sejam necessárias mudanças na aplicação, desde que a interface permaneça a mesma.

Esse conceito engloba quatro tecnologias, a saber: templates, customização de elementos, Shadow DOM e importação HTML. Elas foram projetadas para tornar possível o desenvolvimento de aplicações web com maior modularidade, mais consistentes e que possam oferecer maior facilidade de manutenção.

Os templates são fragmentos de código HTML que têm como função estruturar o conteúdo que deve ser exibido futuramente ao usuário. Esses fragmentos são construídos com o uso da tag `<template>`. Eles podem conter desde código HTML até folhas de estilo CSS ou rotinas escritas em JavaScript.

A customização de elementos torna possível ao desenvolvedor adicionar novos tipos de elementos ao conjunto padronizado de tags HTML. Um elemento customizado compreende um template que contém, além de código HTML tradicional, itens necessários ao mapeamento da estrutura do layout da página.

Uma página HTML é um arquivo que segue o padrão de documentos DOM (*Document Object Model* — Modelo de Objeto de Documento), que representa o código HTML como uma árvore hierárquica de elementos aninhados. O *Shadow DOM* é um conceito relacionado ao encapsulamento de objetos DOM (código HTML, regras de folha de estilo CSS ou código JavaScript) criados a partir de um elemento DOM. Esse elemento DOM, que pode ser responsável pela criação do Shadow DOM, é conhecido como **ShadowHost**, e o novo elemento é denominado **ShadowRoot**.

 ## 13.2 Estrutura de diretórios e arquivos

Um projeto Angular 6 apresenta, como padrão, os seguintes diretórios (ou pastas):

- **node_modules**: Diretório que contém todos os arquivos das bibliotecas de módulos do Angular 6 necessários à execução da aplicação.
- **src**: Diretório em que se encontram armazenados os arquivos que compõem a aplicação: código HTML, código JavaScript/TypeScript, templates, folhas de estilo, componentes Angular 6 etc.
- **e2e**: Diretório que contém arquivos para execução de testes unitários.

Em nossas duas aplicações, criadas anteriormente, podemos notar que o núcleo delas possui uma estrutura composta por quatro arquivos principais, os quais se relacionam conforme ilustrado graficamente na Figura 13.1.

Ainda em relação a essas duas aplicações, os arquivos que definem o componente web para elas são: *app.component.ts, app.component.html, app.component.css, app.module.ts* e *app.component.spec.ts*.

O arquivo **index.html**, como em qualquer outro tipo de site ou aplicação web, é o ponto de partida, ou seja, ele é responsável pela exibição da página inicial, que dá acesso a todas as funcionalidades da aplicação. No caso de uma aplicação Angular 6, esse arquivo referencia um novo elemento denominado **<app-root>**, o qual não faz parte da linguagem HTML, mas se encontra definido no arquivo **app.component.ts**, um script escrito em TypeScript. Veja a seguir seu conteúdo:

```
<!doctype html PUBLIC "-//W3C//DTD XHTML 1.0 Transitional//EN" "http://
www.w3.org/TR/xhtml1/DTD/xhtml1-transitional.dtd">
<html xmlns="http://www.w3.org/1999/xhtml" xml:lang="pt-br" lang="pt-
br">
<head>
  <meta http-equiv="Content-Type" content="text/html;charset=iso-8859-1"
/>
  <title>Primeiro exemplo de aplicação Angular 6</title>
```

```
  <base href="/">
  <meta name="viewport" content="width=device-width, initial-scale=1">
  <link rel="icon" type="image/x-icon" href="favicon.ico">
  <link rel="stylesheet" href="styles.css">
</head>
<body>
  <app-root></app-root>
</body>
</html>
```

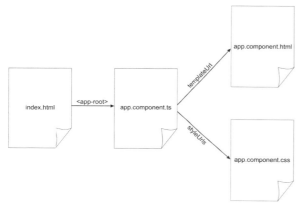

Figura 13.1 – Relacionamento entre os arquivos da aplicação.

Vamos analisar em maiores detalhes a estrutura desse arquivo, que é formada por três seções, conforme ilustrado na Figura 13.2.

```
Importação       import { Component } from '@angular/core';
de módulos

                 @Component({
                   selector: 'app-root',
Component          templateUrl: './app.component.html',
Decorator          styleUrls: ['./app.component.css']
                 })

                 export class AppComponent {
      Classe       title = 'Segundo Exemplo';
                 }
```

Figura 13.2 – Seções do arquivo app.component.ts.

A primeira seção contém diretivas que comandam a importação dos módulos necessários, utilizando para isso o comando **import**. Devemos ter um comando **import** para cada módulo que importarmos para a aplicação. Entre o par de chaves, deve ser especificado o nome do módulo e, depois da palavra reservada **from**, deve vir o nome da biblioteca, entre aspas ou apóstrofo. Nosso exemplo de aplicação, por ser bastante simples, importa somente o módulo *Component* que faz parte da biblioteca *@angular/core*.

Na segunda seção temos a definição de um *Component Decorator*, identificável pela expressão **@Component** e que consiste na declaração de uma função que possui uma matriz de dados associada ao componente que se está definindo. Nessa matriz encontramos três propriedades, mas podemos ter muitas outras. A primeira propriedade, denominada **selector**, é utilizada para especificação do nome do novo elemento que deve ser acrescentado ao conjunto de tags padrão da linguagem HTML.

A segunda propriedade, identificada pela palavra reservada **templateUrl**, nos permite especificar um arquivo em formato HTML que será inserido no lugar do elemento definido por **selector**. Em outras palavras, na renderização da página que contém esse elemento, ele será substituído por todo o código HTML do arquivo referenciado por **templateUrl**.

A Figura 13.3 demonstra como é esse processo de substituição de código.

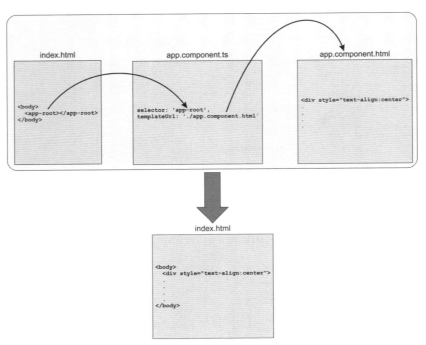

Figura 13.3 – Processo de inserção de conteúdo HTML via templateUrl.

Do mesmo modo que **templateUrl** insere um arquivo HTML, a propriedade **styleUrls** o faz para um arquivo de folha de estilo CSS. No entanto ela permite a especificação de vários arquivos separados por vírgula.

É importante destacar que o arquivo HTML referenciado como template não possui todas as seções de uma página normal, como as tags `<html>`, `<header>` e `<body>`.

A última seção deste arquivo contém a declaração de uma classe. Nesse caso específico, ela contém apenas a associação de um valor ao atributo denominado **title**, mas podemos ter diversos atributos e até mesmo métodos funcionais. Essa classe é exportada para que seja possível sua utilização por outros arquivos e módulos. Toda aplicação Angular 6 precisa ter um elemento raiz para poder iniciar e ele é, convencionalmente, denominado **AppComponent**, o nome dessa classe.

Aqui podem ser empregados todos os recursos disponíveis na linguagem TypeScript, como definição de propriedades, métodos acessores (set e get), construtores etc.

 ## 13.3 Módulos e programa principal

Uma aplicação Angular 6 também necessita de, ao menos, um módulo raiz, normalmente definido no arquivo **app.module.ts**. Nele temos a definição de como os elementos da aplicação devem trabalhar.

No caso da nossa pequena aplicação denominada *exemplo01*, esse arquivo contém o código exibido a seguir.

```
import { BrowserModule } from '@angular/platform-browser';
import { NgModule } from '@angular/core';

import { AppComponent } from './app.component';

@NgModule({
  declarations: [
    AppComponent
  ],
  imports: [
    BrowserModule
  ],
  providers: [],
  bootstrap: [AppComponent]
})
export class AppModule { }
```

Esse módulo faz uso dos componentes Angular 6 denominados *BrowserModule* e *NgModule*, daí a necessidade das duas diretivas de importação no início do código. Também é necessário importar nosso próprio componente da aplicação (*AppComponent*).

De modo similar ao que vimos no arquivo de definição do componente *AppComponent*, o módulo decorador denominado **@NgModule** é composto de um conjunto de metadados formado pelas matrizes *declarations*, *imports*, *providers* e *boostrap*.

Na matriz *declarations* estão armazenados os nomes dos componentes que nossa aplicação precisa. Uma vez que apenas temos o componente *AppComponent* nesse exemplo, ele é o único a ser referenciado.

Em *imports* encontramos a relação dos módulos necessários à execução da aplicação, que no exemplo contém apenas BrowserModule.

Por outro lado, a matriz *bootstrap* deve conter o nome do módulo que deve ser inserido no documento **index.html** da aplicação. Uma classe para esse módulo é definida e exportada com o nome *AppModule*.

Para que o ambiente de execução da aplicação seja preparado, de modo que esteja pronto para carregar nosso(s) componente(s), precisamos de um arquivo que represente o ponto de partida da aplicação. Esse arquivo é denominado **main.ts** e seu conteúdo pode ser visto na listagem a seguir:

```
import { enableProdMode } from '@angular/core';
import { platformBrowserDynamic } from '@angular/platform-browser-dynamic';

import { AppModule } from './app/app.module';
import { environment } from './environments/environment';

if (environment.production) {
  enableProdMode();
}

platformBrowserDynamic().bootstrapModule(AppModule)
  .catch(err => console.log(err));
```

Os componentes necessários são carregados por meio da diretiva **import**. Temos então uma instrução condicional **if** para verificar se está habilitado o modo de trabalho produção.

Por fim, é efetuada uma chamada ao método **bootstrapModule()**, passando-lhe como parâmetro o nome do nosso módulo raiz (**AppModule**).

 ## 13.4 Vinculação de dados

A vinculação de dados é um recurso oferecido pelo Angular 6 que torna possível o acesso a propriedades definidas em componentes. Para isso, utiliza-se uma sintaxe própria composta pelo nome da propriedade dentro dos símbolos {{ e }}.

Isso faz com que o valor armazenado na propriedade seja inserido dentro do código HTML gerado, naquela posição específica. Qualquer alteração no valor dessa propriedade é refletida automaticamente na sua representação em HTML. Já utilizamos esse recurso no estudo do AngularJS.

Nossas duas pequenas aplicações de exemplo também fizeram uso desse recurso na exibição do título da página dentro do código HTML do template **app.component.html**, utilizando a expressão {{title}}, conforme mostra a seguinte listagem:

```
<!--The content below is only a placeholder and can be replaced.-->
<div style="text-align:center">
  <h1>
```

```
    Bem-vindo ao {{title}}!
  </h1>
  <img width="300" src="data:image/svg+xml;base64,PHN2ZyB4bWxuc
z0iaHR0cDovL3d3dy53My5vcmcvMjAwMC9zdmciIHZpZXdCb3g9IjAgMCAyNTAgMjUwI
j4KICAgIDxwYXRoIGZpbGw9IiNERDAwMzEiIGQ9Ik0xMjUgMzBMMzEuOSA2My4ybDE0L
jIgMTIzLjFMMTI1IDIzMGw3OC45LTQzLjcgMTQuMi0xMjMuMXoiIC8+CiAgICA8cGF0a
CBmaWxsPSIjQzMwMDJGIiBkPSJNMTI1IDMwdjIyLjItLjFWMjMwbDc4LjktNDMuNyAxN
C4yLTEyMy40xTDEyNSAzMHoiIC8+CiAgICA8cGF0aCAgZmlsbD0iI0ZGRkZGRiIgZD0iT
TEyNSA1Mi4xTDY2LjggMTgyLjZoMjEuN2wxMS43LTI5LjJoNTQuNGwxMS43IDI5LjJIM
TgzTDEyNSA1Mi4xem0xNyA4My4zaC0zNGwxNy00MC45IDE3IDQwLjl6IiAvPgogIDwvc
3ZnPg==">
</div>
<h2>Aqui estão alguns links para ajudá-lo a começar: </h2>
<ul>
  <li>
    <h2><a target="_blank" rel="noopener" href="https://angular.io/
tutorial">Turnê dos Heróis</a></h2>
  </li>
  <li>
    <h2><a target="_blank" rel="noopener" href="https://github.com/
angular/angular-cli/wiki">Documentação CLI</a></h2>
  </li>
  <li>
    <h2><a target="_blank" rel="noopener" href="https://blog.angular.
io/">Blog do Angular</a></h2>
  </li>
</ul>
```

Os filtros que estudamos anteriormente em AngularJS, denominados pipe e representados pelo símbolo |, também podem ser empregados em aplicações Angular 6 para modificar a aparência do valor presente em uma propriedade no momento da sua exibição. Como exemplo, podemos modificar os arquivos apresentados nas listagens a seguir, de modo que seja configurado o formato de exibição de uma propriedade que contém a data do sistema.

Arquivo app.component.ts

```
import { Component } from '@angular/core';

@Component({
  selector: 'app-root',
  templateUrl: './app.component.html',
  styleUrls: ['./app.component.css']
})
export class AppComponent {
  title = 'Meu primeiro exemplo Angular';
  dataAtual = new Date;
}
```

Arquivo app.component.html

```html
<!--The content below is only a placeholder and can be replaced.-->
<div style="text-align:center">
  <h1>
    Bem-vindo ao {{title}}!
  </h1>
  <h2>
      Hoje é {{dataAtual | date:"dd/MM/yyyy"}}
  </h2>
  <img width="300" src="data:image/svg+xml;base64,PHN2ZyB4bWxuc
z0iaHR0cDovL3d3dy53My5vcmcvMjAwMC9zdmciIHZpZXdCb3g9IjAgMCAyNTAgMjUwI
j4KICAgIDxwYXRoIGZpbGw9IiNERDAwMzEiIGQ9Ik0xMjUgMzBMMzEuOSA2My4ybDE0L
jIgMTIzLjFMMTI1IDIzMGw3OC45LTQzLjcgMTQuMi0xMjMuMXoiIC8+CiAgICA8cGF0a
CBmaWxsPSIjQzMwMDJGIiBkPSJNMTI1IDMwdjIyLjItLjFWMjMwbDc4LjktNDMuNyAxN
C4yLTEyMy4xTDEyNSAzMHoiIC8+CiAgICA8cGF0aCAgZmlsbD0iI0ZGRkZGRiIgZD0iT
TEyNSA1Mi4xTDY2LjggMTgyLjZoMjEuN2wxMS43LTI5LjJoNDkuNGwxMS43IDI5LjJIM
TgzTDEyNSA1Mi4xem0xNyA4My4zaC0zNGwxNy00MC45IDE3IDQwLjl6IiAvPgogIDwvc
3ZnPg==">
</div>
<h2>Aqui estão alguns links para ajudá-lo a começar: </h2>
<ul>
  <li>
    <h2><a target="_blank" rel="noopener" href="https://angular.io/
tutorial">Turnê dos Heróis</a></h2>
  </li>
  <li>
    <h2><a target="_blank" rel="noopener" href="https://github.com/
angular/angular-cli/wiki">Documentação CLI</a></h2>
  </li>
  <li>
    <h2><a target="_blank" rel="noopener" href="https://blog.angular.
io/">Blog do Angular</a></h2>
  </li>
</ul>
```

Depois de gravar as alterações, execute o projeto dentro do Angular IDE. Veja a Figura 13.4.

Note que o valor da propriedade **dataAtual** foi formatado na exibição para aparecer como Dia/Mês/Ano.

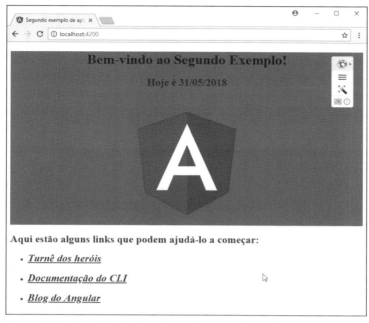

Figura 13.4 - Resultado das alterações na aplicação.

 Exercícios

1. Descreva o que é um componente web em Angular 6.
2. Quais são as tecnologias englobadas pelos componentes web?
3. Em qual diretório ficam armazenados os arquivos que formam nossa aplicação Angular 6?
4. Quais sãos os arquivos que, juntos, formam um componente web padrão Angular 6?
5. Qual é a utilidade do recurso de vinculação de dados em Angular 6?
6. Suponha as propriedades de um componente definidas com os nomes nomeCidade e nomeEstado. Para exibição de seus valores, separados por vírgula, poderíamos utilizar a linha de código correta, que seria:

    (a) {{nomeCidade, nomeEstado}}
    (b) {{nomeCidade}}, {{nomeEstado}}
    (c) {{nomeCidade}+","+{nomeEstado}}
    (d) {{nomeCidade}}, {{nomeEstado}}
    (e) {{nomeCidade+,+nomeEstado}}

14

Criação de Exemplo Prático

Neste capítulo vamos criar um novo projeto Angular 6 e alterá-lo de modo que ele seja adaptado à nossa necessidade. As alterações envolvem a adição de atributos e funções à classe AppComponent, criação de filtro Pipe personalizado e adaptação dos arquivos HTML. Tomaremos como base o exemplo de cálculo de juros apresentado anteriormente, no Capítulo 8.

 ## 14.1 Alteração da classe AppComponent

Como já mencionado na abertura deste capítulo, nosso projeto consistirá em um aplicação baseada no **exemplo03.ts**, criado no Capítulo 8, e que calcula os juros aplicados a um valor principal, por determinado período de tempo com uma dada taxa em porcentagem.

Crie um novo projeto no Angular IDE por meio da opção **File → New → Angular Project**. Especifique com o nome do projeto a cadeia de caracteres "exemplo03".

Conforme já vimos no capítulo anterior, uma aplicação Angular 6 é fundamentalmente baseada no vínculo entre quatro arquivos principais: **index.html**, **app.component.ts**, **app.component.html** e **app.component.css**. A primeira providência que devemos tomar é alterar o arquivo **app.component.ts**, responsável pela definição da classe **AppComponent**. O código gerado pelo Angular IDE é o seguinte:

```
import { Component } from '@angular/core';

@Component({
  selector: 'app-root',
  templateUrl: './app.component.html',
  styleUrls: ['./app.component.css']
})
export class AppComponent {
  title = 'app';
}
```

A alteração que faremos consiste na adição de quatro atributos, um construtor, uma função para cálculo dos juros e quatro métodos acessores para lermos os valores armazenados nos atributos privados da classe. As linhas destacadas em negrito na listagem apresentada a seguir correspondem às alterações que devem ser feitas no código original:

```typescript
import { Component } from '@angular/core';

@Component({
  selector: 'app-root',
  templateUrl: './app.component.html',
  styleUrls: ['./app.component.css']
})

export class AppComponent {
  private valor: number;
  private taxa: number;
  private tempo: number;

  public constructor() {
    this.valor = 2500;
    this.taxa = 2;
    this.tempo = 5;
  }

  private calculaJuros(): number {
    return (this.valor * this.taxa * this.tempo) / 100;
  }

  get ValorPrincipal(): number {
    return this.valor;
  }

  get ValorTaxa(): number {
    return this.taxa;
  }

  get ValorTempo(): number {
    return this.tempo;
  }

  get ValorJuros(): number {
    return this.calculaJuros();
  }
}
```

Note que o método acessor **ValorJuros()** invoca a função **calculaJuros()**, que é privada à classe. Os métodos acessores são necessários tendo em vista que os atributos são privados, o que impede o acesso aos seus valores por códigos externos à classe.

Foram declarados apenas acessores de leitura (*getters*), uma vez que o próprio código armazena valores nos atributos, via construtor da classe. Posteriormente veremos como fazer essa atribuição por meio de acessores de escrita (*setters*).

 ## 14.2 Definição de filtro personalizado

O próximo arquivo a ser alterado é o template **app.component.html**. No entanto as alterações que aplicaremos demandarão a adição de um novo arquivo ao projeto. Nesse arquivo definiremos um filtro personalizado para exibição de valores numéricos com duas casas decimais, separadas por vírgula das casas inteiras. Ele consiste, na verdade, em uma classe TypeScript que implementa a interface **PipeTransform**.

Para criar essa classe, clique com o botão direito do mouse sobre a pasta app no painel de gerenciamento de projetos e selecione a opção **New → Pipe** do menu local aberto (Figura 14.1). Na tela seguinte (Figura 14.2), especifique a expressão "formatar" no campo **Element Name**. Note que o Angular IDE gera automaticamente o nome da classe como sendo *FormatarPipe* (Figura 14.3).

Figura 14.1 – Opção para criação de filtro personalizado.

Após clicar no botão **Next**, deve ser vista a tela da Figura 14.4, cuja mensagem mostra o comando a ser executado para criação da nova classe TypeScript. Para iniciar o processo de definição da classe, clique em **Finish**.

Depois de alguns segundos, você notará que foram adicionados dois novos arquivos no painel de gerenciamento de projetos (Figura 14.5).

Figura 14.2 – Caixa de diálogo para criação de filtro.

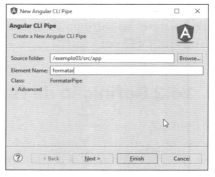

Figura 14.3 – Especificação do nome do filtro personalizado.

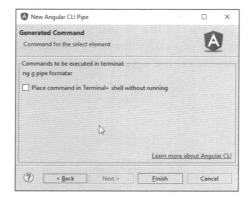

Figura 14.4 – Finalização da criação do filtro.

Figura 14.5 – Arquivos criados para o filtro.

Dê um clique duplo no arquivo **formatar.pipe.ts** para poder ver seu conteúdo, listado a seguir:

```
import { Pipe, PipeTransform } from '@angular/core';

@Pipe({
  name: 'formatar'
})
export class FormatarPipe implements PipeTransform {

  transform(value: any, args?: any): any {
    return null;
  }

}
```

Esse é um código modelo, que deve ser adaptado conforme nossas necessidades por meio de alterações no método **transform()**. Altere a linha com a instrução return conforme demonstrado na seguinte listagem:

```
import { Pipe, PipeTransform } from '@angular/core';

@Pipe({
  name: 'formatar'
})
export class FormatarPipe implements PipeTransform {

  transform(value: any, args?: any): any {
    return value.toLocaleString('pt-BR', {minimumFractionDigits: 2});
  }

}
```

O que este método faz é retornar o valor numérico armazenado no parâmetro **value** formatado para o sistema decimal brasileiro, com no mínimo duas casas após a vírgula. Note que tanto o parâmetro quanto o tipo de dado retornado pelo método são declarados como sendo **any**, ou seja, qualquer tipo pode ser utilizado.

A título de curiosidade, abra o arquivo **app.module.ts** dando um clique duplo nele. Seu conteúdo deve ser o seguinte:

```
import { BrowserModule } from '@angular/platform-browser';
import { NgModule } from '@angular/core';

import { AppComponent } from './app.component';
import { FormatarPipe } from './formatar.pipe';

@NgModule({
  declarations: [
    AppComponent,
    FormatarPipe
  ],
  imports: [
    BrowserModule
  ],
  providers: [],
  bootstrap: [AppComponent]
})
export class AppModule { }
```

As duas linhas destacadas em negrito foram adicionadas automaticamente pelo Angular IDE quando criamos o filtro personalizado. Isso significa que ele já está referenciado pela declaração de módulos.

Agora estamos prontos para efetuar as alterações desejadas no arquivo de template HTML. Dê um clique duplo no arquivo **app.component.html** para abri-lo no editor. Então altere todo o código para o seguinte:

```
<h1 style="text-align: center;"><span style="font-family:
Helvetica,Arial,sans-serif;">Cálculo de Juros</span></h1>
Valor principal: <span style="font-weight: bold;">{{ValorPrincipal |
formatar}}</span><br>
Taxa (%): <span style="font-weight: bold;">{{ValorTaxa | formatar}}</span><br>
Período (tempo em meses): <span style="font-weight:
bold;">{{ValorTempo}}</span><br>
<br>
Valor dos juros: <span style="font-weight: bold;">{{ValorJuros |
formatar}}</span><br>
```

Esse código HTML exibe os valores presentes nos atributos da classe **AppComponent** utilizando os métodos acessores *get*. Esses valores são, ainda, formatados por meio da aplicação do filtro personalizado que criamos anteriormente, com exceção do método **ValorTempo**, por ser um valor inteiro e não decimal.

 ## 14.3 Últimos ajustes

Estamos quase finalizando as alterações em nosso projeto. Acesse o arquivo **index.html** dando um clique duplo nele. Altere seu código para o seguinte:

```
<!doctype html PUBLIC "-//W3C//DTD XHTML 1.0 Transitional//EN" "http://
www.w3.org/TR/xhtml1/DTD/xhtml1-transitional.dtd">
<html xmlns="http://www.w3.org/1999/xhtml" xml:lang="pt-br" lang="pt-
br">
<head>
  <meta http-equiv="Content-Type" content="text/html;charset=utf-8" />
  <title>Exemplo 03 - Cálculo de Juros</title>
  <base href="/">

  <meta name="viewport" content="width=device-width, initial-scale=1">
  <link rel="icon" type="image/x-icon" href="favicon.ico">
</head>
<body>
  <app-root></app-root>
</body>
</html>
```

Uma vez que nosso código HTML possui caracteres acentuados da língua portuguesa, será necessário configurar os arquivos **index.html** e **app.component.html** para serem gravados com o formato de codificação UTF-8. Para efetuar essa configuração, a partir do painel de gerenciamento de projetos, clique com o botão direito do mouse sobre esses arquivos e depois escolha a opção **Properties** do menu local apresentado (Figura 14.6).

Na caixa de diálogo aberta (Figura 14.7), marque a opção **Other** do quadro **Text file encoding**. Então, clique na caixa de combinação e selecione a opção **UTF-8** (Figura 14.8). Grave todo o projeto clicando no ícone **Save All** (■).

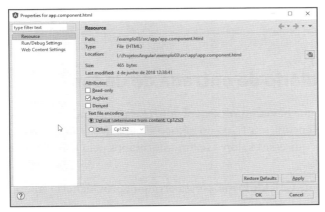

Figura 14.6 – Caixa de diálogo de propriedades de arquivos do projeto.

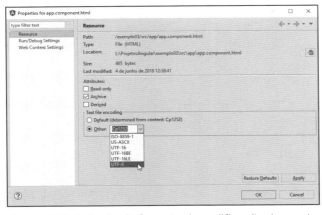

Figura 14.7 – Seleção do formato de codificação do arquivo.

No painel de servidores (aba **Servers**), selecione o projeto exemplo03 e depois clique no ícone **Start Server** (●) para iniciar o servidor Node.js. Com isso, a carga da aplicação no navegador será mais rápida e evita a ocorrência de mensagens emitidas por ele informando problemas de demora na resposta. Depois de iniciado o servidor, selecione **Run As** → **Angular Web Application** para rodar a aplicação. O resultado deve ser o mostrado pela Figura 14.9.

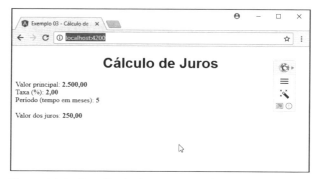

Figura 14.8 – Resultado da execução do projeto.

14.4 Uso de formulário de entrada de dados

Nosso exemplo de cálculo de juros, que havíamos desenvolvido, tem um grande problema: ele é estático, ou seja, os valores se encontram fixos no código da aplicação. O correto é, como em todo programa aplicativo, que esses valores sejam informados pelo usuário. Isso é o que faremos neste último tópico.

Crie um novo projeto com o nome **CalculoJuros**. Nossa primeira providência é alterar o código do arquivo **index.html** para o seguinte:

```html
<!doctype html>
<html lang="en">
<head>
  <meta charset="utf-8">
  <title>Cálculo de Juros</title>
  <base href="/">

  <meta name="viewport" content="width=device-width, initial-scale=1">
  <link rel="icon" type="image/x-icon" href="favicon.ico">
</head>
<body>
  <app-root></app-root>
</body>
</html>
```

Da mesma forma que fizemos anteriormente, crie uma nova classe de definição de filtro por meio da opção **New → Pipe** do menu local aberto ao clicar o botão direito do mouse sobre a pasta **src\app**. O nome do filtro deve ser formatar, e o código do arquivo **formatar.pipe.ts**, gerado pelo Angular IDE, deve ser o seguinte:

```
import { Pipe, PipeTransform } from '@angular/core';

@Pipe({
  name: 'formatar'
})
export class FormatarPipe implements PipeTransform {

  transform(value: any, args?: any): any {
    return value.toLocaleString('pt-BR', {minimumFractionDigits: 2});
  }

}
```

Abra o arquivo **app.component.ts** com um duplo clique nele e altere seu código para o apresentado na listagem a seguir:

```
import { Component } from '@angular/core';

@Component({
  selector: 'app-root',
  templateUrl: './app.component.html',
  styleUrls: ['./app.component.css']
})
export class AppComponent {
  TituloAplicacao = 'Cálculo de Juros';
  ValorPrincipal: number;
  Taxa: number;
  Tempo: number;

  public constructor() {
    this.ValorPrincipal = 1;
    this.Taxa = 1;
    this.Tempo = 1;
  }

  public ValorJuros(): number {
    return (this.ValorPrincipal * this.Taxa * this.Tempo) / 100;
  }
}
```

Como é possível perceber, a classe **AppComponent** é bastante similar à do exemplo anterior, sendo que as principais diferenças remetem à declaração dos atributos, que agora não são mais privados, e à ausência dos métodos acessores `get`.

O próximo passo é alterar o código do template que corresponde à página HTML, denominado **app.component.html**. Nesse arquivo definiremos duas áreas, uma que permite a entrada de dados por meio de um formulário e outra para exibição dos dados digitados e do valor calculado dos juros. A listagem a seguir contém o código que deve ser atribuído a esse arquivo:

```html
<div style="text-align:center">
  <h1>
    {{TituloAplicacao}}
  </h1>
</div>
<form>
    <p>Valor principal:<input type="number" id="ValorPrincipal"
[value]="ValorPrincipal" (input)="ValorPrincipal=$event.target.value"
/></p>
    <p>Taxa (%):<input type="number" id="Taxa" [value]="Taxa"
(input)="Taxa=$event.target.value" /></p>
    <p>Período (tempo em meses):<input type="number" id="Tempo"
[value]="Tempo" (input)="Tempo=$event.target.value" /></p>
</form>

<br/>
<br/>
<p>Valor principal: {{ValorPrincipal}}</p>
<p>Taxa (%):{{Taxa}}</p>
<p>Período (tempo em meses):{{Tempo}}</p>
<p>Juros:{{ValorJuros() | formatar}}</p>
```

Conforme já estudado, para exibir em uma página HTML qualquer valor armazenado em um atributo/variável pertencente a classes escritas em Angular, devemos utilizar o operador de interpolação {{}}. Já a vinculação de um elemento de entrada de dados de um documento HTML, como o definido pela tag `<input>`, exige um pouco mais de trabalho.

Neste caso, é necessário vincular um evento que responda à entrada feita pelo usuário para atualizar o valor da propriedade Angular. A sintaxe correta para aplicação desse vínculo é (objeto)="expressão". Em nosso exemplo, o objeto que dispara o evento é `input`, e a expressão é formada pela atribuição do valor retornado pela propriedade `value` do objeto `$event.target` ao respectivo elemento de entrada do formulário. Por exemplo, `(input)="ValorPrincipal=$event.target.value` significa que o valor de `$event.target.value` é atribuído à propriedade `ValorPrincipal`.

Para criar um vínculo de mão dupla (o famoso *two-way binding*), utilizamos também uma expressão que atribui à propriedade `value` do elemento o valor armazenado no respectivo atributo da classe Angular, como no seguinte exemplo: `[value]="ValorPrincipal"`.

Altere o padrão de codificação dos arquivos **index.html** e **app.component.html** para UTF-8, conforme fizemos com o projeto exemplo03.

Após gravar todo o projeto com um clique no ícone **Save All** (), execute o servidor Node.js selecionando o item **CalculoJuros** e clicando no ícone **Start Server** (). Depois, execute a aplicação (opção **Run As → Angular Web Application**). Deverá ser apresentada a tela da Figura 14.10.

Note como os valores definidos como padrão pelo construtor da classe são exibidos corretamente tanto nas caixas de entrada quanto na área de visualização na parte inferior.

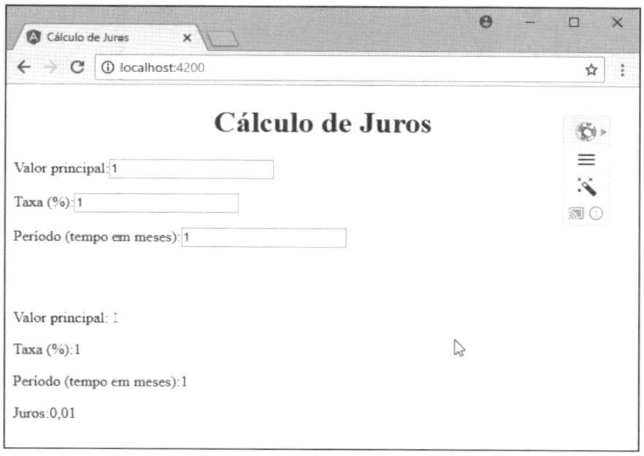

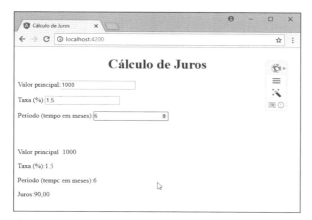

Figura 14.9 – Resultado da execução da aplicação.

Ao serem digitados novos valores, a área de exibição inferior reflete automaticamente as alterações (Figura 14.11). Conforme é possível ver, até o valor dos juros é calculado dinamicamente, à medida que os dados são inseridos.

Figura 14.10 – Exemplo de atualização em tempo real dos dados.

Podemos melhorar o código do arquivo **app.component.html** de modo que ele se torne mais fácil de entender, pois, convenhamos, a técnica de vinculação de dados é um tanto confusa e repetitiva. Podemos empregar a diretiva `ngModel`, como fizemos em nosso estudo do AngularJS.

Para que isso seja possível, devemos, em primeiro lugar, adicionar uma referência ao módulo **FormsModule** (biblioteca **@angular/forms**). Abra o arquivo **app.module.ts** e altere seu conteúdo de forma que fique conforme o indicado na seguinte listagem:

```
import { BrowserModule } from '@angular/platform-browser';
import { NgModule } from '@angular/core';
import { FormsModule } from '@angular/forms';

import { AppComponent } from './app.component';
import { FormatarPipe } from './formatar.pipe';

@NgModule({
  declarations: [
    AppComponent,
    FormatarPipe
  ],
  imports: [
    BrowserModule,
    FormsModule
  ],
  providers: [],
  bootstrap: [AppComponent]
})
export class AppModule { }
```

Em seguida, modifique o arquivo **app.component.html** substituindo as linhas que contêm os elementos `input` pelas que estão apresentadas em negrito na listagem a seguir:

```
<div style="text-align:center">
  <h1>
    {{TituloAplicacao}}
  </h1>
</div>
<form>
      <p>Valor principal:<input type="number" name="ValorPrincipal" id="ValorPrincipal" [(ngModel)]="ValorPrincipal" /></p>
      <p>Taxa (%):<input type="number" name="Taxa" id="Taxa" [(ngModel)]="Taxa" /></p>
      <p>Período (tempo em meses):<input type="number" name="Tempo" id="Tempo" [(ngModel)]="Tempo" /></p>
</form>

<br/>
<br/>
<p>Valor principal: {{ValorPrincipal}}</p>
<p>Taxa (%):{{Taxa}}</p>
<p>Período (tempo em meses):{{Tempo}}</p>
<p>Juros:{{ValorJuros() | formatar}}</p>
```

Note que, diferentemente do AngularJS, precisamos envolver a diretiva entre os símbolos [(e)]. É importante também destacar que o uso da diretiva **ngModel** exige a inclusão do atributo **name**, para que o Angular possa mapear corretamente o componente com o elemento HTML.

No próximo capítulo, iniciaremos a construção do nosso aplicativo de aluguel de carros utilizando o Angular 6.

Exercícios

1. Altere a classe AppComponent (arquivo app.component.ts) de modo que ele grave, em um atributo denominado juros, o valor calculado.

2. Qual é a interface que precisamos implementar para criar um novo filtro?

3. Assinale a alternativa que apresenta a sintaxe correta empregada na vinculação de uma propriedade chamada PrecoCusto, de uma classe Angular, com um elemento input do documento HTML.

(a) value=(PrecoCusto)
(b) PrecoCusto in value
(c) value=PrecoCusto
(d) [value]="PrecoCusto"
(e) [value]=PrecoCusto

4. Assinale a alternativa que apresenta o formato de uso correto da diretiva ngModel no Angular 6.

(a) {ngModel}
(b) [(ngModel)]
(c) (ngModel)
(d) [ngModel]
(e) "ngModel"

15

Instalação do MySQL e do PHP

Este capítulo demonstra o processo de instalação do gerenciador de banco de dados MySQL e do servidor de aplicações PHP. Também apresenta as configurações necessárias para o Apache e a PHP funcionarem adequadamente.

Como último assunto, é descrita a criação da base de dados utilizada no desenvolvimento da nova versão da aplicação de locadora de veículos.

 ## 15.1 Instalação do servidor de banco de dados MySQL

No Capítulo 2 estudamos o processo de instalação e configuração do servidor web Apache. Uma vez que iniciaremos, a partir deste capítulo, o desenvolvimento de uma aplicação que faz chamadas a um Web Service escrito em PHP para manipular um banco de dados relacional padrão MySQL, precisaremos preparar o terreno com a instalação dessas duas ferramentas.

Vamos começar pelo servidor de banco de dados MySQL, um servidor muito popular entre a comunidade de desenvolvedores, tanto para aplicações web quanto para sistemas desktop ou cliente/servidor. Para baixar o arquivo de instalação, é necessário acessar o endereço *mysql.com/downloads*; assim, é apresentada a tela da Figura 15.1. Selecione a opção **Community**, mostrada na barra de menu de cor azul. Com isso é exibida a tela da Figura 15.2. Clique no item **MySQL Comminty Server** para acessar a página seguinte (Figura 15.3). A versão Community, utilizada por nós, é totalmente gratuita e oferece todos os recursos necessários ao gerenciamento de uma base de dados relacional, além de apresentar um excelente desempenho, grande robustez e uma segurança de dados eficiente.

Figura 15.1 – Página contendo opções de download do MySQL.

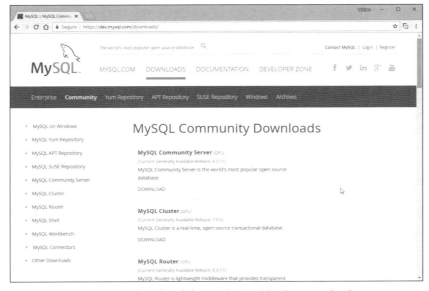

Figura 15.2 – Tela para download da versão MySQL Community Server.

Instalação do MySQL e do PHP   271

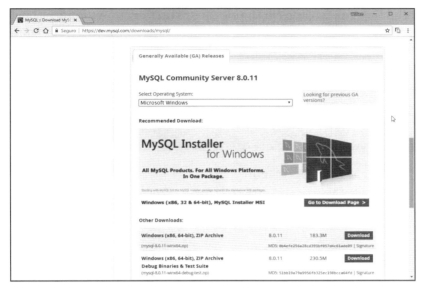

Figura 15.3 – Opções de download da versão do MySQL Community Server.

Clique no botão **Go to Download Page** e, na tela seguinte (Figura 15.4), clique no segundo botão **Download** para baixar a versão completa do instalador.

Figura 15.4 – Lista de opções de arquivos de instalação.

A última página do site exibe a opção **No thanks, just start my download**, na qual devemos clicar para iniciar o download do arquivo escolhido anteriormente. Veja a Figura 15.5. Quando o download terminar, execute o arquivo baixado para iniciar a instalação do MySQL.

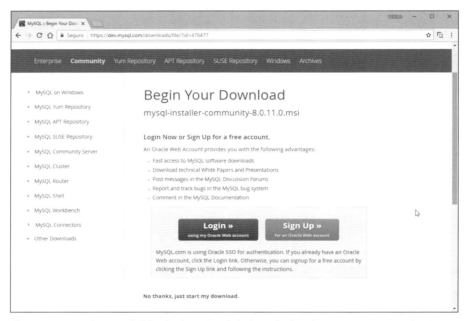

Figura 15.5 – Tela para início do download do instalador do MySQL Community Server.

Na primeira tela do instalador, marque a opção **I accept the license terms** e clique no botão **Next**. Uma nova tela é apresentada, a qual lhe permite selecionar os itens que deseja instalar. Depois de feita a escolha, clique no botão **Next** novamente. Na tela seguinte, clique em **Execute** para dar início à instalação. Ao ser completado o processo, uma tela final é exibida, contendo um botão **Next** que deve ser clicado.

O utilitário de configuração do MySQL é iniciado em seguida. Na primeira tela dessa ferramenta, deixe selecionada a opção **Development Machine** e clique em **Next**. Em seguida, informe uma senha para o usuário root do servidor MySQL. Clique no botão **Next** das telas seguintes até que seja mostrada uma contendo o botão **Execute**, o qual deve ser clicado. Quando as configurações do servidor tiverem sido aplicadas, clique no botão **Finish**.

 ## 15.2 Instalação do PHP

Para baixar os arquivos que compõem o servidor de aplicação PHP, deve-se acessar o endereço *php.net/downloads* para que seja apresentada a página da Figura 15.6. Clique no link **Windows downloads**; assim, a tela da Figura 15.7 aparece em seguida.

Clique na opção **Zip** da seção identificada com a legenda correspondente à versão do seu sistema operacional (32 ou 64 bits). Vamos utilizar neste livro a versão 7 do PHP.

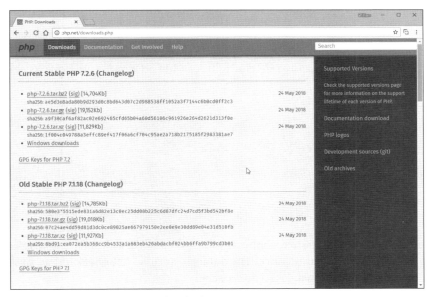

Figura 15.6 – Página de downloads do PHP.

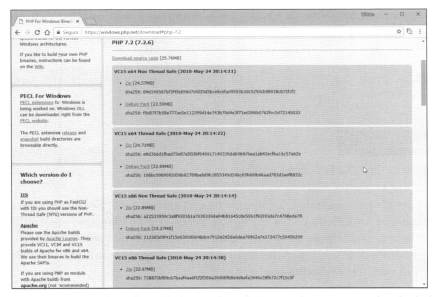

Figura 15.7 – Arquivos disponíveis para instalação no sistema operacional Windows.

Após o término do download, podemos fazer a instalação, que deve ser manual, uma vez que não existe mais um arquivo executável que efetua todo o processo para nós.

Crie uma pasta na raiz do disco rígido C: da sua máquina, com o nome php7, por exemplo. Descompacte o arquivo baixado nessa pasta.

Precisamos configurar o Apache para que ele possa rodar automaticamente o servidor PHP quando for iniciado. Abra o arquivo de configuração **httpd.conf** e adicione as seguintes linhas no fim:

```
# Configurações para o PHP 7
AddHandler application/x-httpd-php .php
AddType application/x-httpd-php .php .html
LoadModule php7_module "C:/php7/php7apache2_4.dll"
# configure the path to php.ini
PHPIniDir "C:/php7"
```

O Apache precisa ser reiniciado para reconhecer as novas configurações. Para isso, execute a ferramenta Apache Monitor dando um clique duplo no arquivo **ApacheMonitor.exe**, que está localizado na pasta **bin** da instalação do Apache.

Essa operação faz com que seja exibido um ícone na área de notificação do Windows (pequeno círculo branco com uma seta verde no centro), que deve ser clicado com o botão direito do mouse para abrir um menu de opções. Escolha a opção **Open Apache Monitor** e, na janela apresentada pelo programa, clique no botão **Restart**.

Figura 15.8 – Ícone da ferramenta Apache Monitor.

O PHP já está devidamente instalado e rodando no servidor Apache. No entanto, para que ele possa manipular bancos de dados MySQL, é necessário efetuar algumas configurações, que consistem na alteração do arquivo **php.ini**, de modo que seja habilitado o carregamento de módulos do PHP responsáveis por estabelecer conexão com o servidor de banco de dados e por executar operações com a base.

Na pasta de instalação do PHP existe um arquivo denominado **php.ini-production**, que serve de modelo para podermos utilizar quando fizermos as configurações necessárias. Com um programa editor de textos, como o Bloco de Notas, abra esse arquivo e localize as seguintes linhas:

```
;extension=php_bz2.dll
;extension=php_curl.dll
;extension=php_fileinfo.dll
;extension=php_ftp.dll
;extension=php_gd2.dll
;extension=php_gettext.dll
;extension=php_gmp.dll
;extension=php_intl.dll
;extension=php_imap.dll
;extension=php_interbase.dll
;extension=php_ldap.dll
;extension=php_mbstring.dll
;extension=php_exif.dll         ; Must be after mbstring as it depends on it
;extension=php_mysqli.dll
;extension=php_oci8_12c.dll  ; Use with Oracle Database 12c Instant Client
;extension=php_openssl.dll
;extension=php_pdo_firebird.dll
;extension=php_pdo_mysql.dll
;extension=php_pdo_oci.dll
;extension=php_pdo_odbc.dll
;extension=php_pdo_pgsql.dll
;extension=php_pdo_sqlite.dll
;extension=php_pgsql.dll
;extension=php_shmop.dll

; The MIBS data available in the PHP distribution must be installed.
; See http://www.php.net/manual/en/snmp.installation.php
;extension=php_snmp.dll

;extension=php_soap.dll
;extension=php_sockets.dll
;extension=php_sqlite3.dll
;extension=php_tidy.dll
;extension=php_xmlrpc.dll
;extension=php_xsl.dll
```

O ponto e vírgula no início de cada linha indica que ela está desabilitada. Ao remover esse símbolo, a configuração representada pela linha é ativada. Para nosso caso, as linhas responsáveis pela carga de módulos de extensão do PHP devem ter a seguinte aparência:

```
extension=php_bz2.dll
extension=php_curl.dll
;extension=php_fileinfo.dll
;extension=php_ftp.dll
extension=php_gd2.dll
extension=php_gettext.dll
```

```
extension=php_gmp.dll
;extension=php_intl.dll
extension=php_imap.dll
;extension=php_interbase.dll
extension=php_ldap.dll
extension=php_mbstring.dll
extension=php_exif.dll      ; Must be after mbstring as it depends on it
extension=php_mysqli.dll
;extension=php_oci8_12c.dll  ; Use with Oracle Database 12c Instant Client
extension=php_openssl.dll
;extension=php_pdo_firebird.dll
extension=php_pdo_mysql.dll
;extension=php_pdo_oci.dll
extension=php_pdo_odbc.dll
extension=php_pdo_pgsql.dll
extension=php_pdo_sqlite.dll
;extension=php_pgsql.dll
;extension=php_shmop.dll

; The MIBS data available in the PHP distribution must be installed.
; See http://www.php.net/manual/en/snmp.installation.php
;extension=php_snmp.dll
extension=php_soap.dll
extension=php_sockets.dll
extension=php_sqlite3.dll
extension=php_tidy.dll
extension=php_xmlrpc.dll
extension=php_xsl.dll
```

Também precisamos alterar o valor do atributo **extension_dir**. Sendo assim, localize-o no arquivo e altere a linha para o seguinte: `extension_dir = "c:/php7/ext"`. Essa configuração é necessária para que o interpretador do PHP saiba onde estão as bibliotecas dos módulos.

Grave o arquivo com o nome **php.ini** na mesma pasta de configuração do PHP. Deve--se, ainda, reiniciar o servidor Apache para que as novas configurações sejam carregadas.

Como forma de verificar se o PHP está funcionando adequadamente, crie na pasta **htdocs** do Apache um arquivo com o nome **teste_php.php** contendo o seguinte código:

```
<?php
    $Titulo = "Teste de execução do PHP";
    echo "<h1>" . $Titulo . "</h1><br/>";
    echo "<h2>Data atual: " . Date("d/m/Y") . "</h2><br/>";
    echo "<h2>Versão do PHP: " . phpversion() . "</h2><br/>";
```

Execute seu navegador e digite na linha de endereços a expressão caractere localhost/teste_php.php. Deve ser mostrada uma página contendo informações similares às da Figura 15.9. Se isso não ocorrer, a instalação do PHP não foi bem-sucedida e deverá ser revista.

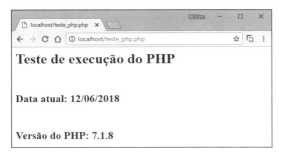

Figura 15.9 – Tela de teste do PHP a ser exibida no navegador.

15.3 Criação do banco de dados

Para finalizar este capítulo, vamos criar a estrutura do banco de dados utilizada pelo nosso projeto. Ele deve conter todas as informações que são pertinentes à estrutura de dados do nosso projeto de locadora de veículos, que foi todo definido em código e armazenado em memória por meio de matrizes. Essa estrutura é formada pelas seguintes tabelas:

Tabela: marca

Nome do campo	Tipo de dado	Tamanho
Codigo_Marca	Smallint	6
Descricao_Marca	Varchar	20

Tabela: modelo

Nome do campo	Tipo de dado	Tamanho
Codigo_Modelo	Smallint	6
Descricao_Modelo	Varchar	20

Tabela: tipo_veiculo

Nome do campo	Tipo de dado	Tamanho
Codigo_Tipo	Smallint	6
Descricao_Tipo	Varchar	20

Tabela: cor_veiculo

Nome do campo	Tipo de dado	Tamanho
Codigo_Cor	Smallint	6
Descricao_Cor	Varchar	20

Tabela: combustivel

Nome do campo	Tipo de dado	Tamanho
Codigo_Combustivel	Smallint	6
Descricao_Combustivel	Varchar	30

Tabela: veiculo

Nome do campo	Tipo de dado	Tamanho
Codigo_Veiculo	Smallint	6
Codigo_Marca	Smallint	6
Codigo_Modelo	Smallint	6
Placa	Varchar	8
Codigo_Tipo	Smallint	6
Codigo_Cor	Smallint	6
Ano_Modelo	Smallint	6
Combustivel	Smallint	6
Data_Inclusao	Date	
Valor_Diaria	Decimal	10,2

Não entraremos em detalhes sobre a modelagem e estruturação do banco de dados, uma vez que esse não é o foco do livro. Pelo mesmo motivo, será deixada de lado a abordagem sobre o MySQL, a linguagem SQL em si e os fundamentos de programação em PHP.

Para criarmos nossa base de dados, execute a ferramenta **MySQL Workbench**, instalada automaticamente com o MySQL e que se encontra no grupo de programas denominado **MySQL**.

À primeira execução do aplicativo deve ser adicionada uma conexão com o servidor MySQL. Para isso, clique no ícone contendo a imagem de um círculo com o sinal + no centro e especifique, a partir da caixa de diálogo da Figura 15.10, um nome para a conexão (campo **Connection Name**). Informe também o nome do usuário em **Username**. Deixe configurado como root, pois é o único usuário atualmente cadastrado no MySQL, quando da sua instalação. No campo **Hostname** deve ser informado o endereço IP em que está instalado o servidor MySQL, sendo que é apresentado automaticamente o IP 127.0.0.1, que representa a própria máquina ou servidor local.

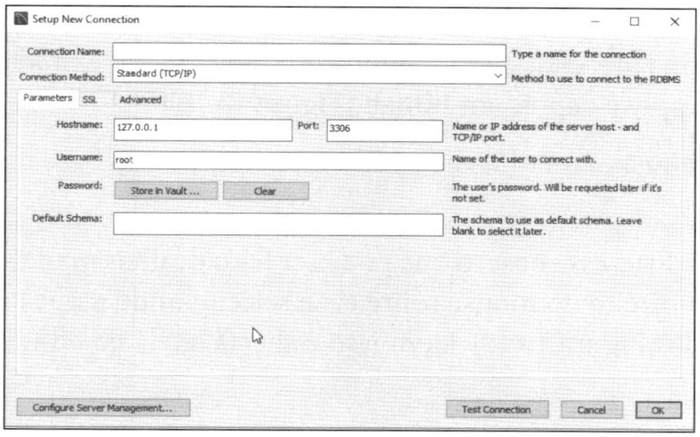

Instalação do MySQL e do PHP

Figura 15.10 – Tela para configuração de nova conexão no MySQL Workbench.

Após clicar no botão **OK**, surge a tela anterior com a conexão adicionada (Figura 15.11). Clique nela para poder conectar o servidor MySQL e, com isso, manipular as bases de dados. É solicitada a senha do usuário, que em nosso caso é root (Figura 15.12).

Figura 15.11 – Tela de abertura da ferramenta MySQL Workbench.

Após a entrada da senha, o MySQL Workbench apresenta uma tela similar à da Figura 15.13. Vamos adicionar uma nova base de dados clicando no ícone **Create a new schema** (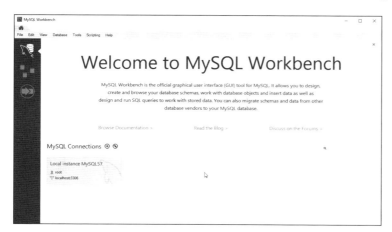). A área central do programa apresenta a configuração mostrada pela Figura 15.14.

Figura 15.12 – Entrada de senha do usuário.

No campo Name deve ser informado o nome do banco de dados a ser criado. Entre com a expressão caractere `db_locadora` e clique em **Apply**. Uma nova tela é exibida (Figura 15.15). Clique novamente em **Apply** e depois em **Finish** (Figura 15.16).

A partir do painel Schemas, mostrado à esquerda, você poderá ver que a nova base de dados é listada (Figura 15.17).

Resta-nos adicionar as tabelas de dados a essa base, o que pode ser feito de duas maneiras. A primeira é clicando com o botão direito do mouse sobre ela e selecionando a opção **Create Table** do menu local apresentado (Figura 15.18). Com isso é aberta a tela do editor de tabelas (Figura 15.19).

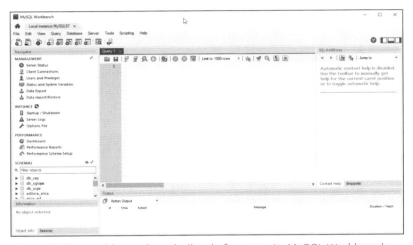

Figura 15.13 – Ambiente de trabalho da ferramenta MySQL Workbench.

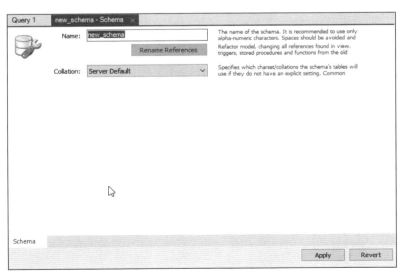

Figura 15.14 – Tela para criação de nova base de dados.

Instalação do MySQL e do PHP

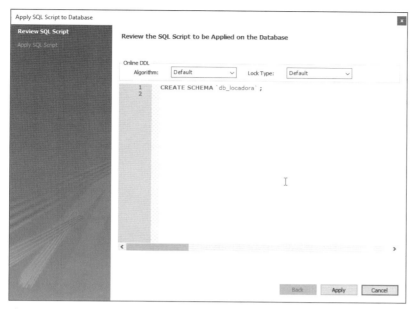

Figura 15.15 – Tela de confirmação da operação.

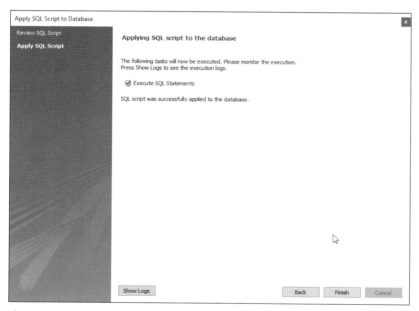

Figura 15.16 – Tela de finalização do processo.

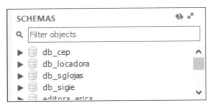

Figura 15.17 – Exibição da nova base de dados.

Figura 15.18 – Opções para manipulação de tabelas da base.

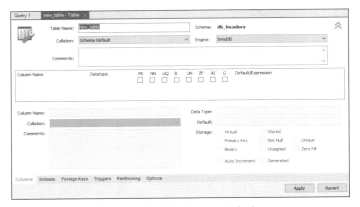

Figura 15.19 – Tela para criação de nova tabela.

Digite a expressão `combustivel` no campo **Table Name**. Esse é o nome da nossa primeira tabela. A grade da parte central dessa tela é utilizada para a definição dos campos que formam a estrutura da tabela.

Para o nome do primeiro campo, informe a cadeia de caracteres `Codigo_Combustivel`. Clique na coluna **Datatype** e selecione a opção **SMALLINT**. Digite o valor 6 entre os parênteses que seguem essa opção e marque as colunas **PK**, **NN** e **AI**.

O segundo campo deve ter como nome a expressão `Descricao_Combustivel`. Já o tipo de dados deve ser configurado como **VARCHAR(30)**.

Para confirmar a gravação da estrutura, clique no botão **Apply**. Na tela seguinte (Figura 15.20), clique novamente em **Apply** e depois em **Finish**.

Para criação das demais tabelas, devem ser seguidas as informações apresentadas a seguir:

Tabela: marca

Column Name	Datatype	PK	NN	AI
Codigo_Marca	SMALLINT(6)	Marcado	Marcado	Marcado
Descricao_Marca	VARCHAR(20)			

Tabela: modelo

Column Name	Datatype	PK	NN	AI
Codigo_Modelo	SMALLINT(6)	Marcado	Marcado	Marcado
Descricao_Modelo	VARCHAR(20)	20		

Tabela: tipo_veiculo

Column Name	Datatype	PK	NN	AI
Codigo_Tipo	SMALLINT(6)	Marcado	Marcado	Marcado
Descricao_Tipo	VARCHAR(20)	20		

Tabela: cor_veiculo

Column Name	Datatype	PK	NN	AI
Codigo_Cor	SMALLINT(6)	Marcado	Marcado	Marcado
Descricao_Cor	VARCHAR(20)	20		

Tabela: veiculo

Column Name	Datatype	PK	NN	AI
Codigo_Veiculo	SMALLINT(6)	Marcado	Marcado	Marcado
Codigo_Marca	SMALLINT(6)			
Codigo_Modelo	SMALLINT(6)			
Placa	VARCHAR(8)			
Codigo_Tipo	SMALLINT(6)			
Codigo_Cor	SMALLINT(6)			
Ano_Modelo	SMALLINT(6)			
Combustivel	SMALLINT(6)			
Data_Inclusao	DATE			
Valor_Diaria	DECIMAL(10,2)			

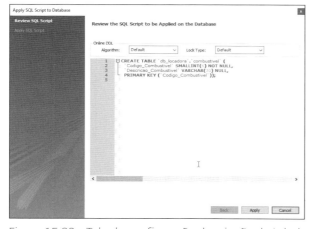

Figura 15.20 – Tela de confirmação da criação de tabela.

A segunda opção seria executar o script SQL, que faz parte do kit de estudo que está disponível para download no site da editora. Nesse caso, você deve acessar o editor de consultas, identificado pela aba nomeada como **Query 1**, e clicar no ícone **Open Script** (▣). Selecione o arquivo desejado a partir da caixa de diálogo da Figura 15.21. O editor deve, então, exibir o código em linguagem SQL (Figura 15.22). Para executá-lo, clique no ícone **Execute script** (⚡).

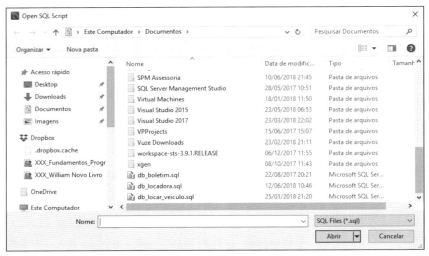

Figura 15.21 – Seleção de script SQL a ser aberto/executado.

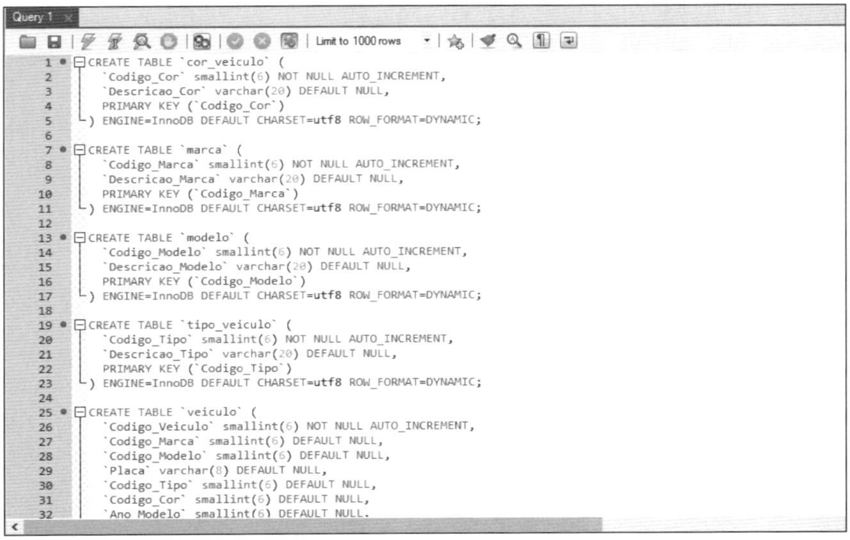

Figura 15.22 – Script SQL aberto no editor de consultas.

É importante destacar que o arquivo de script do kit da internet já contém instruções SQL para inserir dados fictícios nas tabelas, como forma de auxiliar o andamento dos estudos.

Você pode visualizar os dados por meio da execução do comando **SELECT** diretamente no editor, como mostra o exemplo da Figura 15.23.

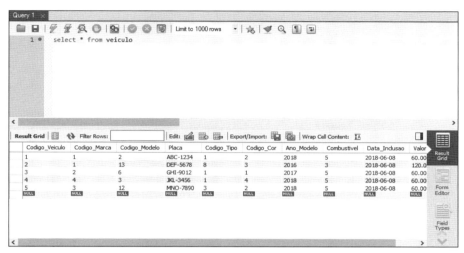

Figura 15.23 – Exemplo de execução do comando SELECT para exibir dados.

16

Criação de Web Service com PHP

Neste capítulo damos início ao desenvolvimento da aplicação Angular capaz de manipular informações armazenadas em um banco de dados. O primeiro passo é desenvolver um Web Service em linguagem PHP que faz todo o trabalho de acesso e manipulação dos dados por meio de chamadas feitas pela aplicação Angular.

Veremos aqui a criação de uma classe para acesso ao banco de dados e do Web Service propriamente dito.

16.1 Classe para acesso ao banco de dados

O motivo de termos precisado instalar os servidores MySQL e PHP, no capítulo anterior, se deve ao fato de a nossa nova versão da aplicação de locadora de veículos fazer uso de um banco de dados para armazenar as informações referentes aos veículos disponíveis na empresa.

Uma vez que o Angular não oferece recursos nativos para acesso a banco de dados, seremos obrigados a criar um Web Service em PHP que faz, as vezes, a ponte entre a aplicação escrita em Angular e o banco de dados MySQL. Basicamente, o processo funciona da seguinte forma:

1. Por meio de um controller, o código em Angular invoca o serviço disponível no Web Service para acessar o banco de dados e ler as informações de uma tabela.
2. O código escrito em PHP, responsável for prover o serviço, é executado e retorna os dados solicitados na forma de uma mensagem, que pode ser em formato de XML ou JSON.
3. Os dados retornados são extraídos da mensagem com o uso do recurso de vinculação de dados do Angular.
4. No processo de escrita no banco, o Angular empacota os dados em uma mensagem, também no padrão XML ou JSON, e invoca o serviço correspondente.
5. O código PHP recebe como parâmetro a mensagem, extrai as informações destinadas a cada campo da tabela e efetua a gravação.

Embora seja aparentemente simples, o processo em si envolve vários conceitos e tecnologias.

Mas, antes de partirmos para essa integração entre Angular e PHP, vamos criar a classe para acesso ao banco de dados, que é a base para a criação do Web Service mais à frente.

Crie uma pasta denominada **ws_locadora** dentro da pasta **htdocs** do Apache. Execute o Visual Studio Code e abra essa pasta por meio da opção **File → Open Folder**, para assim torná-la a pasta de trabalho.

A seguir, crie um novo arquivo clicando no ícone **New File** ( ) e nomeie-o como **configuracao.php**. Esse arquivo conterá informações de configuração do banco de dados, como identificação do servidor, nome do usuário, senha de acesso e nome do banco de dados. Com isso fica fácil efetuar qualquer alteração nas especificações de acesso ao banco de dados, sem nos preocuparmos com o restante do código. Seu conteúdo é apresentado pela seguinte listagem:

```php
<?php
    $Servidor = "localhost";
    $Usuario = "ws_locadora";
    $Senha = "zaq!xsw@";
    $BaseDados = "db_locadora";
```

Os valores para o nome do usuário (variável **$Usuario**) e para a senha de acesso (variável **$Senha**) devem ser configurados conforme suas definições prévias. Por exemplo, pode ser utilizado o usuário root com a senha definida no momento da instalação do MySQL.

Grave o arquivo e depois feche-o. Em seguida, crie um novo com o nome **banco_dados.php**. Esse arquivo define a estrutura de uma classe responsável pela conexão com o banco e a manipulação (leitura e escrita) de dados. Digite o código listado a seguir:

```php
<?php
    class BancoDados {
        private $Conexao;
        private $Servidor;
        private $Usuario;
        private $Senha;
        private $BaseDados;
        private $NumeroErro;
        private $RegistrosLidos;

        function __construct($Servidor, $Usuario, $Senha, $BaseDados) {
            $this->$Conexao = NULL;
            $this->Servidor = $Servidor;
            $this->Usuario = $Usuario;
            $this->Senha = $Senha;
            $this->BaseDados = $BaseDados;
            $this->$NumeroErro = -1;
        }

        public function AbrirConexao() {
```

```php
            $this->Conexao = new mysqli($this->Servidor,$this->Usuario,$this->Senha,$this->BaseDados);

            if (mysqli_connect_errno() != 0) {
                $this->Conexao = NULL;
                $this->NumeroErro = mysqli_connect_errno();
            }

            return $this->Conexao;
        }

        public function FecharConexao() {
            if ($this->Conexao == NULL) {
                return FALSE;
            }
            else {
                $this->Conexao->close();
                return TRUE;
            }
        }

        public function CodigoErro() {
            return $this->NumeroErro;
        }

        public function LerTabela($ListaCampos = "*", $NomeTabela = "", $Condicao = "", $Ordenacao = "") {
            if ($NomeTabela != "") {
                $ComandoSQL = "SELECT " . $ListaCampos . " FROM " . $NomeTabela;

                if ($Condicao != "") {
                    $ComandoSQL .= " WHERE " . $Condicao;
                }

                if ($Ordenacao != "") {
                    $ComandoSQL .= " ORDER BY " . $Ordenacao;
                }

                $this->RegistrosLidos = $this->Conexao->query($ComandoSQL);

                return $this->RegistrosLidos;
            }
            else {
                return NULL;
            }
        }

        public function AdicionarVeiculo($Marca, $Modelo, $Placa, $Tipo, $Cor, $Ano, $Combustivel, $Diaria) {
            $DataInclusao = date("Y/m/d");
```

```
            $ComandoSQL = 'INSERT INTO veiculo(Codigo_Marca,Codigo_
Modelo, Placa,Codigo_Tipo,Codigo_Cor,Ano_Modelo,Combustivel,Data_
Inclusao, Valor_Diaria)'.
            `
VALUES('.$Marca.','.$Modelo.','"'.$Placa.'"','.$Tipo.','.$Cor.','.
$Ano.','.$Combustivel.','"'.$DataInclusao.'"','.$Diaria.')';
            $Resultado = $this->Conexao->query($ComandoSQL);

            if (($Resultado == FALSE) || ($this->Conexao-> affected_rows
!= 1)) {
                return FALSE;
            }
            else {
                return TRUE;
            }
        }
    }
```

A classe possui sete atributos cujo objetivo é armazenar as informações necessárias à conexão com o banco, o código de erro gerado pela execução de alguma operação e a lista de registros retornados por uma consulta.

O atributo **$Conexao** conterá uma referência ao banco de dados que é retornada após a criação de uma instância da classe mysqli. A partir da versão 7 do PHP, somente é possível acessar e manipular um banco de dados por meio dessa classe.

O construtor da nossa classe, representado pela função **__construct()**, recebe quatro parâmetros, correspondendo à identificação do servidor, nome do usuário, senha de acesso e nome da base de dados.

Esses valores são passados aos respectivos atributos da classe. Em virtude de tanto os parâmetros do método construtor quanto os atributos da classe possuírem os mesmos nomes, esses últimos são referenciados por meio do operador **$this->**, para indicar que queremos acessar um elemento da própria classe; assim, não há problemas de ambiguidade em relação aos nomes dos identificadores.

O construtor também define os valores iniciais para os atributos **$Conexao** e **$NumeroErro**.

```
function __construct($Servidor,$Usuario,$Senha,$BaseDados) {
    $this->$Conexao = NULL;
    $this->Servidor = $Servidor;
    $this->Usuario = $Usuario;
    $this->Senha = $Senha;
    $this->BaseDados = $BaseDados;
    $this->$NumeroErro = -1;
}
```

O método **AbrirConexao()** se encarrega de efetivamente efetuar a conexão com o banco de dados e, para isso, ele declara uma instância da classe **mysqli**, como descrito anteriormente, passando a ela, como parâmetros, os valores dos atributos **$Servidor**, **$Usuario**, **$Senha** e **$BaseDados**, obtidos por meio do construtor da classe.

Verificamos em seguida se ocorreu algum erro no estabelecimento da conexão, utilizando a função **mysqli_connect_errno()**, que retorna um valor diferente de zero se houve erro na operação. Nesse caso, o atributo **$Conexao** é reinicializado com o valor NULL e o código de erro é atribuído a **$NumeroErro**.

Para finalizar, o valor armazenado em **$Conexao**, que pode ser NULL (no caso de ocorrência de algum erro) ou um ponteiro que serve de referência ao banco de dados, é retornado à rotina chamadora.

```
public function AbrirConexao() {
    $this->Conexao = new mysqli($this->Servidor,$this->Usuario, $this->Senha,$this->BaseDados);

    if (mysqli_connect_errno() != 0) {
        $this->Conexao = NULL;
        $this->NumeroErro = mysqli_connect_errno();
    }

    return $this->Conexao;
}
```

Após abrirmos uma conexão com o banco de dados, podemos efetuar qualquer tipo de manipulação com seus registros, como leitura, remoção, inclusão ou atualização de valores. Depois de finalizada a operação que desejamos executar com os registros do banco, devemos fechar a conexão para liberar os recursos alocados por ela. Essa é a tarefa do método **FecharConexao()**.

Em primeiro lugar, o método testa se existe alguma conexão estabelecida ao comparar o valor do atributo **$Conexao** com NULL. Em caso negativo, o método `close()` do objeto **$Conexao** é invocado.

```
public function FecharConexao() {
    if ($this->Conexao == NULL) {
        return FALSE;
    }
    else {
        $this->Conexao->close();
        return TRUE;
    }
}
```

Uma vez que tenha ocorrido erro em alguma operação com o banco de dados, precisamos saber qual foi por meio do seu código armazenado no atributo **$NumeroErro**. Só que esse atributo é privado, o que significa que seu valor não pode ser acessado fora da classe. Para isso foi definido o método **CodigoErro()**, que simplesmente retorna esse valor à rotina chamadora.

```
public function CodigoErro() {
    return $this->NumeroErro;
}
```

O próximo método tem a tarefa de ler os registros de uma tabela e retorná-los à rotina chamadora. A listagem a seguir apresenta o código necessário para ele:

```
public function LerTabela($ListaCampos = "*", $NomeTabela = "",
$Condicao = "", $Ordenacao = "") {
    if ($NomeTabela != "") {
        $ComandoSQL = "SELECT " . $ListaCampos . " FROM " . $NomeTabela;

        if ($Condicao != "") {
            $ComandoSQL .= " WHERE " . $Condicao;
        }

        if ($Ordenacao != "") {
            $ComandoSQL .= " ORDER BY " . $Ordenacao;
        }

        $this->RegistrosLidos = $this->Conexao->query($ComandoSQL);

        return $this->RegistrosLidos;
    }
    else {
        return NULL;
    }
}
```

Esse método exige um pouco mais de esclarecimento, pois ele aparenta ser mais complexo, o que na verdade não é. Ele recebe três parâmetros opcionais que, se não forem passados, são assumidos os valores atribuídos na própria declaração.

É verificado se o nome da tabela a ser acessada foi passado e, em caso afirmativo, uma instrução **SELECT** da linguagem SQL é montada na variável **$ComandoSQL**. Se não for passada a lista de campos que se deseja acessar, é assumido como padrão o asterisco (*), ou seja, todos os campos são retornados.

Caso tenha sido passada uma expressão caractere que defina uma condição para extração dos registros da tabela, ela é utilizada na criação da cláusula **WHERE** da instrução **SELECT**. De modo similar, se o último parâmetro (**$Ordenacao**) possuir algum valor, o método adiciona à instrução **SELECT** a cláusula **ORDER BY** com base nele para ordenar os registros.

Por fim, o método `query()` do objeto **$ConexaoBaseDados** é chamado para execução da consulta que se encontra armazenada na forma de uma cadeia de caracteres na variável **$ComandoSQL**. Os registros extraídos da tabela são, então, armazenados no atributo **$RegistrosLidos** para posterior retorno à rotina chamadora.

O último método, cujo código se encontra listado a seguir, é responsável pela adição de um novo registro à tabela de cadastro de veículos.

```php
public function AdicionarVeiculo($Marca, $Modelo, $Placa, $Tipo, $Cor, $Ano, $Combustivel, $Diaria) {
    $DataInclusao = date("Y/m/d");

    $ComandoSQL = 'INSERT INTO veiculo(Codigo_Marca,Codigo_Modelo,Placa,Codigo_Tipo,Codigo_Cor,Ano_Modelo,Combustivel,Data_Inclusao,Valor_Diaria)'.
    '
    VALUES('.$Marca.','.$Modelo.',"'.$Placa.'",'.$Tipo.','.$Cor.','.$Ano.','.$Combustivel.',"'.$DataInclusao.'",'.$Diaria.')';
    $Resultado = $this->Conexao->query($ComandoSQL);

    if (($Resultado == FALSE) || ($this->Conexao->affected_rows != 1)) {
        return FALSE;
    }
    else {
        return TRUE;
    }
}
```

Assim como o método anterior, ele também apresenta um pouco mais de complexidade. A primeira linha define o valor para a variável **$DataInclusao**, que é, na verdade, a data atual do sistema no formato invertido *AAAA/MM/DD*, padrão aceito pelo MySQL para o armazenamento de datas.

Em seguida, uma instrução **INSERT** da linguagem SQL é atribuída à variável **$ComandoSQL**. Os valores a serem armazenados em cada campo são obtidos a partir dos parâmetros passados ao método. Posteriormente, veremos como podemos obter esses valores no momento da chamada desse método.

O método **query()** do objeto de banco de dados é, então, invocado para executar a instrução SQL presente na variável **$ComandoSQL**. A execução desse método retornará na variável **$Resultado** um valor **TRUE**, se a operação for bem-sucedida, caso contrário retornará **FALSE**.

A propriedade **affected_rows** do objeto de banco de dados também deverá conter o valor 1, significando que um registro foi adicionado à base de dados. Um valor diferente indica a ocorrência de algum tipo de problema.

Esses dois valores são testados por uma instrução condicional **if** para sabermos se houve ou não sucesso na inserção do registro.

Vamos criar uma página PHP para testar se nossa classe de acesso ao banco de dados está funcionando perfeitamente. Nomeie o arquivo como **index.php** e digite o seguinte código:

```php
<!DOCTYPE HTML>
<html>
 <head>
  <meta content="text/html; charset=UTF-8" http-equiv="content-type">
  <title>Teste Web Service em PHP</title>
 </head>

 <body>
    <h1>Lista de Marcas de Veículos</h1>
    <?php
    require_once("configuracao.php");
    require_once("banco_dados.php");

    $ConexaoBaseDados = new BancoDados($Servidor,$Usuario,$Senha,$BaseDados);

    if ($ConexaoBaseDados->AbrirConexao() == NULL) {
        echo "ERRO: Erro na conexão com a base de dados!<br> Nro. do erro [".$ConexaoBaseDados->CodigoErro()."]";
    }
    else {
        $Registros = $ConexaoBaseDados->LerTabela("*","marca","",
"Descricao_Marca");

        if ($Registros != NULL) {
            if ($Registros->num_rows > 0) {
                while ($DadosRegistro = $Registros->fetch_assoc()) {
                    echo "<h3>" . $DadosRegistro["Descricao_Marca"] . "</h3>";
                }
            }
            else {
                echo "ERRO: Nenhum registro encontrado na tabela
```

```
[marca]";
            }
        }
        else {
            echo "ERRO: Problema na leitura da tabela [marca]";
        }
    }

    $ConexaoBaseDados->FecharConexao();
    ?>
</body>
</html>
```

O código em PHP começa com a incorporação dos arquivos **configuracao.php** e **banco_dados.php** por meio da função **require_once()**. Com isso podemos utilizar as variáveis e classe neles definidas.

Em seguida, é declarado um objeto denominado **$ConexaoBaseDados** a partir da classe **BancoDados**, que definimos anteriormente no arquivo **banco_dados.php**.

```
require_once("configuracao.php");
require_once("banco_dados.php");

$ConexaoBaseDados = new BancoDados($Servidor,$Usuario,$Senha,$BaseDados);
```

A partir desse objeto é efetuada a conexão com o banco de dados e, se for obtido sucesso na operação, o método **LerTabela()** é chamado para extrair os registros da tabela **marca**. O próximo passo é verificar se houve sucesso na execução desse método e se foi retornado algum registro. Se o atributo **num_rows** do objeto **$Registros** for maior que 0, significa que ele contém registros da tabela. Nesse caso, um laço de repetição **while** varre todos os registros armazenados nesse objeto para poder imprimir o valor do campo **Descricao_Marca**.

```
    if ($ConexaoBaseDados->AbrirConexao() == NULL) {
        echo "ERRO: Erro na conexão com a base de dados!<br> Nro. do erro [".$ConexaoBaseDados->CodigoErro()."]";
    }
    else {
        $Registros = $ConexaoBaseDados->LerTabela("*","marca","","Descricao_Marca");

        if ($Registros != NULL) {
            if ($Registros->num_rows > 0) {
                while ($DadosRegistro = $Registros->fetch_assoc()) {
                    echo "<h3>" . $DadosRegistro["Descricao_Marca"] .
```

```
"</h3>";
            }
        }
        else {
            echo "ERRO: Nenhum registro encontrado na tabela
[marca]";
        }
    }
    else {
        echo "ERRO: Problema na leitura da tabela [marca]";
    }
}
```

A metodologia empregada nesse código para acessar e manipular o banco de dados será novamente aplicada na construção do Web Service, assunto do próximo tópico.

Grave tudo clicando no ícone **Save All** ( ) e depois execute seu navegador. Acesse o endereço *localhost/ws_locadora*, e você deverá ver a página da Figura 16.1 indicando que tudo está funcionando perfeitamente.

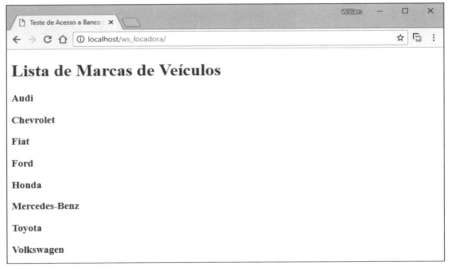

Figura 16.1 – Resultado da execução do exemplo de acesso a dados com PHP.

16.2 Criação do Web Service

Pois bem. Agora que já temos nossa classe de acesso e manipulação do banco de dados pronta e funcionando, resta-nos criar nosso Web Service, que fará todo o trabalho de comunicação entre a aplicação Angular e o banco de dados utilizando a classe que criamos.

Ele será responsável por ler os registros das tabelas da base de dados e retornar uma mensagem que segue o padrão JSON, contendo os valores dos campos.

Antes de passarmos à criação deste Web Service, vejamos uma pequena introdução ao JSON. Sigla para JavaScript Object Notation, o JSON é um modelo de armazenamento de dados em formato de texto muito utilizado na transmissão e intercâmbio de informações entre diferentes sistemas e tecnologias. É bom que fique claro que, diferentemente do XML, o JSON não é uma linguagem de marcação, ou seja, ele não possui tags (marcadores) que definem os elementos que compõem a estrutura de um arquivo ou mensagem.

Os dados são agrupados como uma matriz formada por chave/valor, conforme mostra o seguinte exemplo:

```
{ "Marca":"Chevrolet",
  "Modelo":"Cruze",
  "Tipo":"Sedã",
  "Cor":"Prata",
  "Placa":"ABC-1234",
  "AnoModelo":"2018",
  "Combustivel":"Flexível",
  "Diaria":"120.00" }
```

Nosso Web Service gerará uma mensagem de retorno seguindo esse formato de estrutura de dados para todos os registros das tabelas da base.

Inicie um novo arquivo no Visual Studio Code com o nome **lista_dados.php**. O código desse arquivo deve ser o da seguinte listagem:

```php
<?php
    require_once("configuracao.php");
    require_once("banco_dados.php");

    $Tabela = $_REQUEST["tabela"];
    $Retorno = "";
    $Ordenacao = "";

    $ConexaoBaseDados = new BancoDados($Servidor,$Usuario,$Senha,$BaseDados);

    if ($ConexaoBaseDados->AbrirConexao() == NULL) {
        $Retorno .= '{"Erro":' . '"Erro na conexão com a base de dados!<br> Nro. do erro ["' . $ConexaoBaseDados->CodigoErro() . '"]}"';
    }
    else {
        if ($Tabela == "veiculo") {
            $Campos = "Descricao_Marca,Descricao_Modelo,Descricao_Tipo,Descricao_Cor,Placa,Ano_Modelo,Descricao_Combustivel,Valor_Diaria";
```

```
            $Tabelas = "veiculo,marca,modelo,tipo_veiculo,cor_veiculo,
combustivel";
            $Condicao = "(veiculo.Codigo_Marca = marca.Codigo_Marca) AND
".
                "(veiculo.Codigo_Modelo = modelo.Codigo_Modelo) AND ".
                "(veiculo.Codigo_Tipo = tipo_veiculo.Codigo_Tipo) AND
".
                "(veiculo.Codigo_Cor = cor_veiculo.Codigo_Cor) AND ".
                "(veiculo.Combustivel = combustivel.Codigo_
Combustivel)";
            $Registros = $ConexaoBaseDados->LerTabela($Campos,
                $Tabelas,$Condicao,"Descricao_Marca,Descricao_
Modelo");
        }
        else {
            if ($Tabela == "marca") {
                $Ordenacao = "Descricao_Marca";
            }
            else if ($Tabela == "modelo") {
                $Ordenacao = "Descricao_Modelo";
            }
            else if ($Tabela == "tipo_veiculo") {
                $Ordenacao = "Descricao_Tipo";
            }
            else if ($Tabela == "cor_veiculo") {
                $Ordenacao = "Descricao_Cor";
            }
            else if ($Tabela == "combustivel") {
                $Ordenacao = "Descricao_Combustivel";
            }

            $Registros = $ConexaoBaseDados->LerTabela("*",$Tabela,"",
$Ordenacao);
        }

        if ($Registros != NULL) {
            if ($Registros->num_rows > 0) {
                while ($DadosRegistro = $Registros->fetch_assoc()) {
                    if ($Retorno != "") {
                        $Retorno .= ",";
                    }

                    if ($Tabela == "marca") {
                        $Retorno .= '{"CodigoMarca":"'
. $DadosRegistro["Codigo_Marca"] . '","Marca":"' .
```

```
$DadosRegistro["Descricao_Marca"] . '"}';
                    }
                    else if ($Tabela == "modelo") {
                        $Retorno .= '{"CodigoModelo":"'
. $DadosRegistro["Codigo_Modelo"] . '","Modelo":"' .
$DadosRegistro["Descricao_Modelo"] . '"}';
                    }
                    else if ($Tabela == "tipo_veiculo") {
                        $Retorno .= '{"CodigoTipo":"'
. $DadosRegistro["Codigo_Tipo"] . '","Tipo":"' .
$DadosRegistro["Descricao_Tipo"] . '"}';
                    }
                    else if ($Tabela == "cor_veiculo") {
                        $Retorno .= '{"CodigoCor":"' .
$DadosRegistro["Codigo_Cor"] . '","Cor":"' . $DadosRegistro["Descricao_
Cor"] . '"}';
                    }
                    else if ($Tabela == "combustivel") {
                        $Retorno .= '{"CodigoCombustivel":"'
. $DadosRegistro["Codigo_Combustivel"] . '","Combustivel":"' .
$DadosRegistro["Descricao_Combustivel"] . '"}';
                    }
                    else if ($Tabela == "veiculo") {
                        $Retorno .= '{"Marca":"' .
$DadosRegistro["Descricao_Marca"] . '",' . '"Modelo":"'
. $DadosRegistro["Descricao_Modelo"] . '",' . '"Tipo":"'
. $DadosRegistro["Descricao_Tipo"] . '",' . '"Cor":"' .
$DadosRegistro["Descricao_Cor"] . '",' . '"Placa":"' .
$DadosRegistro["Placa"] . '",' . '"AnoModelo":"' . $DadosRegistro["Ano_
Modelo"] . '",' . '"Combustivel":"' . $DadosRegistro["Descricao_
Combustivel"] . '",' . '"Diaria":"' . $DadosRegistro["Valor_Diaria"] .
'"}';
                    }
                }
            }
            else {
                $Retorno .= '{"Erro":' . '"Nenhum registro encontrado na
tabela ['.$Tabela.']}"';
            }
        }
        else {
            $Retorno .= '{"Erro":' . '"Problema para ler tabela
['.$Tabela.']}"';
        }
    }

    if ($Tabela == "marca") {
```

```
        $Retorno = '{"marcas":[' . $Retorno . ']}';
    }
    else if ($Tabela == "modelo") {
        $Retorno = '{"modelos":[' . $Retorno . ']}';
    }
    else if ($Tabela == "tipo_veiculo") {
        $Retorno = '{"tipos":[' . $Retorno . ']}';
    }
    else if ($Tabela == "cor_veiculo") {
        $Retorno = '{"cores":[' . $Retorno . ']}';
    }
    else if ($Tabela == "combustivel") {
        $Retorno = '{"combustiveis":[' . $Retorno . ']}';
    }
    else if ($Tabela == "veiculo") {
        $Retorno = '{"veiculos":[' . $Retorno . ']}';
    }

    $ConexaoBaseDados->FecharConexao();

    echo $Retorno;
```

Agora vamos às explicações. Esse código também insere, via função **require_once()**, os arquivos **configuracao.php** e **banco_dados.php** para poder utilizar as variáveis e classe declaradas neles.

Uma vez que essa página PHP, ao ser invocada, recebe um parâmetro que contém o nome da tabela que desejamos acessar, seu valor é atribuído à variável **$Tabela** por meio da matriz global **$_REQUEST**, responsável pela recuperação de valores passados como parâmetros a uma página PHP. Uma instância da classe **BancoDados** é criada (objeto **$ConexaoBaseDados**) e a conexão com o banco é efetuada via método **AbrirConexao()**. Esse processo é similar ao que vimos no exemplo anterior.

A diferença começa no bloco de linhas que são executadas após a conexão ter sido efetuada com sucesso. Com uma estrutura de decisão **if**, verificamos qual foi a tabela de dados passada como parâmetro na chamada do Web Service. Sendo a tabela que contém os dados dos veículos, são definidos os diversos campos, tabelas e a expressão lógica que precisam ser passados ao método **LerTabela()**. Nos demais casos, o próprio valor do parâmetro é utilizado na invocação desse mesmo método.

Com os registros da tabela armazenados na variável **$Registros**, procedemos à sua varredura utilizando um laço de repetição **while**. O que fazemos é montar uma matriz cujos elementos são compostos por uma chave (nome do campo) e um valor (valor do campo), dentro do formato JSON.

No caso de haver algum erro no acesso ou leitura dos dados, uma mensagem é gerada também no formato JSON.

Depois de toda a tabela ter sido lida, o Web Service finaliza a montagem da matriz de dados JSON e a retorna por meio do comando **echo** da linguagem PHP. Isso faz com que os dados sejam inseridos no corpo do documento HTML, que é retornado à página ou aplicação que invocou o Web Service.

16.3 Teste do Web Service

Assim como criamos um exemplo para testar nossa classe de conexão com o banco de dados, vamos desenvolver um pequeno exemplo capaz de invocar nosso Web Service, uma operação comumente conhecida como consumo de Web Service.

Nosso exemplo utilizará o AngularJS, por ser mais simples, e consistirá apenas na exibição da matriz retornada em formato JSON, retornada pelo Web Service. Sendo assim, crie um arquivo denominado **teste_ws.html** na pasta **angularjs**, criada anteriormente em nosso estudo sobre o AngularJS e que se encontra na pasta **htdocs** do Apache. Seu código deve ser o seguinte:

```html
<!DOCTYTPE html>
<html ng-app="aluguelCarro">
    <head>
        <meta http-equiv="Content-Type" content="text/html; charset=UTF-8" />
        <title>Teste do Web Service - AngularJS</title>
        <script src="angular.min.js"></script>
        <script>
            var alugaCarro = angular.module("aluguelCarro", []);

            alugaCarro.controller("alugarCarroCtrl", function ($scope, $http) {
                $http.get("http://localhost/ws_locadora/lista_dados.php?tabela=veiculo").then(function (resposta) {
                    $scope.listaVeiculos = resposta.data.veiculos;
                });
            });
        </script>
    </head>

    <body ng-controller="alugarCarroCtrl">
        {{listaVeiculos}}
    </body>
</html>
```

A primeira providência que devemos tomar para ser possível consumir o Web Service que criamos é adicionar o serviço Angular **$http** ao nosso controller. Ele permite que sejam realizadas requisições a aplicações que rodam em back-end (no servidor) via objeto **XMLHttpRequest**. Por meio de métodos disponíveis nesse objeto, podemos efetuar requisições GET, POST, PUT ou DELETE, por exemplo.

O corpo do controller consiste justamente na chamada ao método **get()** do serviço **$http**, o qual exige a passagem, como parâmetro, de uma expressão caractere que designa a URL do Web Service. A execução deste método retorna um objeto que podemos tratar posteriormente.

Em virtude de a execução ser de forma assíncrona, o retorno é feito por meio de uma promessa, conforme vimos no Capítulo 10. Sendo assim, podemos registrar uma função, via propriedade **then**, que é executada no caso de sucesso da operação. A função que registramos recebe um parâmetro que contém os dados retornados pelo Web Service. Esses dados, na forma de um objeto JSON, são atribuídos à variável **listaVeiculos**. É importante notar que referenciamos a propriedade **veiculos** deste objeto, que corresponde ao elemento raiz da matriz em formato JSON.

```
$http.get("http://localhost/ws_locadora/lista_dados.
php?tabela=veiculo").then(function (resposta) {
    $scope.listaVeiculos = resposta.data.veiculos;
});
```

De posse dos dados retornados pelo Web Service, podemos exibi-los com uma simples linha contendo uma interpolação.

```
<body ng-controller="alugarCarroCtrl">
    {{listaVeiculos}}
</body>
```

Grave o arquivo e depois execute seu navegador. Acesse o endereço *localhost/angularjs/teste_ws.html*, e o resultado deve ser o apresentado pela Figura 16.2. Note que a estrutura é muito similar à da matriz **carros** que definimos em nosso exemplo de estudo do AngularJS.

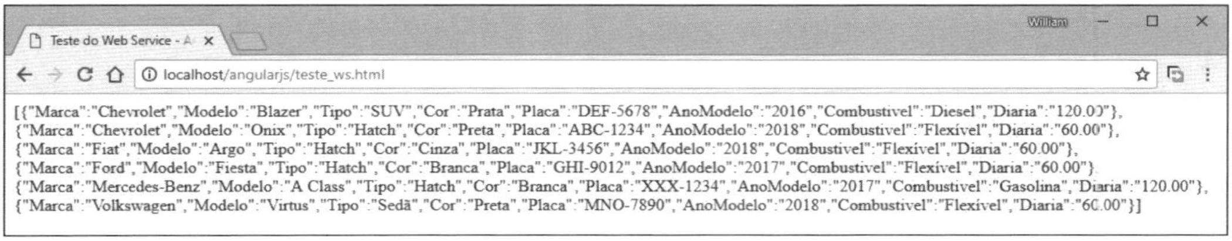

Figura 16.2 – Resultado da execução do exemplo de teste do Web Service.

Agora, podemos iniciar o desenvolvimento da aplicação Angular que faz uso desse Web Service, o que veremos no próximo capítulo.

Exercícios

1. Descreva o que você entende por Web Service.
2. Por que é necessário criar um Web Service para que aplicações Angular possam manipular banco de dados?
3. No PHP, a partir da versão 7, qual é a classe que permite acessar um banco de dados?
4. Qual é a função em PHP que permite recuperar o código de erro gerado por uma operação de acesso a um banco de dados?
5. Qual é o procedimento para executar uma consulta em uma tabela de dados em PHP?
6. Altere o arquivo index.php do primeiro exemplo do capítulo de forma que sejam exibidos o código da marca e sua respectiva descrição. A exibição deve ser no formato de uma tabela, com uso da tag <table>.

17

AngularJS com Web Service

Dando continuidade ao nosso projeto de aplicação em Angular com manipulação de banco de dados, vamos adaptar o projeto desenvolvido anteriormente, e concluído no Capítulo 6, com o AngularJS.

 17.1 A página de visualização dos dados

Conforme já amplamente mencionado, nosso projeto em Angular (primeiro em AngularJS, depois em Angular 6), que faz uso de um Web Service para manipular um banco de dados, será baseado no exemplo de aplicação para administração da frota de veículos de uma locadora.

Crie uma pasta denominada **aluguel_carro** dentro da pasta **htdocs** do Apache. Assim como fizemos no Capítulo 6, quando organizamos os arquivos que formavam o **exemplo10** em diversas pastas, vamos adicionar outras pastas à **aluguel_carro**. Elas devem ter os seguintes nomes: **css**, **js** e **libs**.

A pasta **css** conterá os arquivos de folhas de estilos utilizadas no projeto. Copie para dentro dela o arquivo **bootstrap.css,** que está na pasta **angularjs**. Já na pasta **libs**, copie os arquivos **angular.min.js** e **angular-locale_pt-br.js**. O arquivo **styles.css**, localizado na pasta **angularjs\css**, também deve ser copiado para dentro da pasta **css** deste novo projeto.

Execute o Visual Studio Code e defina como pasta de trabalho **aluguel_carro**. Precisaremos criar, na pasta **js**, um arquivo que é o nosso módulo AngularJS e que contém o controller da aplicação. Ele deve ter o nome **aluguelCarroApp.js** e seu código se encontra listado a seguir:

```
var alugaCarro = angular.module("aluguelCarro", []);

alugaCarro.controller("alugarCarroCtrl", function ($scope, $http) {
    $scope.nomeAplicacao = "Aluguel de Carros - Versão AngularJS";
    enderecoURL = "http://localhost/ws_locadora/";

    // Carrega as marcas dos veículos
    $http.get(enderecoURL+"lista_dados.php?tabela= marca").then(function
```

```
(resposta) {
    $scope.listaMarcas = resposta.data.marcas;
});

// Carrega os modelos dos veículos
$http.get(enderecoURL+"lista_dados.php?tabela= modelo").
then(function (resposta) {
    $scope.listaModelos = resposta.data.modelos;
});

// Carrega os tipos de veículos
$http.get(enderecoURL+"lista_dados.php?tabela=tipo_veiculo").then(
function (resposta) {
    $scope.listaTipos = resposta.data.tipos;
});

// Carrega as cores
$http.get(enderecoURL+"lista_dados.php?tabela=cor_veiculo").then(
function (resposta) {
    $scope.listaCores = resposta.data.cores;
});

// Carrega os tipos de combustíveis
$http.get(enderecoURL+"lista_dados.php?tabela=combustivel").then(
function (resposta) {
    $scope.listaCombustiveis = resposta.data.combustiveis;
});

// Carrega a lista de veículos
var carregarVeiculos = function () {
    $http.get(enderecoURL+"lista_dados.php?tabela=veiculo").then(
function (resposta) {
        $scope.listaVeiculos = resposta.data.veiculos;
    });
}

carregarVeiculos();
});
```

Como é possível perceber, existe uma chamada ao método **get()** do serviço **$http** para cada tabela do banco de dados. O endereço URL que deve ser passado a esse método se encontra na variável **enderecoURL**, o que facilita qualquer alteração na sua especificação.

Para cada tabela é declarada uma variável dentro do scope, e a elas é atribuído o valor retornado na propriedade **data** do objeto denominado **resposta**.

Ainda faremos modificações nesse arquivo posteriormente para implementar outras funcionalidades. Mas, por enquanto, isto é suficiente para nossas atuais necessidades.

Vamos criar a página HTML que faz uso deste módulo AngularJS. O arquivo deve ser nomeado como **index.html** e ser gravado na pasta **aluguel_carro**. A listagem a seguir exibe o código dessa página:

```html
<!DOCTYTPE html>
<html ng-app="aluguelCarro">
    <head>
        <meta http-equiv="Content-Type" content="text/html; charset=UTF-8" />
        <title>Aluguel de Carros - Versão AngularJS</title>
        <link rel="stylesheet" type="text/css" href="css/bootstrap.css">
        <link rel="stylesheet" type="text/css" href="css/styles.css">
        <script src="libs/angular.min.js"></script>
        <script src="libs/angular-locale_pt-br.js"></script>
        <script src="js/aluguelCarroApp.js"></script>
    </head>

    <body ng-controller="alugarCarroCtrl">
        <div class="tituloAplicacao">
            <h3 ng-bind="nomeAplicacao"></h3>
        </div>

        <table class="table">
            <tr>
                <th>Marca</th>
                <th>Modelo</th>
                <th>Placa</th>
                <th>Tipo</th>
                <th>Cor</th>
                <th>Ano modelo</th>
                <th>Combustível</th>
                <th>R$ Diária</th>
            </tr>
            <tr ng-repeat="carro in listaVeiculos | filter:{Placa: numeroPlaca}">
                <td>{{carro.Marca}}</td>
                <td>{{carro.Modelo}}</td>
                <td>{{carro.Placa}}</td>
                <td>{{carro.Tipo}}</td>
                <td>{{carro.Cor}}</td>
                <td>{{carro.AnoModelo}}</td>
                <td>{{carro.Combustivel}}</td>
                <td style="text-align:right">{{carro.Diaria | currency}}</td>
            </tr>
        </table>
        <hr/>
        <div class="form-control">
            <form name="CadastroVeiculo">
                <p><label>Selecione a marca: </label>
                    <select name="marcaVeiculo" ng-model="carro.
```

```
Marca" ng-options="marca as marca.Marca for marca in listaMarcas" ng-
required="true">
                    <option value="">Selecione a marca</option>
                </select>

                <label>Selecione o modelo: </label>
                <select name="modeloVeiculo" ng-model="carro.Modelo"
ng-options="modelo as modelo.Modelo for modelo in listaModelos" ng-
required="true">
                    <option value="">Selecione o modelo</option>
                </select>

                <label>Placa: </label><input type="text"
name= "placaVeiculo" ng-model="carro.Placa" ng-required="true" ng-
pattern="/^[A-Z,a-z]{3}-\d{4}$/"/>
                </p>

                <p><label>Selecione o tipo: </label>
                <select name="tipoVeiculo" ng-model="carro.Tipo" ng-
options="tipo as tipo.Tipo for tipo in listaTipos" ng-required="true">
                    <option value="">Selecione o tipo</option>
                </select>

                <label>Selecione a cor: </label>
                <select name="corVeiculo" ng-model="carro.Cor" ng-
options="cor as cor.Cor for cor in listaCores" ng-required="true">
                    <option value="">Selecione a cor</option>
                </select>
                </p>

                <p><label>Ano modelo: </label><input name="anoVeiculo"
type="text" ng-model="carro.AnoModelo" ng-required="true"/>
                <label>Selecione o combustível: </label>
                <select name="combustivelVeiculo" ng-model= "carro.
Combustivel" ng-options="combustivel as combustivel.Combustivel for
combustivel in listaCombustiveis" ng-required="true">
                    <option value="">Selecione o combustível</
option>
                </select>
                </p>

                <p>
                <label>Valor da diária: </label><input type="number"
name="valorDiaria" ng-model="carro.Diaria" ng-required="true"/>
                </p>
            </form>
        </div>
    </body>
</html>
```

Excetuando-se alguns pontos que divergem do arquivo **exemplo10.html** do nosso estudo de AngularJS, é possível notar que a semelhança entre os dois códigos é muito grande. Todas as matrizes foram removidas, uma vez que os dados agora são lidos da base. Em virtude disso, as opções das caixas de combinações são adicionadas dinamicamente.

Após gravar o projeto por meio da opção **File → Save All**, execute o navegador e acesse o endereço *localhost/aluguel_carro*. Você deverá ver uma tela similar à da Figura 17.1.

Clique em uma das caixas de combinação para poder ver a lista de opções, como mostra o exemplo da Figura 17.2.

Vamos começar a aprimorar nosso projeto adicionando recursos que possam torná-lo mais sofisticado. A primeira inclusão é a capacidade de tratamento de erros que podem ocorrer durante a manipulação dos dados.

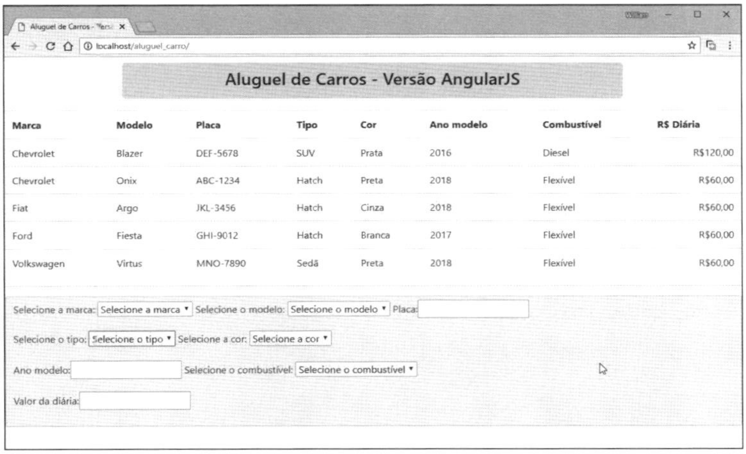

Figura 17.1 – Tela da aplicação com acesso a banco de dados via Web Service.

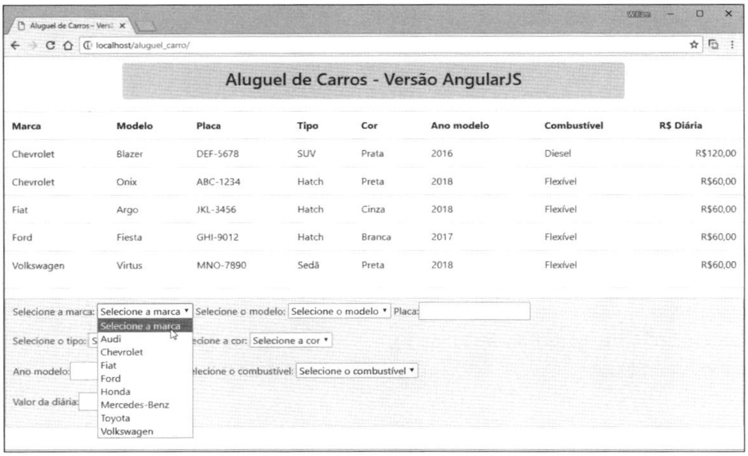

Figura 17.2 – Lista de opções da caixa de combinação.

17.2 Tratamento de erros

Conforme vimos no Tópico 16.3 do capítulo anterior, o serviço **$http** retorna uma promessa. Até agora, registramos uma função para essa promessa que retorna um conjunto de dados quando há sucesso na operação. No caso oposto, ou seja, quando ocorre algum problema, precisamos também manipular essa ocorrência de modo a informar, com o maior detalhe possível, ao usuário o que aconteceu.

No Visual Studio Code, edite o arquivo **aluguelCarroApp.js** acrescentando as linhas apresentadas na seguinte listagem:

```
var alugaCarro = angular.module("aluguelCarro", []);
enderecoURL = "http://localhost/ws_locadora/";

alugaCarro.controller("alugarCarroCtrl", function ($scope, $http) {
    $scope.nomeAplicacao = "Aluguel de Carros - Versão AngularJS";

    // Função de tratamento de erros
    var trata_erro = function (nome_tabela,codigo) {
        if (codigo == 404) {
            erro = "Erro na recuperação dos dados da tabela ["+ nome_tabela+"]! 404 página não encontrada";
        }
        else {
            erro = "Erro indefinido!";
        }
    }

    // Carrega as marcas dos veículos
    $http.get(enderecoURL+"lista_dados.php?tabela= marca").then(function (resposta) {
        $scope.listaMarcas = resposta.data.marcas;
    },
    function (resposta) {
        trata_erro("marca",resposta.status);
        $scope.mensagem = erro;
    });

    // Carrega os modelos dos veículos
    $http.get(enderecoURL+"lista_dados.php?tabela= modelo").then(function (resposta) {
        $scope.listaModelos = resposta.data.modelos;
    },
    function (resposta) {
        trata_erro("modelo",resposta.status);
        $scope.mensagem = erro;
    });

    // Carrega os tipos de veículos
```

```
    $http.get(enderecoURL+"lista_dados.php?tabela=tipo_veiculo").then(
function (resposta) {
    $scope.listaTipos = resposta.data.tipos;
},
function (resposta) {
    trata_erro("tipo_veiculo",resposta.status);
    $scope.mensagem = erro;
});

// Carrega as cores
$http.get(enderecoURL+"lista_dados.php?tabela=cor_veiculo").then(
function (resposta) {
    $scope.listaCores = resposta.data.cores;
},
function (resposta) {
    trata_erro("cor_veiculo",resposta.status);
    $scope.mensagem = erro;
});

// Carrega os tipos de combustíveis
$http.get(enderecoURL+"lista_dados.php?tabela=combustivel").then(
function (resposta) {
    $scope.listaCombustiveis = resposta.data.combustiveis;
},
function (resposta) {
    trata_erro("combustivel",resposta.status);
    $scope.mensagem = erro;
});

// Carrega a lista de veículos
var carregarVeiculos = function () {
    $http.get(enderecoURL+"lista_dados.php?tabela=veiculo").then(
function (resposta) {
        $scope.listaVeiculos = resposta.data.veiculos;
    },
    function (resposta) {
        trata_erro("veiculo",resposta.status);
        $scope.mensagem = erro;
    });
}
});
```

As novidades são a criação de uma função específica para tratamento do erro gerado e a inclusão de sua chamada nos serviços **$http** do controller. Essas chamadas são representadas pelo segundo parâmetro do serviço.

```
var carregarVeiculos = function () {
    $http.get(enderecoURL+"lista_dados.php?tabela=veiculo").then(
function (resposta) {
```

```
        $scope.listaVeiculos = resposta.data.veiculos;
    },
    function (resposta) {
        trata_erro("veiculo",resposta.status);
        $scope.mensagem = erro;
    });
}
```

A função **trata_erro()**, por sua vez, recebe como parâmetro o nome da tabela a ser acessada pelo serviço **$http**, e o código de erro armazenado na propriedade **status** do objeto retornado pelo método **get()** do serviço. Por enquanto, apenas testamos se esse código de erro é 404, correspondente à página não encontrada. Então, é montada uma cadeia de caracteres que representa a mensagem a ser exibida na tela para o usuário.

```
var trata_erro = function (nome_tabela,codigo) {
    if (codigo == 404) {
        erro = "Erro na recuperação dos dados da tabela ["+ nome_tabela+"]! 404 página não encontrada";
    }
    else {
        erro = "Erro indefinido!";
    }
}
```

Uma vez que a mensagem gerada pela função **trata_erro()** deve ser exibida pela página, precisamos alterar o código **index.html** incluindo uma linha que faça referência à variável **erro** do scope Angular. O fragmento de código listado a seguir demonstra o ponto do código em que deve ser inserida essa linha:

```
<body ng-controller="alugarCarroCtrl">
    <div class="tituloAplicacao">
        <h3 ng-bind="nomeAplicacao"></h3>
    </div>

    <div><h4>{{mensagem}}</h4></div>

    <table class="table">
        <tr>
            <th>Marca</th>
            <th>Modelo</th>
            <th>Placa</th>
            <th>Tipo</th>
            <th>Cor</th>
            <th>Ano modelo</th>
            <th>Combustível</th>
            <th>R$ Diária</th>
        </tr>
```

O código completo desse arquivo, após as modificações, é apresentado a seguir:

```html
<!DOCTYTPE html>
<html ng-app="aluguelCarro">
    <head>
        <meta http-equiv="Content-Type" content="text/html; charset=UTF-8" />
        <title>Aluguel de Carros - Versão AngularJS</title>
        <link rel="stylesheet" type="text/css" href="css/bootstrap.css">
        <link rel="stylesheet" type="text/css" href="css/styles.css">
        <script src="libs/angular.min.js"></script>
        <script src="libs/angular-locale_pt-br.js"></script>
        <script src="js/aluguelCarroApp.js"></script>
    </head>

    <body ng-controller="alugarCarroCtrl">
        <div class="tituloAplicacao">
            <h3 ng-bind="nomeAplicacao"></h3>
        </div>

        <table class="table">
            <tr>
                <th>Marca</th>
                <th>Modelo</th>
                <th>Placa</th>
                <th>Tipo</th>
                <th>Cor</th>
                <th>Ano modelo</th>
                <th>Combustível</th>
                <th>R$ Diária</th>
            </tr>
            <tr ng-repeat="carro in listaVeiculos | filter:{Placa: numeroPlaca}">
                <td>{{carro.Marca}}</td>
                <td>{{carro.Modelo}}</td>
                <td>{{carro.Placa}}</td>
                <td>{{carro.Tipo}}</td>
                <td>{{carro.Cor}}</td>
                <td>{{carro.AnoModelo}}</td>
                <td>{{carro.Combustivel}}</td>
                <td style="text-align:right">{{carro.Diaria | currency}}</td>
            </tr>
        </table>
        <hr/>
        <div class="form-control">
            <form name="CadastroVeiculo">
                <p><label>Selecione a marca: </label>
                    <select name="marcaVeiculo" ng-model="carro.Marca" ng-options="marca as marca.Marca for marca in listaMarcas" ng-
```

```html
required="true">
			<option value="">Selecione a marca</option>
		</select>

		<label>Selecione o modelo: </label>
		<select name="modeloVeiculo" ng-model="carro.Modelo"
ng-options="modelo as modelo.Modelo for modelo in listaModelos" ng-
required="true">
			<option value="">Selecione o modelo</option>
		</select>

		<label>Placa: </label><input type="text"
name="placaVeiculo" ng-model="carro.Placa" ng-required="true" ng-
pattern="/^[A-Z,a-z]{3}-\d{4}$/"/>
	</p>

	<p><label>Selecione o tipo: </label>
		<select name="tipoVeiculo" ng-model="carro.Tipo" ng-
options="tipo as tipo.Tipo for tipo in listaTipos" ng-required="true">
			<option value="">Selecione o tipo</option>
		</select>

		<label>Selecione a cor: </label>
		<select name="corVeiculo" ng-model="carro.Cor" ng-
options="cor as cor.Cor for cor in listaCores" ng-required="true">
			<option value="">Selecione a cor</option>
		</select>
	</p>

	<p><label>Ano modelo: </label><input name="anoVeiculo"
type="text" ng-model="carro.AnoModelo" ng-required="true"/>
		<label>Selecione o combustível: </label>
		<select name="combustivelVeiculo" ng-model="carro.
Combustivel" ng-options="combustivel as combustivel.Combustivel for
combustivel in listaCombustiveis" ng-required="true">
			<option value="">Selecione o combustível</
option>
		</select>
	</p>

	<p>
		<label>Valor da diária: </label><input type="number"
name="valorDiaria" ng-model="carro.Diaria" ng-required="true"/>
	</p>

	<br/>
	<div ng-show="CadastroVeiculo.marcaVeiculo.$error.
required && CadastroVeiculo.marcaVeiculo.$dirty" class="alert alert-
info">
		Selecione a marca do veículo!
	</div>
```

```html
            <div ng-show="CadastroVeiculo.modeloVeiculo.$error.required && CadastroVeiculo.modeloVeiculo.$dirty" class="alert alert-info">
                Digite o modelo do veículo!
            </div>
            <div ng-show="CadastroVeiculo.placaVeiculo.$error.required && CadastroVeiculo.placaVeiculo.$dirty" class="alert alert-info">
                Digite a placa do veículo!
            </div>
            <div ng-show="CadastroVeiculo.placaVeiculo.$error.pattern" class="alert alert-info">
                A placa do veículo deve ser digitada no formato AAA-9999.
            </div>
            <div ng-show="CadastroVeiculo.tipoVeiculo.$error.required && CadastroVeiculo.tipoVeiculo.$dirty" class="alert alert-info">
                Selecione o tipo de veículo!
            </div>
            <div ng-show="CadastroVeiculo.corVeiculo.$error.required && CadastroVeiculo.corVeiculo.$dirty" class="alert alert-info">
                Selecione a cor do veículo!
            </div>
            <div ng-show="CadastroVeiculo.anoVeiculo.$error.required && CadastroVeiculo.anoVeiculo.$dirty" class="alert alert-info">
                Digite o ano do veículo!
            </div>
            <div ng-show="CadastroVeiculo.combustivelVeiculo.$error.required && CadastroVeiculo.combustivelVeiculo.$dirty" class="alert alert-info">
                Selecione o tipo de combustível do veículo!
            </div>
            <div ng-show="CadastroVeiculo.valorDiaria.$error.required && CadastroVeiculo.valorDiaria.$dirty" class="alert alert-info">
                Digite o valor da diária do veículo!
            </div>

            <button class="btn btn-primary" ng-click="adicionarCarro( carro)" ng-disabled="CadastroVeiculo.$invalid">Adicionar</button>

            <div><h4>{{mensagem}}</h4></div>

            <div style="margin-top:20px;padding:10px;background-color:#77ddff">
                <label>Digite o número da placa do veículo:</label>
                <input type="text" ng-model="numeroPlaca" ng-pattern="/^[A-Z,a-z]{3}-\d{4}$/"/>
            </div>
```

```
            </form>
        </div>
    </body>
</html>
```

Grave tudo e depois execute a aplicação no navegador por meio do endereço *localhost/aluguel_carro*. Você verá que ela foi executada normalmente.

Vamos provocar um erro alterando as linhas que correspondem à execução do serviço **$http** para ler os dados da tabela de veículos. Modifique o parâmetro do método **get()** especificando o nome da página PHP como sendo **listar_dados.php**, em vez de **lista_dados.php**, conforme mostrado a seguir:

```
$http.get(endereoURL+"listar_dados.php?tabela=veiculo").then(function
(resposta) {
    $scope.listaVeiculos = resposta.data.veiculos;
},
function (resposta) {
    trata_erro("veiculo",resposta.status);
    $scope.mensagem_erro = erro;
});
```

Grave o projeto e rode novamente a aplicação no navegador. Você deverá ver agora a mensagem de erro mostrada na Figura 17.3.

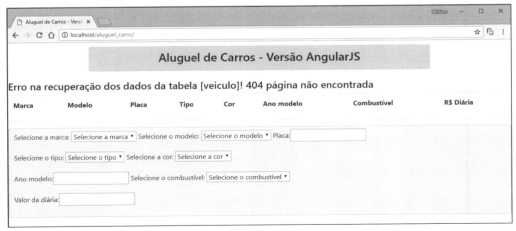

Figura 17.3 – Mensagem exibida ao ocorrer um erro na execução da aplicação.

Abra novamente o arquivo **index.html** e retorne o nome da página PHP a **lista_dados.php**, caso contrário não será possível continuar os estudos. Para finalizar, grave tudo.

17.3 Novas funcionalidades: inclusão e pesquisa

Neste tópico vamos implementar mais duas funções: inclusão de novos veículos à lista e pesquisa por meio do número da placa.

No projeto original, a inclusão era efetuada em memória, em uma matriz de dados denominada **carros**. Isso significa que, ao sair da aplicação, os dados são perdidos. Nesta nova versão não teremos esse tipo de problema, porque os dados são gravados no banco.

Selecione a pasta **ws_locadora** para podermos trabalhar com ela no próximo arquivo.

O primeiro procedimento a ser executado é a criação de uma nova página PHP, cuja função é manipular a inserção de novos registros na base de dados. O nome desse arquivo deve ser **adiciona_veiculo.php** e seu código é apresentado na listagem a seguir:

```php
<?php
    require_once("configuracao.php");
    require_once("banco_dados.php");

    $Dados = file_get_contents('php://input');
    $DadosJSON = json_decode($Dados, true);

    if (count($DadosJSON) > 0) {
        $Marca = $DadosJSON["marca"];
        $Modelo = $DadosJSON["modelo"];
        $Placa = $DadosJSON["placa"];
        $Tipo = $DadosJSON["tipo"];
        $Cor = $DadosJSON["cor"];
        $Ano = $DadosJSON["anoModelo"];
        $Combustivel = $DadosJSON["combustivel"];
        $Diaria = $DadosJSON["diaria"];
    }
    else {
        $Retorno = "Sem registro...";
    }

    if ($Retorno != "Sem registro...") {
        $ConexaoBaseDados = new BancoDados($Servidor,$Usuario,$Senha,$BaseDados);

        if ($ConexaoBaseDados->AbrirConexao() == NULL) {
            $Retorno .= '{"Erro":' . '"Erro na conexão com a base de dados!<br> Nro. do erro ["' . $ConexaoBaseDados->CodigoErro() . '"]}"';
        }
```

```
        else {
            $Resposta = $ConexaoBaseDados->AdicionarVeiculo($Marca,
$Modelo, $Placa, $Tipo, $Cor, $Ano, $Combustivel, $Diaria);

            if ($Resposta == FALSE) {
                $Retorno = "Não foi possível inserir o veículo no
cadastro!";
            }
            else {
                $Retorno = "Veículo inserido com sucesso no cadastro";
            }
        }

        $ConexaoBaseDados->FecharConexao();
    }

    echo $Retorno;
```

Os arquivos **configuracao.php** e **banco_dados.php** são inseridos na página, com o arquivo **lista_dados.php**. A grande novidade aparece nas próximas linhas de códigos.

À variável **$Dados** é atribuído o objeto JSON passado como parâmetro à página. Conforme veremos mais à frente, esse objeto é criado dinamicamente por uma função da página **index.html**, antes da invocação da página **adiciona_veiculo.php**. A função `file_get_contents()` da linguagem PHP é utilizada para recuperar esse objeto JSON. A cadeia de caracteres *'php://input'* passada a essa função indica que recuperação será efetuada a partir de uma fila de dados presente no corpo de um documento HTML.

Após ter sido feita a leitura dos dados em formato JSON, eles precisam ser convertidos em um padrão que possa ser manipulado por nossa rotina de inserção de registro. Isso é possível por meio da função `json_decode()`, que retorna uma matriz de dados associativa a partir de um objeto JSON. A matriz será formada por elementos que contêm uma chave e um valor associado.

Depois de efetuada a conversão, os valores de cada elemento da matriz são armazenados em variáveis para posterior utilização. Se, por algum motivo, a matriz estiver vazia, ou seja, sem elementos, o processo de inserção não será executado. Para sabermos se a matriz contém elementos, utilizamos a função `count()`. Se ela retornar um valor maior que zero, significa que possui elementos.

A parte do código que efetivamente adiciona o novo registro está reproduzida a seguir:

```
$Resposta = $ConexaoBaseDados->AdicionarVeiculo($Marca, $Modelo, $Placa,
$Tipo, $Cor, $Ano, $Combustivel, $Diaria);

if ($Resposta == FALSE) {
    $Retorno = "Não foi possível inserir o veículo no cadastro!";
}
else {
    $Retorno = "Veículo inserido com sucesso no cadastro";
}
```

As variáveis declaradas no início da rotina são passadas como parâmetros ao método **AdicionarVeiculo()** do objeto de conexão com o banco de dados. O resultado da operação de adição é atribuído à variável **$Resposta** e, dependendo desse resultado, uma mensagem de sucesso ou fracasso é exibida ao usuário por meio da variável **$Retorno**.

Volte a selecionar a pasta **aluguel_carro** e então reabra o arquivo **index.html**. A primeira alteração que devemos fazer consiste na inclusão de uma linha de código logo abaixo da definição do campo de digitação do valor da diária da locação. Essa linha define um botão de comando que, ao ser acionado, efetuará a inserção dos dados digitados no formulário. A listagem a seguir reproduz o código a ser adicionado:

```
<button class="btn btn-primary" ng-click="adicionarCarro(carro)" ng-disa
bled="CadastroVeiculo.$invalid">Adicionar</button>
```

Note que ele é similar ao existente no projeto original que não utilizava banco de dados.

Agora, desloque a linha responsável pela exibição de mensagens ao usuário de modo que ela fique abaixo desse botão de comando.

Em seguida, finalizando o layout do formulário, insira as linhas apresentadas a seguir:

```
<div style="margin-top:20px;padding:10px;background-color:#77ddff">
    <label>Digite o número da placa do veículo:</label><input
type="text" ng-model="numeroPlaca" ng-pattern="/^[A-Z,a-z]{3}-\d{4}$/"/>
</div>
```

Elas criam uma área para digitação da placa do veículo a ser pesquisado.

Abra novamente o arquivo **aluguelCarroApp.js** e adicione o seguinte código, logo após a declaração da função `carregarVeiculos()`:

```
$scope.adicionarCarro = function (carro) {
    veiculo = '{"marca":"'+carro.Marca["CodigoMarca"]+
              '","modelo":"'+carro.Modelo["CodigoModelo"]+
              '","placa":"'+carro.Placa+
              '","tipo":"'+carro.Tipo["CodigoTipo"]+
              '","cor":"'+carro.Cor["CodigoCor"]+
              '","anoModelo":'+carro.AnoModelo+
              ',"combustivel":"'+carro.Combustivel["CodigoCombustivel"]+
              '","diaria":'+carro.Diaria+'}';

    $http.post(enderecoURL+"adiciona_veiculo.php",veiculo).then(function (resposta) {
        carregarVeiculos();
        delete $scope.carro;
        $scope.CadastroVeiculo.$setPristine();
    },
    function (resposta) {
        trata_erro("veiculo",resposta.status);
        $scope.mensagem = erro;
    });
};
```

Essa função, a partir do parâmetro **carro**, armazena um objeto JSON na variável **veiculo**. Note que, para alguns elementos, é utilizado o código e não a descrição vista na caixa de combinação do formulário.

O método **post()** do serviço é invocado no lugar de **get()**, tendo em vista que agora desejamos enviar dados, e não recuperá-los. No caso de sucesso da operação, a função **carregarVeiculos()** é acionada para exibir novamente os dados na tabela do formulário, o objeto carro é destruído e o formulário limpo com uma chamada ao método **$setPristine()**. Se ocorrer algum erro, uma mensagem é retornada ao usuário.

Podemos gravar o projeto novamente e executá-lo no navegador. Você deverá ver uma tela similar à da Figura 17.4. Entre com algumas informações, como o mostrado no exemplo da Figura 17.5. Após clicar no botão **Adicionar**, o novo veículo é apresentado na lista, dentro da ordem alfabética correta (Figura 17.6).

Como no projeto original, ao ser digitado número de uma placa, o respectivo veículo é exibido na tela (Figura 17.7).

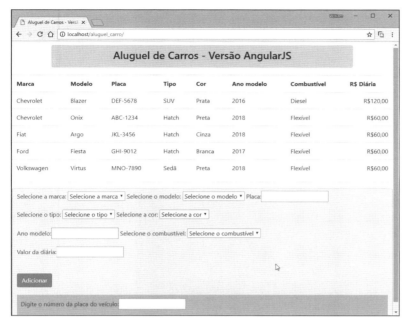

Figura 17.4 – Página de veículos com botão de inclusão e campo de pesquisa.

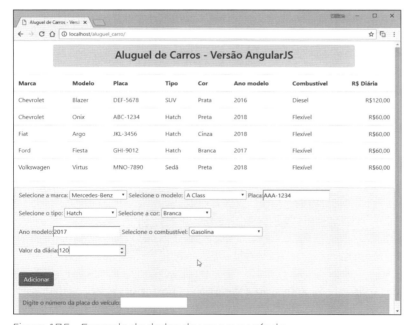

Figura 17.5 – Exemplo de dados de um novo veículo.

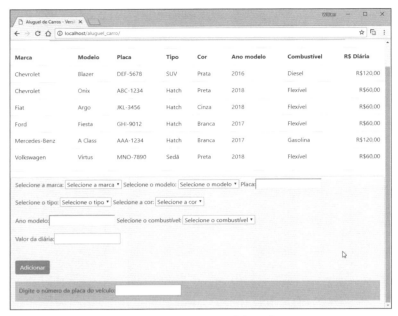

Figura 17.6 – Tabela com o novo veículo adicionado.

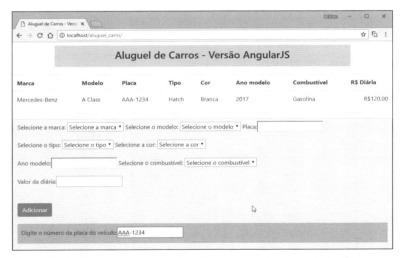

Figura 17.7 – Exemplo de pesquisa de veículo pelo número da placa.

Você perceberá que, após sair da aplicação e voltar a ela posteriormente, os dados estarão lá intactos!

No próximo capítulo, que encerra nossos estudos, veremos essa mesma aplicação desenvolvida com o Angular 6.

Exercícios

1. Altere a função trata_erro() de modo que ela possa tratar outros códigos de erros retornados pelas requisições do método get() do serviço $http. Veja a seguir um exemplo de códigos e respectivas descrições que podem ser contemplados.

Código de Erro HTTP	Descrição
400	Requisição inválida
401	Não autorizado
403	Proibido
405	Método não permitido
500	Erro interno do servidor
502	Bad Gateway
503	Serviço indisponível
504	Gateway time-out

2. Como podemos saber, via código AngularJS, se uma matriz contém elementos?
3. Explique a utilidade da função file_get_contents().
4. Assinale a alternativa que contém a função responsável pela conversão de um objeto JSON em uma matriz de dados associativa.

   (a) convert_json_matrix()
   (b) decode_json()
   (c) format_json()
   (d) explode_json()
   (e) json_decode()

18

Angular 6 com Web Service

Nossos estudos serão encerrados com o desenvolvimento da aplicação de locadora de veículos utilizando o Angular 6. Essa versão terá a aparência e todos os recursos já vistos anteriormente. E, o mais importante, fará uso do Web Service para manipulação de banco de dados.

Ao desenvolvermos um mesmo projeto tanto em AngularJS quanto em Angular 6, teremos uma ideia das diferenças entre cada uma das abordagens.

18.1 Classes para armazenamento de dados

Neste projeto, voltaremos a utilizar o Visual Studio Code. Com ele em execução, acesse a pasta ProjetosAngular. Abra o painel Terminal (opção **File → Open Folder**) e execute o comando **ng new aluguel-carro** para criar o projeto em Angular 6 (Figura 18.1).

Após ter sido concluído o processo indicado pela mensagem da Figura 18.2, crie as seguintes pastas: **classes**, **css** e **webservices**. Copie para a pasta **css** os arquivos **styles.css** e **bootstrap.css**, que já utilizamos antes.

Figura 18.1 – Comando para criação do projeto.

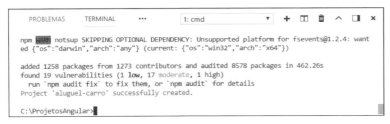

Figura 18.2 – Mensagem de projeto criado.

Dentro da pasta **classes**, precisaremos criar diversas classes que funcionarão como modelo de dados para armazenamento em memória dos registros do banco. Teremos uma classe para cada tabela do banco de dados. Elas são bastante simples, uma vez que consistem apenas em membros variáveis (atributos) e um construtor. Os códigos dessas classes estão listados a seguir, com seus respectivos nomes de arquivos:

Listagem 18.1 – Arquivo marca.ts

```
export class Marca {
    codigoMarca: number;
    descricaoMarca: string;

    constructor() {}
}
```

Listagem 18.2 – Arquivo modelo.ts

```
export class Modelo {
    codigoModelo: number;
    descricaoModelo: string;

    constructor() {}
}
```

Listagem 18.3 – Arquivo tipo.ts

```
export class Tipo {
    codigoTipo: number;
    descricaoTipo: string;

    constructor() {}
}
```

Listagem 18.4 – Arquivo cor.ts

```
export class Cor {
    codigoCor: number;
    descricaoCor: string;

    constructor() {}
}
```

Listagem 18.5 – Arquivo combustivel.ts

```
export class Combustivel {
    codigoCombustivel: number;
    descricaoCombustivel: string;

    constructor() {}
}
```

Listagem 18.6 – Arquivo veiculo.ts

```
export class Veiculo {
    marca: string;
    modelo: string;
    tipo: string;
    cor: string;
    numeroPlaca: string;
    anoModelo: number;
    combustivel: string;
    valorDiaria: number;

    constructor() {}
}
```

 ## 18.2 Componentes para consumo de serviços

Agora que já temos nossas classes para armazenamento de dados do banco, vamos criar os módulos em Angular 6, que são responsáveis pela invocação do Web Service em PHP. Diferentemente do que foi feito na versão AngularJS, que continha diversas funções inseridas no controller, precisaremos criar um componente para cada classe. Todos terão grande similaridade no código, mas essa necessidade se deve ao fato de somente podermos ter uma classe que é exportada em cada componente.

Com a pasta **webservices** selecionada, adicione um novo arquivo com o nome **ws_marcas.ts**. Seu código deve ser da Listagem 18.7.

Listagem 18.7 – Arquivo ws_marcas.ts

```
import { Injectable } from '@angular/core';
import { Http } from '@angular/http';
import { Observable } from 'rxjs/Rx';
import 'rxjs/Rx';
import { Marca } from '../classes/marca';

@Injectable()
export class WS_Marcas {
  private strURL: string = "http://localhost/ws_locadora/lista_dados.
```

```
php? tabela=marca";

  constructor(private http: Http) { }

  public lerMarcas(): Observable<Marca> {
    return this.http.get(this.strURL)
                    .map(resposta => resposta.json());
  }
}
```

Uma vez que invocaremos métodos do serviço **Http**, ele precisa ser injetado no componente. Do mesmo modo, como o método `lerMarcas()` do componente retorna um objeto do tipo **Observable**, também é necessário injetar esse módulo.

A variável **strURL** contém o endereço URL de chamada do Web Service. Já o construtor não possui qualquer código, sendo que ele apenas define a variável **http** para uso pelo método `lerMarcas()`.

O método `get()` do serviço **Http** é executado, passando-se a ele, como parâmetro, o endereço URL. Esse método retorna uma promessa, sendo a função `map()` responsável pelo retorno de uma resposta, que consiste em um objeto JSON gerado pelo Web Service escrito em PHP.

A desserialização desse objeto JSON é efetuada e os dados contidos nele são automaticamente atribuídos aos membros da classe **Marca**, presente como um template da classe genérica **Observable**. Em função disso, o componente importa essa classe a partir do arquivo **marca.ts**, da pasta **classes**.

Em resumo, a tarefa do método `lerMarcas()` é invocar o Web Service, desserializar os dados do objeto JSON recebido como resposta e atribuir os dados contidos nele aos membros da classe **Marca**.

Em seguida, crie os demais arquivos necessários ao nosso projeto, conforme descrito pelas listagens mostradas a seguir:

Listagem 18.8 – Arquivo ws_modelos.ts

```
import { Injectable } from '@angular/core';
import { Http } from '@angular/http';
import { Observable } from 'rxjs/Rx';
import 'rxjs/Rx';
import { Modelo } from '../classes/modelo';

@Injectable()
export class WS_Modelos {
  private strURL: string = "http://localhost/ws_locadora/lista_dados.
php? tabela=modelo";

  constructor(private http: Http) { }
```

```
  public lerModelos(): Observable<Modelo> {
    return this.http.get(this.strURL)
                    .map(resposta => resposta.json());
  }
}
```

Listagem 18.9 – Arquivo ws_tipos.ts

```
import { Injectable } from '@angular/core';
import { Http } from '@angular/http';
import { Observable } from 'rxjs/Rx';
import 'rxjs/Rx';
import { Tipo } from '../classes/tipo';

@Injectable()
export class WS_Tipos {
  private strURL: string = "http://localhost/ws_locadora/lista_dados.php?tabela=tipo_veiculo";

  constructor(private http: Http) { }

  public lerTipos(): Observable<Tipo> {
    return this.http.get(this.strURL)
                    .map(resposta => resposta.json());
  }
}
```

Listagem 18.10 – Arquivo ws_cores.ts

```
import { Injectable } from '@angular/core';
import { Http } from '@angular/http';
import { Observable } from 'rxjs/Rx';
import 'rxjs/Rx';
import { Cor } from '../classes/cor';

@Injectable()
export class WS_Cores {
  private strURL: string = "http://localhost/ws_locadora/lista_dados.php?tabela=cor_veiculo";

  constructor(private http: Http) { }

  public lerCores(): Observable<Cor> {
    return this.http.get(this.strURL)
                    .map(resposta => resposta.json());
  }
}
```

Listagem 18.11 - Arquivo ws_combustiveis.ts

```typescript
import { Injectable } from '@angular/core';
import { Http } from '@angular/http';
import { Observable } from 'rxjs/Rx';
import 'rxjs/Rx';
import { Combustivel } from '../classes/combustivel';

@Injectable()
export class WS_Combustiveis {
  private strURL: string = "http://localhost/ws_locadora/lista_dados.php?tabela=combustivel";

  constructor(private http: Http) { }

  public lerCombustiveis(): Observable<Combustivel> {
    return this.http.get(this.strURL)
                    .map(resposta => resposta.json());
  }
}
```

Listagem 18.12 - Arquivo ws_veiculos.ts

```typescript
import { Injectable } from '@angular/core';
import { Http, Response } from '@angular/http';
import { Headers, RequestOptions } from '@angular/http';
import { Observable } from 'rxjs/Rx';
import 'rxjs/Rx';
import 'rxjs/add/operator/map';
import 'rxjs/add/operator/catch';

import { Veiculo } from '../classes/veiculo';

@Injectable()
export class WS_Veiculos {
  private urlLer: string = "http://localhost/ws_locadora/lista_dados.php?tabela=veiculo";
  private urlGravar: string = "http://localhost/ws_locadora/ adiciona_veiculo.php";

  constructor(private http: Http) { }

  public lerVeiculos(): Observable<Veiculo> {
    return this.http.get(this.urlLer)
                    .map(resposta => resposta.json());
  }
```

```
  public gravarVeiculo(carro: any): Observable<Veiculo> {
    let httpHeaders = new Headers({'Content-Type':'application/x-www-
form-urlencoded'});
    let httpOpcoes = new RequestOptions();
    httpOpcoes.headers = httpHeaders;

    return this.http.post(this.urlGravar,carro,httpOpcoes)
      .map(this.extrairDados)
      .catch(this.trataErro);
  }

  extrairDados(resposta: Response) {
    return resposta.json() || {};
  }

  trataErro(erro: Response | any) {
    return Observable.throw(erro.message || erro);
  }
}
```

Com exceção do código do arquivo **ws_veiculos.ts**, os demais são incrivelmente similares, sendo que as diferenças estão restritas ao arquivo da classe correspondente, à especificação da URL na variável **strURL** e à declaração do método que executa a chamada ao Web Service.

Já o arquivo **ws_veiculos.ts** é um pouco mais complexo, tendo em vista que ele deve executar duas operações: obtenção dos dados do banco por meio de uma chamada ao método `get()` do serviço **Http** e gravação dos dados de um novo registro via método `post()`.

A primeira diferença que podemos notar é a existência de linhas que importam para dentro do componente novas bibliotecas Angular, como **Response**, **Headers** e **RequestOptions**. As duas últimas são necessárias para que possamos, via código, configurar o cabeçalho do documento HTML e enviá-lo por uma requisição gerada pelo método `post()`.

A configuração que precisamos fazer está relacionada à permissão da nossa aplicação em invocar um Web Service que não pertence ao mesmo domínio. Embora estejamos utilizando um único ambiente tanto para a aplicação quanto para o Web Service, a saber, localhost, vale lembrar que o Web Service está rodando na porta 80, e a aplicação em Angular 6, na porta 4200. Isso caracteriza uma chamada cruzada, ou seja, de um domínio para outro, e os próprios navegadores, ao detectarem tal operação, bloqueiam o acesso.

No caso da aplicação desenvolvida no capítulo anterior, que utiliza o AngularJS, esse tipo de problema não ocorre, porque ambos (aplicação e Web Service) rodam dentro do mesmo domínio. Veja nas Figuras 18.3 e 18.4 a ilustração desses processos.

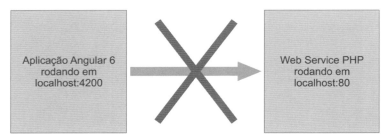

Figura 18.3 – Aplicação com acesso bloqueado por estar em outro domínio.

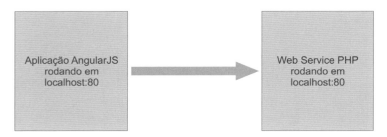

Figura 18.4 – Aplicação com acesso liberado por estar no mesmo domínio.

Também há a necessidade de termos duas variáveis para armazenamento das URLs referentes à leitura (get) e escrita (post) de dados, uma vez que temos um serviço para cada operação.

O método **lerVeiculos()** é similar ao que existe nos componentes já vistos. A grande novidade está no método **gravarVeiculo()**, que é responsável por invocar o serviço que efetivamente adiciona um novo registro de veículo à base de dados. Ele recebe como parâmetro um objeto JSON que contém os dados do veículo a ser adicionado. As primeiras três linhas configuram o cabeçalho da requisição. O método **post()** do serviço **Http** é chamado com o valor da URL, do objeto JSON e da configuração do cabeçalho passados como parâmetros.

No caso de haver sucesso na operação, o método **map()** é executado, o qual extrai as informações retornadas pelo Web Service (também em formato JSON) por meio da função **extrairDados()**. Elas, por sua vez, são atribuídas à classe **Veiculo**.

Se ocorrer algum problema na chamada do serviço de inserção de dados, a função **trataErro()** é executada via método **catch()**. O retorno dessa função é uma mensagem contendo a descrição do erro que foi gerado pela operação.

18.3 Ajustes nos componentes principais

A terceira fase do nosso desenvolvimento consiste na alteração de códigos dos componentes/módulos já criados automaticamente pelo comando **ng new** executado anteriormente no início deste capítulo.

Abra o arquivo **app.module.ts**, localizado na pasta **app**, e edite seu código para que ele fique conforme indicado na Listagem 18.13.

Listagem 18.13 - Arquivo app.module.ts

```
import { BrowserModule } from '@angular/platform-browser';
import { NgModule, LOCALE_ID } from '@angular/core';
import { HttpModule } from '@angular/http';
import { FormsModule } from '@angular/forms';
import { FiltrarVeiculo } from './filtro_carro';

import { AppComponent } from './app.component';

import { registerLocaleData } from '@angular/common';
import ptBr from '@angular/common/locales/pt';
registerLocaleData(ptBr)

@NgModule({
  declarations: [
    AppComponent,
    FiltrarVeiculo
  ],
  imports: [
    BrowserModule,
    HttpModule,
    FormsModule
  ],
  providers: [{ provide: LOCALE_ID, useValue: 'pt' }],
  bootstrap: [AppComponent]
})
export class AppModule { }
```

Existem alguns módulos e bibliotecas novos que são importados para dentro desse componente. O primeiro deles é **LOCALE_ID**, que utilizamos para configurar a exibição dos valores das diárias como símbolo da moeda (R$), e vírgula na separação das casas decimais.

Os outros dois módulos são **FormsModule** e **FiltrarVeiculo**. **FormsModule** é necessário para que possamos, como veremos mais à frente, utilizar o recurso de *two-way-data-binding* no formulário de entrada de dados. Já o módulo **FiltrarVeiculo** é, na verdade, uma classe que implementa o filtro pipe do Angular 6.

Temos ainda, antes da definição propriamente dita do módulo, três linhas que efetivamente configuram a exibição de valores numéricos ao ser empregado o filtro **currency** do Angular 6.

```
import { registerLocaleData } from '@angular/common';
import ptBr from '@angular/common/locales/pt';
registerLocaleData(ptBr)
```

No pacote de módulos Angular 6 instalados no projeto, existe um grupo cujos arquivos estão localizados na pasta @angular/common/locales. Eles contêm definições para diversos países e idiomas. No caso específico do Brasil, devemos utilizar o módulo **ptBr**, por meio de sua importação e posterior registro via função `registerLocaleData()`.

Para finalizar a configuração de exibição, devemos injetar na seção providers deste arquivo a matriz `{ provide: LOCALE_ID, useValue: 'pt' }`. Note que especificamos a cadeia de caracteres "pt" e não "pt-BR", como seria de se esperar.

Também inserimos referência aos módulos **HttpModule** e **FormsModule** na seção *imports* para que eles possam ser reconhecidos pelos arquivos **app.component.ts** (componente) e **app.component.html** (documento HTML).

Nossa classe que define o pipe para filtrar registro de veículos precisa ser referenciada na seção *declarations*, e não em *imports*, uma vez que ela não é um módulo. A Listagem 18.14 apresenta o código referente a ela.

Listagem 18.14 – Arquivo filtro_carro.ts

```
import { Injectable, Pipe, PipeTransform } from '@angular/core';

@Pipe({
    name: 'filtraVeiculo'
})

@Injectable()
export class FiltrarVeiculo implements PipeTransform {
    transform(veiculos: any[], valor: string): any {
        if (!veiculos || !valor) {
            return veiculos;
        }
        else {
            return veiculos.filter(veiculo => veiculo['Placa'] == valor);
        }
    }
}
```

Uma vez que o Visual Studio Code não possui o recurso de gerar o código do pipe automaticamente, como foi possível pelo Angular IDE, devemos digitar todas as linhas de código. O que esse pipe faz é aplicar um filtro aos registros de veículos de forma que somente aquele que tenha o número de placa digitado seja exibido na tela.

Primeiro, o código verifica se foram passados os parâmetros esperados e, em caso afirmativo, compara o valor do elemento **Placa** do objeto **veiculo** com o segundo parâmetro. Se ambos forem iguais, o correspondente registro é retornado à rotina chamadora.

No caso de nenhum parâmetro ter sido passado ao pipe, todos os registros da tabela de cadastro de veículos são retornados para exibição.

O próximo arquivo a ser alterado é o que define o componente principal da aplicação, a saber, **app.component.ts**. Veja na Listagem 18.15 como deve ficar o código com as alterações.

Listagem 18.15 – Arquivo app.component.ts

```
import { Component, OnInit } from '@angular/core';
import { Marca } from '../classes/marca';
import { Modelo } from '../classes/modelo';
import { Tipo } from '../classes/tipo';
import { Cor } from '../classes/cor';
import { Combustivel } from '../classes/combustivel';
import { Veiculo } from '../classes/veiculo';
import { WS_Marcas } from '../webservices/ws_marcas';
import { WS_Modelos } from '../webservices/ws_modelos';
import { WS_Tipos } from '../webservices/ws_tipos';
import { WS_Cores } from '../webservices/ws_cores';
import { WS_Combustiveis } from '../webservices/ws_combustiveis';
import { WS_Veiculos } from '../webservices/ws_veiculos';

@Component({
  selector: 'app-root',
  templateUrl: './app.component.html',
  styleUrls: ['../css/bootstrap.css','../css/styles.css'],
  providers: [WS_Marcas,WS_Modelos,WS_Tipos,WS_Cores,WS_Combustiveis,WS_Veiculos]
})
export class AppComponent implements OnInit {
  nomeAplicacao = 'Aluguel de Carro - Versão Angular 6';
  _marcas: Marca;
  _modelos: Modelo;
  _tipos: Tipo;
  _cores: Cor;
  _combustiveis: Combustivel;
  _veiculos: Veiculo;
  validarPlaca = /^[A-Z,a-z]{3}-\d{4}$/;

  constructor(private wsmarcas: WS_Marcas,
    private wsmodelos: WS_Modelos,
    private wstipos: WS_Tipos,
    private wscores: WS_Cores,
    private wscombustiveis: WS_Combustiveis,
    private wsveiculos: WS_Veiculos) { }

  carregarVeiculos() {
    this.wsveiculos.lerVeiculos().subscribe(veiculos => this._veiculos = veiculos);
  }

  atualizarPagina() {
    window.location.reload();
```

```
  }

  ngOnInit() {
    this.wsmarcas.lerMarcas().subscribe(marcas => this._marcas = marcas);
    this.wsmodelos.lerModelos().subscribe(modelos => this._modelos = modelos);
    this.wstipos.lerTipos().subscribe(tipos => this._tipos = tipos);
    this.wscores.lerCores().subscribe(cores => this._cores = cores);
    this.wscombustiveis.lerCombustiveis().subscribe(combustiveis => this._combustiveis = combustiveis);
    this.carregarVeiculos();
  }

  async adicionarCarro(carroMarca, carroModelo, carroPlaca, carroTipo, carroCor, carroAnoModelo, carroCombustivel, carroDiaria) {
    let carro = {marca:carroMarca,
                 modelo:carroModelo,
                 placa:carroPlaca,
                 tipo:carroTipo,
                 cor:carroCor,
                 anoModelo:carroAnoModelo,
                 combustivel:carroCombustivel,
                 diaria:carroDiaria};

    await this.wsveiculos.gravarVeiculo(carro).subscribe(
      sucesso => {alert("Veículo adicionado com sucesso!");
                  this.carregarVeiculos();
                  this.atualizarPagina()},
      falha => {alert("Falha na adição do veículo!\n"+falha)});
  }
}
```

É possível notar que todas as classes que criamos para armazenamento de dados e invocação do Web Service foram inseridas nesse módulo. Essas últimas precisam, ainda, ser referências na seção providers, uma vez que elas são provedoras de serviços para a aplicação. Deve-se, ainda, destacar que os módulos que definem chamadas para o Web Service são listados no atributo providers da seção @**Component**, uma vez que eles agem como provedores de dados.

```
import { Marca } from '../classes/marca';
import { Modelo } from '../classes/modelo';
import { Tipo } from '../classes/tipo';
import { Cor } from '../classes/cor';
import { Combustivel } from '../classes/combustivel';
import { Veiculo } from '../classes/veiculo';
import { WS_Marcas } from '../webservices/ws_marcas';
```

```
import { WS_Modelos } from '../webservices/ws_modelos';
import { WS_Tipos } from '../webservices/ws_tipos';
import { WS_Cores } from '../webservices/ws_cores';
import { WS_Combustiveis } from '../webservices/ws_combustiveis';
import { WS_Veiculos } from '../webservices/ws_veiculos';

@Component({
  selector: 'app-root',
  templateUrl: './app.component.html',
  styleUrls: ['../css/bootstrap.css','../css/styles.css'],
  providers: [WS_Marcas,WS_Modelos,WS_Tipos,WS_Cores,WS_Combustiveis,WS_Veiculos]
})
```

A classe desse componente declara diversas variáveis. Algumas são instâncias das classes de armazenamento de dados. À variável **validarPlaca** é atribuída uma expressão regular que será utilizada posteriormente na validação do número da placa do veículo.

Seguindo essas declarações, temos a definição do construtor da classe e o método **carregarVeiculos()**. A função **atualizarPagina()** é responsável por efetuar um refresh na página após a inclusão do novo veículo no banco de dados. Dessa forma, ele é exibido na lista junto com os demais.

Um novo método foi acrescentado à classe do componente, denominado **ngInit()**, necessário tendo em vista que a classe implementa a interface **OnInit**. Sua tarefa é invocar todos os serviços do nosso Web Service que fazem a leitura do banco de dados, e assim popular as caixas de combinação e a lista de veículos. Note que, em vez de chamar diretamente o serviço para ler a tabela de veículos, o método executa a função **carregarVeiculo()**. Este método **ngInit()** é executado no carregamento da página em um processo de inicialização do framework, ou seja, depois de terem sido checados os vínculos de dados com as propriedades dos componentes. Ele é invocado apenas uma vez.

Já o método **adicionarCarro()** declara uma matriz de dados com base nos parâmetros recebidos e depois invoca o método **gravarVeiculo()** do serviço **wsveiculos**, passando a ele essa matriz que, na verdade, representa um objeto JSON utilizado pelo serviço na inserção do registro na tabela do banco de dados. Só para relembrar, esse serviço, representado pelo arquivo **adiciona_veiculo.php**, desserializa o objeto JSON e atribui a diversas variáveis os dados contidos nele.

Uma peculiaridade do método **adicionarCarro()** é ser declarado como *async* (assíncrono). Isso é necessário para que a chamada ao serviço possa ser efetuada com *await*. Dessa forma, o sistema espera o retorno do serviço antes de executar qualquer outra operação. Precisamos utilizar esse recurso para que o processo de inserção de um novo registro no banco de dados seja executado por completo antes de podermos prosseguir com a atualização da lista de veículos, tendo em vista que a comunicação com o banco de dados pode tomar mais tempo de processamento do que aparenta.

```
  async adicionarCarro(carroMarca,carroModelo,carroPlaca,carroTipo,
carroCor,carroAnoModelo,carroCombustivel,carroDiaria) {
    let carro = {marca:carroMarca,
                 modelo:carroModelo,
                 placa:carroPlaca,
                 tipo:carroTipo,
                 cor:carroCor,
                 anoModelo:carroAnoModelo,
                 combustivel:carroCombustivel,
                 diaria:carroDiaria};

    await this.wsveiculos.gravarVeiculo(carro).subscribe(
      sucesso => {alert("Veículo adicionado com sucesso!");
                  this.carregarVeiculos();
                  this.atualizarPagina()},
      falha => {alert("Falha na adição do veículo!\n"+falha)});
  }
```

Como vimos, o método **gravarVeiculo()** pode retornar, no caso de sucesso, um objeto JSON ou um código referente a um erro que tenha ocorrido na operação. Essas informações são utilizadas por esse método para exibir adequadamente uma mensagem ao usuário. No caso de sucesso, além da exibição da mensagem, ocorre uma chamada ao método **carregarVeiculos()**, para ler novamente os dados da base, e **atualizarPagina()**, para exibir a lista de veículos atualizada.

Ocorrendo algum erro de processamento, o método invoca a segunda função, denominada aqui como **falha**, para exibição do erro encontrado.

Passemos agora ao template HTML formado pelo arquivo **app.component.html**. Abra-o e altere seu código para o mostrado na Listagem 18.16.

Listagem 18.16 – Arquivo app.component.html

```
<div class="tituloAplicacao">
  <h3>{{nomeAplicacao}}</h3>
</div>

<table class="table">
  <tr>
      <th>Marca</th>
      <th>Modelo</th>
      <th>Placa</th>
      <th>Tipo</th>
      <th>Cor</th>
      <th>Ano modelo</th>
      <th>Combustível</th>
      <th>R$ Diária</th>
  </tr>
  <tr *ngFor="let veiculo of _veiculos.veiculos | filtraVeiculo:
```

```html
txtPlaca.value">
      <td>{{veiculo.Marca}}</td>
      <td>{{veiculo.Modelo}}</td>
      <td>{{veiculo.Placa}}</td>
      <td>{{veiculo.Tipo}}</td>
      <td>{{veiculo.Cor}}</td>
      <td>{{veiculo.AnoModelo}}</td>
      <td>{{veiculo.Combustivel}}</td>
      <td style="text-align:right">{{veiculo.Diaria |
currency:'BRL':'symbol':'1.2'}}</td>
  </tr>
</table>
<hr/>
<div class="form-control">
  <form name="CadastroVeiculo">
    <p><label>Selecione a marca: </label>
      <select name="marcaVeiculo" [(ngModel)]="carroMarca" required
#marca="ngModel">
          <option *ngFor="let marca of _marcas.marcas"
          [value]="marca.CodigoMarca">{{marca.Marca}}</option>
      </select>

      <label>Selecione o modelo: </label>
      <select name="modeloVeiculo" [(ngModel)]="carroModelo" required
#modelo="ngModel">
          <option *ngFor="let modelo of _modelos.modelos"
          [value]="modelo.CodigoModelo">{{modelo.Modelo}}</option>
      </select>

      <label>Placa: </label><input type="text" name="placaVeiculo"
[(ngModel)]="carroPlaca" required #placa="ngModel" [pattern]="vali
darPlaca"/>
    </p>

    <p><label>Selecione o tipo: </label>
      <select name="tipoVeiculo" [(ngModel)]="carroTipo" required
#tipo="ngModel">
          <option *ngFor="let tipo of _tipos.tipos"
          [value]="tipo.CodigoTipo">{{tipo.Tipo}}</option>
      </select>

      <label>Selecione a cor: </label>
      <select name="corVeiculo" [(ngModel)]="carroCor" required
#cor="ngModel">
          <option *ngFor="let cor of _cores.cores"
          [value]="cor.CodigoCor">{{cor.Cor}}</option>
      </select>
    </p>

    <p><label>Ano modelo: </label><input name="anoVeiculo" type="
text" [(ngModel)]="carroAnoModelo" required #ano="ngModel"/>
      <label>Selecione o combustível: </label>
```

```html
        <select name="combustivelVeiculo" [(ngModel)]="carroCombustivel" required #combustivel="ngModel">
            <option *ngFor="let combustivel of _combustiveis.combustiveis"
            [value]="combustivel.CodigoCombustivel">{{combustivel.Combustivel}}</option>
        </select>
    </p>

    <p>
        <label>Valor da diária: </label><input type="number" name="valorDiaria" [(ngModel)]="carroDiaria" required #diaria="ngModel"/>
    </p>

    <br/>
    <div *ngIf="marca.invalid && (marca.dirty || marca.touched)" class="alert alert-info">
        Selecione a marca do veículo!
    </div>

    <div *ngIf="modelo.invalid && (modelo.dirty || modelo.touched)" class="alert alert-info">
        Selecione o modelo do veículo!
    </div>

    <div *ngIf="placa.invalid && (placa.dirty || placa.touched) && placa.errors" class="alert alert-info">
        Digite a placa do veículo no formato AAA-9999!
    </div>

    <div *ngIf="tipo.invalid && (tipo.dirty || tipo.touched)" class="alert alert-info">
        Selecione o tipo de veículo!
    </div>

    <div *ngIf="cor.invalid && (cor.dirty || cor.touched)" class="alert alert-info">
        Selecione a cor do veículo!
    </div>

    <div *ngIf="ano.invalid && (ano.dirty || ano.touched)" class="alert alert-info">
        Digite o ano-modelo do veículo!
    </div>

    <div *ngIf="combustivel.invalid && (combustivel.dirty || combustivel.touched)" class="alert alert-info">
        Selecione o tipo de combustível do veículo!
    </div>

    <div *ngIf="diaria.invalid && (diaria.dirty || diaria.touched)" class="alert alert-info">
```

```
        Digite o valor da diária do veículo!
    </div>

    <button class="btn btn-primary" (click)="adicionarCarro(carro
Marca, carroModelo, carroPlaca, carroTipo, carroCor, carroAnoModelo,
carroCombustivel, carroDiaria)">Adicionar</button>

    <div style="margin-top:20px;padding:10px;background-color:#77ddff">
        <label>Digite o número da placa do veículo:</
label><input type="text" name="txtPlaca" [(ngModel)]="numeroPlaca"
#txtPlaca="ngModel" [pattern]="validarPlaca"/>

        <div *ngIf="txtPlaca.invalid && (txtPlaca.dirty || txtPlaca.
touched) && txtPlaca.errors">
            Digite a placa do veículo no formato AAA-9999!
        </div>
    </div>
  </form>
</div>
```

Essencialmente, ele é idêntico ao visto no capítulo anterior, principalmente em relação ao layout da página. Vejamos as diferenças entre essas duas versões. Com AngularJS, utilizamos a diretiva **ngRepeat** para iterar pelo conjunto de registros de veículos e exibir . Já em Angular 6, precisamos utilizar a ***ngFor**, que executa operação semelhante, ou seja, torna possível varrer todos os elementos de uma matriz que, em nosso caso, representa uma coleção de objetos da classe **Veiculo**.

A essa matriz é aplicado o filtro **filtraVeiculo** (criado anteriormente) para seleção dos registros a serem exibidos, tomando por base o valor digitado no campo **txtPlaca**. Para exibir o valor da diária, utilizamos o filtro **currency** para formatá-lo. Os parâmetros passados a esse filtro configuram a exibição para a moeda brasileira (BRL), apresentação do símbolo (**symbol**) e a quantidade mínima de dígitos antes e depois da vírgula (1.2). Esse último parâmetro indica que teremos ao menos um dígito à esquerda da vírgula e dois à direita.

```
    <tr *ngFor="let veiculo of _veiculos.veiculos | filtraVeiculo:
txtPlaca.value">
        <td>{{veiculo.Marca}}</td>
        <td>{{veiculo.Modelo}}</td>
        <td>{{veiculo.Placa}}</td>
        <td>{{veiculo.Tipo}}</td>
        <td>{{veiculo.Cor}}</td>
        <td>{{veiculo.AnoModelo}}</td>
        <td>{{veiculo.Combustivel}}</td>
        <td style="text-align:right">{{veiculo.Diaria |
currency:'BRL':'symbol':'1.2'}}</td>
    </tr>
```

A necessidade de inclusão do módulo **FormsModule** se deve ao uso da diretiva de vinculação de dados `ngModel`. Em Angular 6, para indicar que a vinculação é bidirecional, ou seja, alterações na *view* afetam a base de dados e vice-versa, precisamos especificar a diretiva entre os símbolos [()], e depois informar um identificador que representa o campo do formulário HTML.

As listas de opções criadas com a tag `<select>` possuem uma construção diferente. Agora também utilizamos `*ngFor` para varrer as matrizes que contêm os dados e adicionar os itens da lista por meio da tag `<option>`. Note que o valor a ser retornado pela lista quando um item for selecionado se encontra especificado na propriedade `[value]`, à qual é atribuído o valor presente no campo da classe que contém o código numérico correspondente ao item.

A cada campo é acrescido um identificador por meio do símbolo #. Posteriormente, utilizaremos esses identificadores para exibir mensagens de alerta ao usuário. Também empregamos o atributo `required` da linguagem HTML5 para definir que o campo é de preenchimento obrigatório. Isso é necessário para podermos, via código Angular 6, detectar se foi ou não informado algum valor ao campo.

```
    <p><label>Selecione a marca: </label>
        <select name="marcaVeiculo" [(ngModel)]="carroMarca" required
#marca="ngModel">
          <option *ngFor="let marca of _marcas.marcas"
          [value]="marca.CodigoMarca">{{marca.Marca}}</option>
        </select>

        <label>Selecione o modelo: </label>
        <select name="modeloVeiculo" [(ngModel)]="carroModelo" required
#modelo="ngModel">
          <option *ngFor="let modelo of _modelos.modelos"
          [value]="modelo.CodigoModelo">{{modelo.Modelo}}</option>
        </select>

        <label>Placa: </label><input type="text" name="placaVeiculo"
[(ngModel)]="carroPlaca" required #placa="ngModel"
[pattern]="validarPlaca"/>
    </p>

    <p><label>Selecione o tipo: </label>
        <select name="tipoVeiculo" [(ngModel)]="carroTipo" required
#tipo="ngModel">
           <option *ngFor="let tipo of _tipos.tipos"
           [value]="tipo.CodigoTipo">{{tipo.Tipo}}</option>
        </select>

        <label>Selecione a cor: </label>
        <select name="corVeiculo" [(ngModel)]="carroCor" required
#cor="ngModel">
           <option *ngFor="let cor of _cores.cores"
```

```
            [value]="cor.CodigoCor">{{cor.Cor}}</option>
        </select>
    </p>

    <p><label>Ano modelo: </label><input name="anoVeiculo" type="text"
[(ngModel)]="carroAnoModelo" required #ano="ngModel"/>
        <label>Selecione o combustível: </label>
        <select name="combustivelVeiculo" [(ngModel)]="carroCombustivel"
required #combustivel="ngModel">
            <option *ngFor="let combustivel of _combustiveis.
combustiveis"
            [value]="combustivel.CodigoCombustivel">{{combustivel.
Combustivel}}</option>
        </select>
    </p>

    <p>
        <label>Valor da diária: </label><input type="number"
name="valorDiaria" [(ngModel)]="carroDiaria" required
#diaria="ngModel"/>
    </p>
```

Como no projeto com AngularJS do capítulo anterior, temos diversas áreas criadas com a tag **<div>** para exibição de mensagens ao usuário quanto à obrigatoriedade de preenchimento dos campos do formulário.

```
    <div *ngIf="marca.invalid && (marca.dirty || marca.touched)"
class="alert alert-info">
        Selecione a marca do veículo!
    </div>

    <div *ngIf="modelo.invalid && (modelo.dirty || modelo.touched)"
class="alert alert-info">
        Selecione o modelo do veículo!
    </div>

    <div *ngIf="placa.invalid && (placa.dirty || placa.touched) &&
placa.errors" class="alert alert-info">
        Digite a placa do veículo no formato AAA-9999!
    </div>

    <div *ngIf="tipo.invalid && (tipo.dirty || tipo.touched)"
class="alert alert-info">
        Selecione o tipo de veículo!
    </div>

    <div *ngIf="cor.invalid && (cor.dirty || cor.touched)" class="alert
alert-info">
        Selecione a cor do veículo!
    </div>
```

```
    <div *ngIf="ano.invalid && (ano.dirty || ano.touched)" class="alert
alert-info">
        Digite o ano-modelo do veículo!
    </div>

    <div *ngIf="combustivel.invalid && (combustivel.dirty ||
combustivel.touched)" class="alert alert-info">
        Selecione o tipo de combustível do veículo!
    </div>

    <div *ngIf="diaria.invalid && (diaria.dirty || diaria.touched)"
class="alert alert-info">
        Digite o valor da diária do veículo!
    </div>
```

Verificamos se o campo foi ou não preenchido com uma nova instrução/diretiva Angular 6 denominada ***ngIf**, que tem um funcionamento muito similar à instrução condicional **IF** existente na maioria (se não em todas) das linguagens de programação. Em nosso projeto, ela verifica se a propriedade **invalid** do campo contém o valor **True**, o que ocorre se o campo, configurado como sendo obrigatório (atributo **required**), não for preenchido. Também é verificado se o campo recebeu foco (propriedades **dirty** e **touched**), o que permite saber se o usuário posicionou o cursor no campo.

Para o campo de digitação da placa do veículo, além dessa verificação de valor digitado, também verificamos se o valor é válido, uma vez que utilizamos um filtro para formatar a entrada de dados. Se o valor não for condizente com o filtro, a propriedade **errors** é configurada com **True**, levando à exibição da mensagem.

```
    <div *ngIf="placa.invalid && (placa.dirty || placa.touched) &&
placa.errors" class="alert alert-info">
        Digite a placa do veículo no formato AAA-9999!
    </div>
```

Encerrando o código do template HTML, temos a definição do botão de adição de veículo, que invoca o método **adicionarCarro()** com os valores dos campos. A seção final, localizada na base da página, é destinada à digitação do número da placa do veículo a ser localizado. O mesmo tipo de validação de dados é aplicado aqui também para nos certificarmos de que o usuário digitou corretamente o número da placa.

```
    <div style="margin-top:20px;padding:10px;background-color:#77ddff">
        <label>Digite o número da placa do veículo:</label><input
type="text" name="txtPlaca" [(ngModel)]="numeroPlaca" #txtPlaca="ng
Model" [pattern]="validarPlaca"/>
```

```
        <div *ngIf="txtPlaca.invalid && (txtPlaca.dirty || txtPlaca.
touched) && txtPlaca.errors">
            Digite a placa do veículo no formato AAA-9999!
        </div>
    </div>
```

Para finalizar as alterações no projeto, abra o arquivo **index.html** e modifique a cadeia de caracteres atribuída à tag <title> para o seguinte:

```
<title>Aluguel de Carro - Versão Angular 6</title>
```

 ## 18.4 Alterações no Web Service

Grave todo o projeto e em seguida acesse a pasta **ws_locadora**, localizada dentro da pasta **htdocs** do Apache. Abra o arquivo **adiciona_veiculo.php** e adicione as duas linhas destacadas na Listagem 18.17.

Listagem 18.17 - Arquivo adiciona_veiculo.php

```
<?php
    header("Access-Control-Allow-Origin: *");
    header("Content-Type:application/x-www-form-urlencoded");
    require_once("configuracao.php");
    require_once("banco_dados.php");

    $Dados = file_get_contents('php://input');
    $DadosJSON = json_decode($Dados, true);

    if (count($DadosJSON) > 0) {
        $Marca = $DadosJSON["marca"];
        $Modelo = $DadosJSON["modelo"];
        $Placa = $DadosJSON["placa"];
        $Tipo = $DadosJSON["tipo"];
        $Cor = $DadosJSON["cor"];
        $Ano = $DadosJSON["anoModelo"];
        $Combustivel = $DadosJSON["combustivel"];
        $Diaria = $DadosJSON["diaria"];
    }
    else {
        $Retorno = "Sem registro...";
    }

    if ($Retorno != "Sem registro...") {
        $ConexaoBaseDados = new
BancoDados($Servidor,$Usuario,$Senha,$BaseDados);
```

```
            if ($ConexaoBaseDados->AbrirConexao() == NULL) {
                $Retorno .= '"Erro na conexão com a base de dados! Nro. do
erro ["' . $ConexaoBaseDados->CodigoErro() . '"]';
            }
            else {
                $Resposta = $ConexaoBaseDados->AdicionarVeiculo($Marca,
$Modelo, $Placa, $Tipo, $Cor, $Ano, $Combustivel, $Diaria);

                if ($Resposta == FALSE) {
                    $Retorno = "Não foi possível inserir o veículo no
cadastro!";
                }
                else {
                    $Retorno = "Veículo inserido com sucesso no cadastro";
                }
            }

            $ConexaoBaseDados->FecharConexao();
        }

        echo '{"Erro":"' . $Retorno . '"}';
```

Essas duas linhas também são responsáveis pelo sucesso na chamada do serviço, em virtude de a aplicação e o Web Service estarem rodando em domínios diferentes, conforme já havia sido discutido anteriormente.

Após gravar o arquivo, volte a selecionar a pasta aluguel-carro no Visual Studio Code, abra o painel **Terminal** e execute o comando **ng serve** para rodar o servidor Node.js.

Em seguida, execute seu navegador e acesse o endereço *localhost:4200*. A tela é a mostrada pela Figura 18.5.

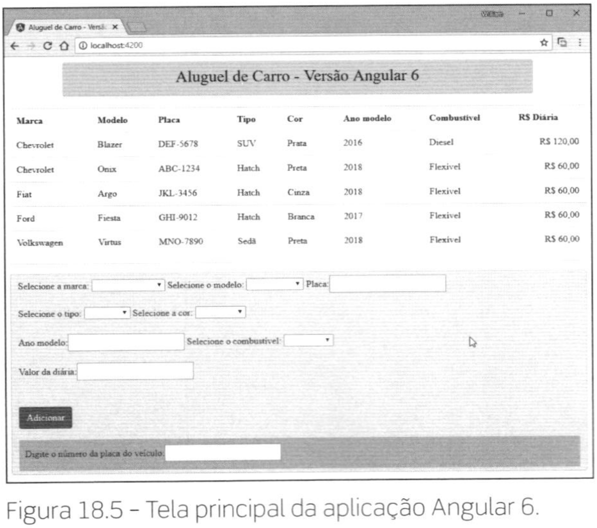

Figura 18.5 – Tela principal da aplicação Angular 6.

Entre com as informações solicitadas, como no exemplo da Figura 18.6. A Figura 18.7 mostra mensagens de alerta ao usuário no caso de ausência de dados no(s) campo(s).

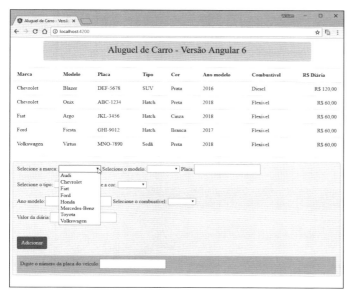

Figura 18.6 – Lista de opções para seleção.

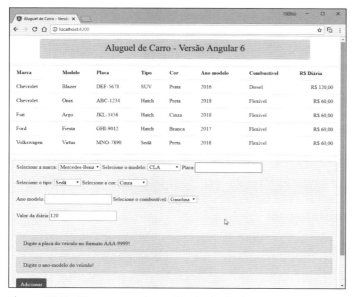

Figura 18.7 – Mensagem de ausência de dados em campo.

Com todos os campos preenchidos, clique no botão **Adicionar**. Deverá ser exibida a caixa de mensagem da Figura 18.8. Após clicar no botão **OK**, a página é atualizada em seguida (Figura 18.9).

Na Figura 18.10 temos uma amostra do resultado da pesquisa pelo número da placa.

Figura 18.8 – Mensagem de inclusão de registro executada com sucesso.

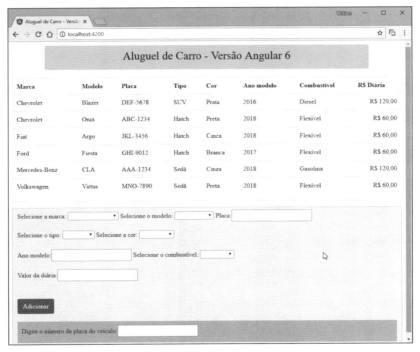

Figura 18.9 – Tela atualizada com novo registro.

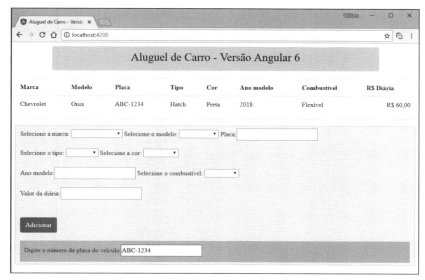

Figura 18.10 – Exemplo de resultado de pesquisa de registro.

 Exercícios

1. Por que é necessário inserir os módulos Headers e RequestOptions?
2. Qual é a função do método ngInit do componente app.component.ts?
3. Altere o projeto acrescentando novas características dos veículos, o número de portas, a cilindrada do motor e se a tração é dianteira ou traseira. Para esse último parâmetro, utilize uma caixa de combinação.

19

Conclusão

Nossa pequena, mas emocionante, jornada chegou ao fim. Durante sua evolução, foi possível conhecer os principais recursos de programação oferecidos pelo framework Angular, tanto na versão JS quanto na versão 6, para o desenvolvimento de aplicações para web.

O estudo cobriu assuntos que partiram de uma breve apresentação do framework, passaram pelo processo de instalação e configuração das ferramentas utilizadas no desenvolvimento dos projetos exemplos, além de uma introdução à linguagem TypeScript, culminando com um projeto final desenvolvido em ambas as versões, JS e 6.

A decisão de abranger essas duas versões foi tomada em virtude de o AngularJS se encontrar disponível, mesmo com o lançamento de versões mais novas. Certamente, um dos fatores que levaram a equipe de desenvolvimento a manter o AngularJS foi a grande comunidade de desenvolvedores que ainda o utiliza.

Não se pode negar que o AngularJS é mais fácil de aprender e usar, mas as versões mais recentes desse framework, principalmente a partir da versão de número 4, trazem inúmeros benefícios e sofisticados recursos para se construir aplicações robustas.

Os diversos projetos de aplicativos desenvolvidos durante o estudo foram elaborados de forma a demonstrar o uso dos principais recursos disponíveis no Angular, sendo que sua complexidade aumenta com a evolução dos estudos.

Nesses exemplos, o leitor pôde encontrar a criação de tabelas com a diretiva ngRepeat, vinculação de dados por meio de ngModel, criação de lista de opções com ngOptions, validação de dados de formulários, uso de filtros, definição de classes em Angular 6, entre outros assuntos.

Para atender tanto os usuários do Windows quanto os do Linux, o processo de instalação das ferramentas utilizadas no desenvolvimento dos exemplos do livro foi explicado de forma detalhada nesses dois sistemas operacionais.

A introdução à linguagem TypeScript se fez necessária para que o leitor pudesse adquirir uma maior familiaridade com a linguagem empregada pelo Angular 6, que sempre foi o foco principal do livro.

Em função da necessidade de manipulação de banco de dados pelo projeto final de aplicativo web, foram dedicados capítulos específicos para abordar o processo de instalação e configuração do servidor web Apache, do banco de dados MySQL e do PHP.

Tendo em vista que tanto o AngularJS quanto o Angular 6 não dispõem de recursos nativos para acesso e manipulação de banco de dados, o livro detalha o processo de criação de um Web Service em PHP que é responsável pelas operações de leitura e escrita no banco, via chamadas feitas pela aplicação Angular.

A abordagem, neste livro, da criação de Web Service em PHP livra o leitor da necessidade de adquirir ou buscar leitura complementar sobre esse assunto.

Acreditamos que os assuntos trabalhados neste livro são capazes de capacitar o leitor para desenvolver suas próprias aplicações. Vale destacar que ainda existem mais assuntos a serem aprendidos sobre essa fabulosa ferramenta. Em outras palavras, não pare por aqui, mas procure aperfeiçoar os conhecimentos já adquiridos.

Dito isso, só podemos desejar sucesso em seus novos desafios e projetos futuros. Boa sorte a todos!

Apêndice

 ## Fabricantes

Produto: MySQL
Fabricante: Oracle Corporation
Site: www.oracle.com/br

Produto: PHP
Site: www.php.net

Produto: Apache
Fabricante: Fundação Apache
Site: www.apache.org

Produto: AngularJS e Angular 6
Fabricante: Google
Site: angularjs.org e angular.io

Produto: Ubuntu
Fabricante: Canonical Ltd
Site: ubuntu.com

 ## Requisitos de Hardware e de Software

Hardware
- Microcomputador com processador Intel Core i3 e clock de 2,5GHz ou superior.
- 2GB de memória RAM (recomendável 4GB).
- 100GB de espaço disponível em disco rígido.
- Mouse ou outro dispositivo de entrada.
- Placa de vídeo SuperVGA com capacidade de resolução de 1024 x 768 pixels.
- Monitor de 17 polegadas.
- Modem e acesso à internet.

Software
- Sistema operacional Windows 8 ou versão superior.
- Sistema operacional Ubuntu Linux versão 17.10 ou superior, ou outra distribuição Linux.
- Servidor web Apache 2.4.
- MySQL 5.7.
- PHP 7.
- AngularJS 1.7 ou versão superior.
- Angular 6 ou versão superior.

 ## Marcas Registradas

Apache é marca registrada da Apache Software Foundation.

MySQL é marca registrada da Oracle Corporation Inc.

Windows é marca registrada da Microsoft Corporation.

PHP é marca registrada da PHP Group.

AngularJS e Angular são marcas registradas do Google.

Ubuntu é marca registrada da Canonical Ltd.

 ## Referência Bibliográfica

BRANAS, R. **AngularJS Essentials**. Birminghan – UK: Packt Publishing Ltd, 2014.

GRANT, A. **Beginning AngularJS**. New York, NY – USA: Apress Media, 2014.

ROZENTALSS, N. **Mastering TypeScript** – 2nd edition. Birminghan – UK: Packt Publishing Ltd, 2017.

DEELEMAN, P. **Learning Angular 2**. Birminghan – UK: Packt Publishing Ltd, 2016.

JANSEN, R. H. **Learning TypeScript**. Birminghan – UK: Packt Publishing Ltd, 2015.

NANCE, C. **TypeScript Essentials**. Birminghan – UK: Packt Publishing Ltd, 2014.

MITCHELL, L. J. **PHP Web Services**. – 2nd edition. Sebastopol, CA – USA: O'Reilly Media Inc., 2016.

Respostas dos Exercícios

Capítulo 1

1. Defina o conceito de framework.

   Estrutura de códigos de programação que oferecem recursos prontos para agilizar o desenvolvimento e manutenção de aplicações, de forma similar ao que se tinha com as bibliotecas de funções e objetos de muitas linguagens.

2. Quais são os requisitos mínimos para se instalar o Angular CLI?

   Ter previamente instalado o node.js e o npm, em suas versões mínimas, respectivamente, 6.11 e 3.10.

3. Qual é o comando que permite verificar a versão do node instalado, caso ele esteja?

   node -v.

4. Cite o comando que deve ser executado para a instalação do Angular CLI.

   npm install –g @angular/cli.

5. O que são aplicações de página única (Single-Page Applications)?

   São aplicações que carregam as páginas em seções específicas dentro de uma página principal, sem carregá-las por inteiro, sobrepondo uma às outras.

6. Explique o conceito de cada uma das camadas no padrão MVC.

   A camada Model é responsável pela representação da estrutura lógica dos dados do sistema.
   A camada View compreende a interface com o usuário, ou seja, a exibição de dados em tela ou papel.
   A camada Controller funciona como uma ponte que liga as camadas Model e View, mantendo os dados de ambas sincronizados.

Capítulo 2

1. Qual é o arquivo de configuração do Apache no Windows?

   O arquivo httpd.conf.

2. No Windows, qual comando permite instalar o Apache como um serviço?

   O comando **httpd.exe -k install –n**, seguido de uma cadeia de caracteres entre aspas que definem o nome do serviço.

3. No Windows, qual comando inicia o Apache?

   O comando **httpd.exe –k start**.

4. Tanto no Windows quanto no Ubuntu, o que é preciso fazer para verificar se o Apache foi instalado com sucesso?

Executar o navegador e acessar o endereço **localhost**.

Capítulo 3

1. Qual é o comando em Linux para criar um novo diretório no disco?

O comando mkdir.

2. Considerando a instalação do servidor web Apache em uma distribuição do sistema operacional Linux, em qual diretório os arquivos que compõem um site ou aplicação web devem ser gravados?

No diretório /var/www.

3. A diretiva AngularJS que determina ngApp define:

(a) O nome do arquivo principal do site.
(b) O nome da aplicação que deve ser reconhecida pelo servidor Apache.
(c) A raiz de uma aplicação AngularJS que inicializa o framework.
(d) A seção do código HTML que indica o diretório base dos arquivos do site.
(e) O DNS do servidor web que deverá processar as requisições do usuário.

RESPOSTA: C

4. Qual a função da diretiva ngModel?

Permitir que um objeto seja vinculado a uma caixa de entrada de um formulário de dados.

5. Assinale a alternativa que apresenta a sintaxe correta para definição de um módulo AngularJS denominado vendaProduto.

(a) class.angular.module("vendaProduto", []);
(b) angular.module.create("vendaProduto", []);
(c) module("vendaProduto", []);
(d) angular.module("vendaProduto", "");
(e) angular.module("vendaProduto", []);

RESPOSTA: E

6. Em qual situação empregamos a diretiva ngRepeat?

Quando há necessidade de varrer todos os elementos de uma coleção ou array.

Capítulo 4

1. Em qual situação podemos utilizar a diretiva ngOptions?

Quando precisarmos criar caixas de combinação para permitir ao usuário selecionar um determinado item.

2. Para utilizar a diretiva ngOptions, precisamos definir previamente:

(a) Uma conexão com o banco de dados.
(b) Uma classe para armazenamento dos itens a serem exibidos.
(c) Uma função que retorna o valor selecionado pelo usuário.

(d) Uma matriz que contém as cadeias de caracteres a serem exibidas.
(e) Um ponteiro que indica o endereço de memória de um vetor de dados.

RESPOSTA: D

3. O que é necessário definir na tag <select> para o correto funcionamento da diretiva ngOptions?

Declarar um elemento com a diretiva ngModel.

4. Descreva o Bootstrap de forma resumida.

É um framework formado por folhas de estilo CSS e código JavaScript, utilizado no aprimoramento do visual das páginas HTML.

5. Altere o código da aplicação incluindo um campo e uma caixa de seleção para registro da cilindrada do motor, conforme descrito a seguir:

Código da cilindrada	Descrição da cilindrada
1	1,0 litro
2	1,4 litro
3	1,8 litro
4	2,0 litros
5	2,5 litros
6	3,0 litros

6. Descreva os procedimentos necessários para que seja possível agrupar itens de uma caixa de combinação utilizando recursos disponíveis no Angular.

Primeiro devemos incluir um elemento na matriz de dados, que será utilizado no agrupamento. Em seguida, é necessário adicionar à diretiva ngOptions a instrução group by seguida pelo nome da matriz e o respectivo elemento que define o agrupamento.

Capítulo 5

1. Assinale a alternativa que contém a diretiva que nos permite especificar a obrigatoriedade de preenchimento de um campo:

(a) ngEntry
(b) ngRequest
(c) ngRequiredngForce
(d) ngForce
(e) ngFillEntry

RESPOSTA: C

2. Como podemos controlar a habilitação e desabilitação de um determinado objeto do formulário de entrada de dados?

Passando um valor lógico (True ou False) à diretiva ngDisabled.

3. Qual é a função do método setPrestine()?

Reconfigurar o estado dos campos de entrada de um formulário como se ainda não estivessem sido selecionados/acessados para digitação.

4. Qual procedimento deve ser efetuado para que seja possível testar o valor armazenado no objeto $error de campos de entrada?

É necessário criar um formulário com a tag <form> e atribuir-lhe um nome que é referenciado posteriormente na expressão que utiliza o objeto $error.

5. Assinale a alternativa que contém a diretiva que nos permite especificar um formato de entrada de dados para validação de um campo:

(a) ngPattern
(b) ngMask
(c) ngFormat
(d) ngInput
(e) ngEntry

RESPOSTA: A

6. Qual é a função do símbolo | (pipe) ao ser utilizado em uma expressão Angular?

Ele direciona o valor do objeto ou da expressão à sua esquerda como uma entrada para o objeto ou expressão à sua direita.

7. Descreva o procedimento necessário para que seja possível utilizar o filtro currency na exibição de valores monetários do Brasil.

É necessário copiar para a pasta do projeto o arquivo denominado angular-locale_pt-br.js, que faz parte do framework Angular JS, e depois referenciá-lo dentro do código por meio da tag <script>.

8. Para ordenar uma lista de valores presente em uma matriz, utilizamos o filtro orderBy do Angular. Qual é o parâmetro que deve ser passado a ele?

O nome do elemento da matriz que define a ordenação da lista.

9. Assinale a alternativa que contém um exemplo válido de uso do filtro filter:

(a) filter = "placa, numeroPlaca"
(b) filter(placa, numeroPlaca)
(c) filter:{placa, numeroPlaca}
(d) filter:{'placa'},{'numeroPlaca'}
(e) filter={placa, numeroPlaca}

RESPOSTA: C

10. Altere o código do último exemplo (exemplo09.html) de modo que ele possa também filtrar registros a partir do valor da diária.

Capítulo 6

1. Por que é importante dividir um projeto de aplicação Angular em unidades de códigos menores?

Esse tipo de organização facilita o trabalho de manutenção futura do projeto.

2. Basicamente, qual é a diferença entre a técnica de agrupamento de código por funcionalidade e o agrupamento por domínio?

No agrupamento por funcionalidade, os códigos que operam de forma semelhante são unidos em um único arquivo fonte que é gravado em pastas distintas. Já no agrupamento por domínio, todos os arquivos fontes que estão relacionados ao mesmo assunto são gravados individualmente em uma mesma pasta.

Capítulo 7

1. Descreva as funções das três camadas que compõem a linguagem TypeScript.

Linguagem: contém a definição das características e elementos que estruturam a linguagem TypeScript.
Compilador: é responsável pela conversão do código TypeScript em JavaScript.
Serviços da linguagem: são responsáveis pela geração de informações que podem ser utilizadas por editores de código.

2. Assinale a alternativa que contém tipos de dados disponíveis em TypeScript.

(a) Float, Char e Boolean
(b) String, Pointer e Integer
(c) Int, Double e Single
(d) Number, String e Boolean
(e) Pointer, Array e Vector

RESPOSTA: D

3. Qual é a diferença entre os comandos de declaração **var** e **let**?

Variáveis declaradas com o comando **var** possuem visibilidade em nível de função (se estiver fora de qualquer função, sua visibilidade será global), enquanto variáveis declaradas com **let** possuem visibilidade limitada ao bloco que as declarou, que pode ser uma função, um bloco de códigos dentro de uma estrutura de controle.

4. Descreva a diferença entre matrizes e enumerações.

As matrizes permitem o armazenamento de uma sequência de valores, com os tipos de dados dos elementos definidos na própria declaração. As enumerações são conjuntos de constantes que representam valores numéricos sequenciais.

5. Quais são os operadores disponíveis em TypeScript?

Operadores de assinalamento, operadores aritméticos, operadores relacionais, operadores lógicos e operadores de manipulação de bits.

6. Descreva a diferença entre os operadores lógicos e de manipulação de bits.

Os operadores lógicos permitem que sejam avaliadas duas ou mais expressões lógicas, enquanto os operadores de manipulação de bits trabalham diretamente com os bits individuais de um byte, executando operações de deslocamento ou mudança de estado (de 0 para 1 e vice-versa).

7. Considerando o fragmento de código apresentado a seguir, qual deve ser o valor armazenado na variável percentualDesconto, se o valor total da compra for R$120,00?

```
if (valorTotalCompra <= 100) {
    percentualDesconto = 2;
}
```

```
else if ((valorTotalCompra > 100) && (valorTotalCompra <= 200)) {
    percentualDesconto = 5;
}
else if ((valorTotalCompra > 200) && (valorTotalCompra <= 400)) {
    percentualDesconto = 8;
}
else {
    percentualDesconto = 10;
}
```

RESPOSTA: percentualDesconto deve conter 5.

8. Entre as estruturas de repetição disponíveis em TypeScript, qual executa a avaliação da expressão lógica de controle do laço no fim do bloco?

A estrutura do/while.

Capítulo 8

1. Descreva o conceito de função em TypeScript.

Função é um recurso disponível na linguagem que torna possível a criação de rotinas, as quais possuem códigos que podem ser executados inúmeras vezes a partir de qualquer ponto da aplicação, evitando, com isso, a necessidade de repetição de código.

2. Assinale a alternativa que contenha um exemplo de declaração correta de função.

(a) function CalcularPrecoVenda(precoCusto:number,margemLucro: number): number
(b) function CalcularPrecoVenda:number(precoCusto: number, margemLucro: number)
(c) function CalcularPrecoVenda(precoCusto:number;margemLucro:number): number
(d) function CalcularPrecoVenda(precoCusto,margemLucro);
(e) function CalcularPrecoVenda(precoCusto,margemLucro: number): number;

RESPOSTA: A

3. Desenvolva uma função para converter polegadas em centímetros. A função precisa assumir como padrão o valor 1 se nenhum parâmetro for passado. Para efetuar a conversão, basta multiplicar o valor em polegada por 2,54.

```
function ConverterPolCent(valorPolegada: number = 1): number {
    return valorPolegada * 2.54;
}
```

4. Altere a função Fatorial() para que ela possa calcular o fatorial utilizando um laço de repetição em vez da recursividade.

```
function Fatorial(numero: number): number {
    var resultado = 1;
```

```
    for (var contador = 1;contador <= numero;contador++) {
        resultado *= contador;
    }

    return resultado;
}

console.log("Fatorial de 5 é: "+Fatorial(5));
```

Capítulo 9

1. O que difere a programação orientada a objetos da programação estruturada e/ou modular?

A capacidade de lidar com membros de dados e membros funcionais em uma mesma estrutura, denominada classe, que representa um novo tipo de dado definido pelo usuário.

2. Descreva o conceito de classe dentro da programação orientada a objetos.

É uma entidade de dados que contém atributos e comportamentos para reproduzir, por meio de um programa de computador, um objeto do mundo real. Representa um novo tipo de dado definido pelo usuário.

3. O que você entende por herança de classes?

Capacidade de definirmos uma classe que herda as características (atributos e comportamentos) de outra classe, sendo possível adicionar novas propriedades e métodos ou alterar as que são herdadas da classe base. Esse processo é conhecido como especialização.

4. Crie uma hierarquia de classes que representa um controle de contas a pagar e a receber. A classe base das contas deverá ter os atributos e métodos acessores listados a seguir:

Classe Contas
Atributos:
dataLancamento: string;
    valorLancamento: number;
    numeroDocumento: string;
    dataVencimento: string;

Métodos:
    get DataLancamento;
    set DataLancamento;
    get ValorLancamento;
    set ValorLancamento;
    get NumeroDocumento;
    set NumeroDocumento;
    get DataVencimento;
    set DataVencimento;

A classe de contas a pagar deve adicionar à classe base os seguintes atributos e métodos acessores:

Classe ContasPagar

Atributos:
>   nomeFavorecido: string;
>   dataPagamento: string;
>   valorPago: number;

Métodos:
>   get NomeFavorecido;
>   set NomeFavorecido;
>   get DataPagamento;
>   set DataPagamento;
>   get ValorPago;
>   set ValorPago;

A classe de contas a receber deve adicionar à classe base os seguintes atributos e métodos acessores:
Classe ContasReceber

Atributos:
>   nomeCliente: string;
>   dataRecebimento: string;
>   valorRecebido: number;

Métodos:
>   get NomeCliente;
>   set NomeCliente;
>   get DataRecebimento;
>   set DataRecebimento;
>   get ValorRecebido;
>   set ValorRecebido;

Lembre-se de adicionar um método construtor a cada classe.

RESPOSTA:

```
class Contas {
    private dataLancamento: string;
        private valorLancamento: number;
        private numeroDocumento: string;
    private dataVencimento: string;

    constructor(dataLancamento: string, valorLancamento: number, numeroDocumento: string, dataVencimento: string) {
        this.dataLancamento = dataLancamento;
        this.valorLancamento = valorLancamento;
        this.numeroDocumento = numeroDocumento;
        this.dataVencimento = dataVencimento;
    }

        get DataLancamento() {
        return this.dataLancamento;
```

```
        }

        set DataLancamento(data: string) {
            this.dataLancamento = data;
        }

        get ValorLancamento () {
            return this.valorLancamento;
        }

        set ValorLancamento(valor: number) {
            this.valorLancamento = valor;
        }

    get NumeroDocumento () {
        return this.numeroDocumento;
    }

        set NumeroDocumento(numero: string) {
            this.numeroDocumento = numero;
        }

        get DataVencimento () {
            return this.dataLancamento;
        }

        set DataVencimento(data: string) {
            this.dataLancamento = data;
        }
}
class ContasPagar extends Contas {
    private nomeFavorecido: string;
        private dataPagamento: string;
        private valorPago: number;

    constructor(dataLancamento: string, valorLancamento: number, numeroDocumento:
string, dataVencimento: string,
        nomeFavorecido: string, dataPagamento: string, valorPago: number) {
            super(dataLancamento, valorLancamento, numeroDocumento, dataVencimento);
            this.nomeFavorecido = nomeFavorecido;
            this.dataPagamento = dataPagamento;
            this.valorPago = valorPago;
    }

    get NomeFavorecido () {
        return this.nomeFavorecido;
    }

        set NomeFavorecido(nome: string) {
            this.nomeFavorecido = nome;
        }

        get DataPagamento() {
            return this.dataPagamento;
        }
```

```
        set DataPagamento(data: string) {
        this.dataPagamento = data;
    }

        get ValorPago () {
        return this.valorPago;
    }

        set ValorPago (valor: number) {
        this.valorPago = valor;
    }

}

class ContasReceber extends Contas {
    private nomeCliente: string;
        private dataRecebimento: string;
        private valorRecebido: number;

    constructor(dataLancamento: string, valorLancamento: number, numeroDocumento:
string, dataVencimento: string,
        nomeCliente: string, dataRecebimento: string, valorRecebido: number) {
        super(dataLancamento, valorLancamento, numeroDocumento, dataVencimento);
        this.nomeCliente = nomeCliente;
        this.dataRecebimento = dataRecebimento;
        this.valorRecebido = valorRecebido;
    }

    get NomeCliente () {
        return this.nomeCliente;
    }

        set NomeCliente(nome: string) {
        this.nomeCliente = nome;
    }

        get DataRecebimento() {
        return this.dataRecebimento;
    }

        set DataRecebimento(data: string) {
        this.dataRecebimento = data;
    }

        get ValorRecebido () {
        return this.valorRecebido;
    }

        set ValorRecebido (valor: number) {
        this.valorRecebido = valor;
    }

}
```

5. Altere o exemplo15.ts acrescentando à classe ConversaoUnidade métodos estáticos para conversão de temperatura de Celsius para Fahrenheit e de Fahrenheit para Celsius. Pesquise na internet as fórmulas utilizadas em cada conversão.

RESPOSTA:

```
class ConversaoUnidade {
    static polegada_centimetro(valor: number) : number {
        return valor * 2.54;
    }
    static centimetro_polegada(valor: number) : number {
        return valor * 0.3937;
    }

    static milha_quilometro(valor: number) : number {
        return valor * 1.609;
    }

    static quilometro_milha(valor: number) : number {
        return valor * 0.6214;
    }

    static galao_litro(valor: number) : number {
        return valor * 3.7854117;
    }

    static litro_galao(valor: number) : number {
        return valor * 0.2642;
    }

    static libra_quilograma(valor: number) : number {
        return valor * 0.4536;
    }

    static quilograma_libra(valor: number) : number {
        return valor * 2.205;
    }

    static acre_hectare(valor: number) : number {
        return valor * 0.4047;
    }

    static hectare_acre(valor: number) : number {
        return valor * 2.471;
    }

    static celsius_fahrenheit(valor: number) : number {
        return valor * 1.8 + 32;
    }

    static fahrenheit_celsius(valor: number) : number {
        return (valor -32) / 1.8;
    }
```

```
}
console.log("20 graus C = "+ConversaoUnidade.celsius_fahrenheit(20)+" graus F");
console.log("40 graus F = "+ConversaoUnidade.fahrenheit_celsius(40)+" graus C");
```

Capítulo 10

1. As funções do tipo decorador recebem parâmetros que variam em quantidade de acordo com o tipo utilizado. Descreva os parâmetros que devem constar na definição de decoradores de classe, de propriedade e de método.

Decorador de classe: um parâmetro do tipo Function.
Decorador de propriedade: dois parâmetros, sendo o primeiro utilizado para indicar a classe de destino, e o segundo parâmetro contendo o nome da propriedade a ser acessada.
Decorador de método: três parâmetros. O primeiro deve receber a classe à qual está vinculado. O segundo recebe o nome do método. O terceiro, opcionalmente, pode receber uma cadeia de caracteres que descreve o método.

2. Altere o código do exemplo24.ts de modo que ele possa somar os valores da matriz mesmo se eles forem passados como cadeias de caracteres.

RESPOSTA:

```
class SomarValores<T> {
    somar(valores: Array<T>): string {
        var retorno: string = "";
        var soma: number = 0;

        for (var contador = 0; contador < valores.length; contador++) {
            soma += parseInt(valores[contador].toString());
        }

        if (soma != 0) {
            retorno = soma.toString();
        }

        return retorno;
    }
}

var somaString = new SomarValores<string>();
var somaNumero = new SomarValores<number>();

var matrizString: string[] = ["10","20","30","40","50","60","70","80","90","100"
];
var matrizNumero: number[] = [10,20,30,40,50,60,70,80,90,100];
var valorString = somaString.somar(matrizString);
var valorNumero = somaNumero.somar(matrizNumero);

console.log("valorString: "+valorString);
console.log("valorNumero: "+valorNumero);
```

3. Com base no exemplo28.ts, crie um programa que exiba os números de 1 a 10, duas vezes, sendo que cada uma delas deve ser por meio de uma função. Utilize async/await para obter o resultado corretamente.

RESPOSTA:

```
function exibeNumeros() : Promise<void> {
    return new Promise<void> ((sucesso: () => void, erro: () => void) => {
        function processar() {
            for(let contador=1;contador<=10;contador++) {
                console.log("Contagem: "+contador);
            }
            sucesso();
        }

        setTimeout(processar, 1000);
    });
}
async function contagem1() {
    console.log("Primeira contagem...");
    await exibeNumeros();
    console.log("Fim primeira contagem...");
}

async function contagem2() {
    console.log("Segunda contagem...");
    await exibeNumeros();
    console.log("Fim segunda contagem...");
}

async function executaContagem() {
    await contagem1();
    await contagem2();
}

executaContagem();
```

Capítulo 11

1. Qual comando precisa ser executado para que uma aplicação em Angular 6 possa ser executada?

   O comando ng serve.

2. O que é necessário para executar uma aplicação em Angular 6 no navegador?

   É necessário informar o endereço URL localhost:4200.

3. Em qual arquivo se encontra a definição do componente raiz, criado pelo Angular CLI?

   No arquivo app.component.ts.

4. Em qual arquivo se encontram as dependências de módulos?

   No arquivo package.json.

Capítulo 12

1. Altere o arquivo de folha de estilo app.component.css de modo que o elemento <h2> exiba o texto centralizado na página.

```
h2 {
    color: blue;
    text-align: Center;
}
```

2. Altere esse mesmo arquivo app.component.css de forma que seja exibida a imagem Lamborghini_Hurracan.jpg, que se encontra no arquivo disponível para download no site da editora.

```
<img width="300" src="Lamborghini_Hurracan.jpg">
```

Capítulo 13

1. Descreva o que é um componente web em Angular 6.

Ele é um recurso que compreende código HTML e regras CSS agrupados para que o navegador possa exibir o conteúdo corretamente no vídeo.

2. Quais são as tecnologias englobadas pelos componentes web?

Templates, customização de elementos, Shadow DOM e importação HTML.

3. Em qual diretório ficam armazenados os arquivos que formam nossa aplicação Angular 6?

No diretório denominado src.

4. Quais sãos os arquivos que, juntos, formam um componente web padrão Angular 6?

Os arquivos são app.component.ts, app.component.html, app.component.css, app.module.ts e app.component.spec.ts.

5. Qual é a utilidade do recurso de vinculação de dados em Angular 6?

A vinculação de dados torna possível o acesso aos valores atribuídos a propriedades dos componentes para exibição ao usuário.

6. Suponha as propriedades de um componente definidas com os nomes nomeCidade e nomeEstado. Para exibição de seus valores, separados por vírgula, poderíamos utilizar a linha de código correta, que seria:

(a) {{nomeCidade, nomeEstado}}
(b) {{nomeCidade}}, {{nomeEstado}}
(c) {{nomeCidade}+","+{nomeEstado}}
(d) {{nomeCidade}}, {{nomeEstado}}
(e) {{nomeCidade+,+nomeEstado}}

RESPOSTA: (B)

Capítulo 14

1. Altere a classe AppComponent (arquivo app.component.ts) de modo que ele grave, em um atributo denominado juros, o valor calculado.

```
import { Component } from '@angular/core';

@Component({
  selector: 'app-root',
  templateUrl: './app.component.html',
  styleUrls: ['./app.component.css']
})

export class AppComponent {
  private valor: number;
  private taxa: number;
  private tempo: number;
  private juros: number;

  public constructor() {
    this.valor = 2500;
    this.taxa = 2;
    this.tempo = 5;
  }

  private calculaJuros(): void {
    this.juros = (this.valor * this.taxa * this.tempo) / 100;
  }

  get ValorPrincipal(): number {
    return this.valor;
  }

  get ValorTaxa(): number {
    return this.taxa;
  }

  get ValorTempo(): number {
    return this.tempo;
  }

  get ValorJuros(): number {
    this.calculaJuros();
    return this.juros;
  }
}
```

2. Qual é a interface que precisamos implementar para criar um novo filtro?

A interface PipeTransform.

3. Assinale a alternativa que apresenta a sintaxe correta empregada na vinculação de uma propriedade chamada PrecoCusto, de uma classe Angular, com um elemento **input** do documento HTML.

(a) value=(PrecoCusto)
(b) PrecoCusto in value

(c) value=PrecoCusto
(d) [value]="PrecoCusto"
(e) [value]=PrecoCusto

RESPOSTA: D

4. Assinale a alternativa que apresenta o formato de uso correto da diretiva ngModel no Angular 6.

(a) {ngModel}
(b) [(ngModel)]
(c) (ngModel)
(d) [ngModel]
(e) "ngModel"

RESPOSTA: B

5. Altere o arquivo do formulário de entrada de dados agrupando a parte do formulário e da visualização de dados em seções distintas, com uma cor diferente para cada uma. Diminua também o tamanho das caixas de textos.

```
<div style="text-align:center">
  <h1>
    {{TituloAplicacao}}
  </h1>
</div>
<div style="background-color:cyan">
      <form>
            <p>Valor principal:<input type="number" size="8"
name="ValorPrincipal" id="ValorPrincipal" [(ngModel)]="ValorPrincipal" /></p>
            <p>Taxa (%):<input type="number" size="8" name="Taxa" id="Taxa"
[(ngModel)]="Taxa" /></p>
            <p>Período (tempo em meses):<input type="number" size="8"
name="Tempo" id="Tempo" [(ngModel)]="Tempo" /></p>
      </form>
</div>
<br/>
<br/>
<div style="background-color:yellow">
      <p>Valor principal: {{ValorPrincipal}}</p>
      <p>Taxa (%):{{Taxa}}</p>
      <p>Período (tempo em meses):{{Tempo}}</p>
      <p>Juros:{{ValorJuros() | formatar}}</p>
</div>
```

Capítulo 16

1. Descreva o que você entende por Web Service.

Web Service são aplicações desenvolvidas para serem executadas em um ambiente web (internet ou intranet) e que oferecem uma forma de integração entre sistemas com a transmissão de dados entre eles.

2. Por que é necessário criar um Web Service para que aplicações Angular possam manipular banco de dados?

Porque o Angular não oferece recursos nativos para executar esse tipo de operação, mas permite que serviços sejam invocados e que os dados retornados possam ser tratados normalmente.

3. No PHP, a partir da versão 7, qual é a classe que permite acessar um banco de dados?

A classe mysqli.

4. Qual é a função em PHP que permite recuperar o código de erro gerado por uma operação de acesso a um banco de dados?

A função mysqli_connect_errno().

5. Qual é o procedimento para executar uma consulta em uma tabela de dados em PHP?

É preciso definir uma instrução SELECT que é executada por meio do método query() presente no objeto de conexão com o banco de dados.

6. Altere o arquivo index.php do primeiro exemplo do capítulo de forma que sejam exibidos o código da marca e sua respectiva descrição. A exibição deve ser no formato de uma tabela, com uso da tag <table>.

```php
<!DOCTYPE HTML>
<html>
 <head>
  <meta content="text/html; charset=UTF-8" http-equiv="content-type">
  <title>Teste WebService em PHP</title>
 </head>

 <body>
    <h1>Lista de Marcas de Veículos</h1>
    <?php
    require_once("configuracao.php");
    require_once("banco_dados.php");

    $ConexaoBaseDados = new BancoDados($Servidor,$Usuario,$Senha,$BaseDados);

    if ($ConexaoBaseDados->AbrirConexao() == NULL) {
        echo "ERRO: Erro na conexão com a base de dados!<br> Nro. do erro [".$ConexaoBaseDados->CodigoErro()."]";
    }
    else {
        $Registros = $ConexaoBaseDados->LerTabela("*","marca","","Descricao_Marca");

        if ($Registros != NULL) {
            if ($Registros->num_rows > 0) {
                while ($DadosRegistro = $Registros->fetch_assoc()) {
                    echo "<table>";
                    echo "<tr>";
                    echo "<td>" . $DadosRegistro["Codigo_Marca"] . "</td>";
                    echo "<td>" . $DadosRegistro["Descricao_Marca"] . "</td>";
                    echo "</tr>";
                    echo "</table>";
                }
            }
        }
```

```
            else {
                echo "ERRO: Nenhum registro encontrado na tabela [marca]";
            }
        }
        else {
            echo "ERRO: Problema na leitura da tabela [marca]";
        }
    }

    $ConexaoBaseDados->FecharConexao();
    ?>
</body>
</html>
```

Capítulo 17

1. Altere a função trata_erro() de modo que ela possa tratar outros códigos de erros retornados pelas requisições do método get() do serviço $http. Veja a seguir um exemplo de códigos e respectivas descrições que podem ser contemplados.

Código de Erro HTTP	Descrição
400	Requisição inválida
401	Não autorizado
403	Proibido
405	Método não permitido
500	Erro interno do servidor
502	Bad Gateway
503	Serviço indisponível
504	Gateway time-out

```
var trata_erro = function (nome_tabela,codigo) {
    erro = "Erro na recuperação dos dados da tabela [" + nome_tabela + "]! " + codigo;

    if (codigo == 400) {
        erro = erro +"-Requisição inválida";
    }
    else if (codigo == 401) {
        erro = erro +"-Não autorizado";
    }
    else if (codigo == 403) {
        erro = erro +"-Proibido";
    }
    else if (codigo == 404) {
        erro = erro +"-Página não encontrada";
    }
    else if (codigo == 405) {
        erro = erro +"-Método não permitido";
    }
```

```
    else if (codigo == 500) {
        erro = erro +"-Erro interno do servidor";
    }
    else if (codigo == 502) {
        erro = erro +"-Bad Gateway";
    }
    else if (codigo == 503) {
        erro = erro +"-Serviço indisponível";
    }
    else if (codigo == 504) {
        erro = erro +"-Gateway time-out";
    }
    else {
        erro = "Erro indefinido!";
    }
}
```

2. Como podemos saber, via código AngularJS, se uma matriz contém elementos?

   Por meio da função count(), que retorna o número total de elementos contidos na matriz. Se ela estiver vazia, é retornado o valor 0.

3. Explique a utilidade da função file_get_contents().

   Essa função é utilizada na recuperação de informações que foram passadas a uma página PHP por meio do método post(), principalmente se estivermos trabalhando com transmissão de dados via objeto JSON.

4. Assinale a alternativa que contém a função responsável pela conversão de um objeto JSON em uma matriz de dados associativa.

   (a) convert_json_matrix()
   (b) decode_json()
   (c) format_json()
   (d) explode_json()
   (e) json_decode()

   RESPOSTA: E

Capítulo 18

1. Por que é necessário inserir os módulos Headers e RequestOptions?

   Eles devem ser importados para que possamos configurar o cabeçalho do documento HTML a ser enviado, via método post(), de uma aplicação que roda em um domínio para outra aplicação ou Web Service rodando em outro domínio.

2. Qual é a função do método ngInit do componente app.component.ts?

   Ele permite que sejam executadas operações na inicialização do framework quando todos os vínculos de dados tiverem sido configurados para as devidas propriedades.

3. Altere o projeto acrescentando como novas características dos veículos o número de portas, a cilindrada do motor e se a tração é dianteira ou traseira. Para esse último parâmetro, utilize uma caixa de combinação.

Este livro foi impresso nas oficinas gráficas da Editora Vozes Ltda.,
Rua Frei Luís, 100 – Petrópolis, RJ.